U0189007

工程师的世纪

[日] 西山崇－著 吴杰－译 刘雨辰－校订

近代日本工程师与国运兴衰

ENGINEERING WAR AND PEACE IN MODERN JAPAN 1868—1964

中国科学技术出版社
·北京·

Engineering War and Peace in Modern Japan, 1868-1964 By Takashi Nishiyama, ISBN: 9781421412665
© 2014 Johns Hopkins University Press
All rights reserved. Published by arrangement with Johns Hopkins University Press, Baltimore, Maryland through Gending Rights Agency (http://gending.online/)
Simplified Chinese translation copyright © 2024 by China Science and Technology Press Co., Ltd.
All rights reserved.

北京市版权局著作权合同登记 图字：01-2024-3489

图书在版编目（CIP）数据

工程师的世纪：近代日本工程师与国运兴衰 /（日）
西山崇著；吴杰译 . -- 北京：中国科学技术出版社，
2024. 10. -- ISBN 978-7-5236-0953-8
Ⅰ . N093.13
中国国家版本馆 CIP 数据核字第 2024EA6510 号

策划编辑	刘颖洁	责任编辑	高雪静　刘颖洁
封面设计	今亮新声	版式设计	蚂蚁设计
责任校对	张晓莉	责任印制	李晓霖

出　　版	中国科学技术出版社
发　　行	中国科学技术出版社有限公司
地　　址	北京市海淀区中关村南大街 16 号
邮　　编	100081
发行电话	010-62173865
传　　真	010-62173081
网　　址	http://www.cspbooks.com.cn

开　　本	880mm×1230mm 1/32
字　　数	238 千字
印　　张	11.5
版　　次	2024 年 10 月第 1 版
印　　次	2024 年 10 月第 1 次印刷
印　　刷	北京盛通印刷股份有限公司
书　　号	ISBN 978-7-5236-0953-8 / N・331
定　　价	89.00 元

献给我的父亲西山喜誉志和母亲西山庆子

将犁头打成刀剑，将镰刀打成戈矛。让弱者说，我孔武有力。

——约珥书 3：10

他必在列国中施行审判，为许多国民断定是非。他们要将刀打成犁头，把枪打成镰刀；国家之间不应举刀相向，也不应再学习攻伐。

——以赛亚书 2：4

新版序言

2014 年，承蒙约翰·霍普金斯大学出版社出版了我的这部书，距今已经过去了 10 个年头。其间，欧亚大陆内外众多国家，包括中国，都已经有了令人瞩目的高速铁路服务于现代交通。其中，中国本已庞大的铁路网更是规模更盛，全国各大城市均已纳入高速铁路网当中。不仅如此，中国在磁悬浮技术方面所取得的进步也令人印象深刻，为未来出行方式的发展提供了诸多可能。日本则继续对新干线进行创新，对突破速度和安全新高度的新技术进行测试研发。同样，亚洲其他地区的铁路系统也取得了显著的发展。

2014 年出版的这部书其时间跨度为 1868 年至 1964 年，虽然书中大部分内容无需大幅更新，对于如今即将出版的中文版，我感到有必要专门更新其中致谢部分的内容。这本书堪称我在美国和日本求学经历的学术结晶。我潜心研究十余年，终成此书。最初生出著书的念头，多亏詹姆斯·巴塞洛缪先生（James Bartholomew）的提点。我在美国和求学工作期间，他于我而言既是师长也是同事。正是在他的影响之下，我矢志投身于日本科技史领域的研究和探索。我还要特别感谢桥本毅彦先生，我在日本时他一直都是我的导师。我曾在东京大学尖端科学技术研究中心求学两年，其间他对我关怀备至。当时，在他及其弟子的启发之下，我开阔了眼界，有机会重新开始审视日本的技术史和史学，若无桥本先生的无私相授和悉心指导，即便我有幸留在他的机构从事研究工作之后，我在日本求学期间的研究和论文任务也恐难完成。本书还在初稿阶段，承蒙多位同事抬爱，拨冗帮我审阅文中内容，并在审读过程中给予我宝贵的反馈。菲利普·布朗（Philip Brown）对初稿的各章给予中肯的点评。在已故的约翰·F.吉尔马丁（John F. Guilmarti）的帮助下，我对军事技术史领域的兴趣渐浓，想法也愈发成熟。沃尔特.格伦登（Walter Grunden）对我初稿部分内容的反馈极有见地，令我受益匪浅。我还要特别感谢以下几位同事，他们的经历、研究和见解对我多有启发：水野弘美、杨大庆、崔亨燮、约翰·狄默亚（John DiMoia）、已故的艾伦·摩尔（Aaron Moore）、芮哲非（Christopher A. Reed）、弗兰齐斯卡·塞拉芬（Franziska Seraphim）和大坪寿美子（Otsubo Sumiko）。在美国纽约州立大学布罗克波特分校，我有幸遇到了多位很棒的同事，特别是世界历史核心小组的同事，他们都表现出了出色的合作精神和非凡的洞察力。

在探索技术与文化、战争与和平的意义这一过程当中，我在麻省理工学院的博士后研究起到了不可或缺的重要作用。在我去美国麻省理工学院迪布纳科技史研究所（Dibner Institute for the History of Science and Technology）工作的前前后后，罗莎琳德·威廉姆斯（Rosalind Williams）一直都对我呵护备至。在她的帮助之下，我有幸开始在科学、技术和社会项目中任教，并从中受益匪浅。戴维·凯泽（David Kaiser）和梅里特·罗伊·史密斯（Merritt Roe Smith）曾与我闲谈过多次，其间，他们不吝分享了自己对战争和科技的看法，对此我不胜感激。理查德·塞缪尔斯（Richard Samuels）帮我重新拟定了关于日本和1868年之后这段时期的研究课题，这些内容他在其力作《富国强军》（*Rich Nation, Strong Army*）中曾做过探讨。衷心感谢约翰·W.道尔（John W. Dower）准许我旁听他讲授的战争文化历史课程。无论是在办公室里，还是在办公室外，每次有幸与他交谈，我都能每时每刻感觉到他对诸多方面的浓厚兴趣。出于善意，他诚心敦促我对自己相当长一段时间以来误以为是的许多假设提出质疑，进而提出新问题并加以完善。最终，我这部书的第二章、第三章、第四章和结论部分的核心内容正是源自于此。

迪布纳科技史研究所曾给予我非常慷慨的经济支持。研究所就像一个大家庭，我和其他像我一样的人在此都感觉宾至如归。我在研究所准备博士论文之余，自己的很多研究和初稿修改也初现雏形。研究所的主管乔治·史密斯（George Smith）曾任工程师和科学哲学家。正是在他的鼓励之下，我重新开始审视工程专业，以及在我的这部书中的很重要的物理现象和意义，例如颤振现象。我曾与以下同事共事，度过了特别宝贵的时光，他们都曾给过我有益的建议和精神上的支持：托马斯·阿奇博尔德（Thomas Archibald）、布鲁诺·贝尔霍斯特（Bruno Belhoste）、大卫·卡汉（David Cahan）、克莱尔·卡尔卡尼奥（Claire Calcagno）、卡琳·切姆拉（Karine Chemla）、黛博拉·克莱默（Deborah Cramer）、戴恩·丹尼尔（Dane Daniel）、杰拉德·菲茨杰拉德（Gerald Fitzgerald）、奥利瓦尔·弗莱雷（Olival Freire）、克里斯汀·哈珀（Kristine Harper）、马修·哈普斯特（Matthew Harpster）、阿恩·海森布鲁赫（Arne Hessenbruch）、本·马斯登（Ben Marsden）、大卫·潘塔洛尼（David Pantalony）、彼得·舒尔曼（Peter Shulman）、赛斯·舒尔曼（Seth Shulman）、康纳威瑞·瓦伦修斯（Conevery Valencius）、莎拉·魏玛（Sara Wermiel）和杨振邦（Chen-Pang Yeang）。其中，卡琳、戴恩、杨振邦，还有克里斯汀，我们的办公室相邻，他们都是我日常想法的灵感源泉。我还有幸与郭文华（Wen Hua-Kuo）、全志永和宋文清（Wen-Ching Sung）为友，我们相谈甚欢。我从与这些宝藏同事的交流互动中获益匪浅，本书从他们的真知灼见中多有借鉴。迪布纳科技史研究所的学习环境温馨舒适，非常理想，这多亏了研究所里工作人员的贴心帮助：特鲁迪·孔托弗（Trudy Contoff）、丽塔·邓普西（Rita Dempsey）和邦妮·爱德华兹（Bonnie Edwards）。即便是工作职责以外的事情，他们也经常会施以援手。

　　我的研究和论文也获得了 2003 年度美国国家科学基金会博士论文奖学金（National Science Foundation Doctoral Dissertation Fellowshi, 2003）、2004 年度美国国家航空航天博物馆航空 / 太空作家奖（Aviation/Space Writers Award from the National Air & Space Museum , 2004）、2006 年度马里兰大学 20 世纪日本研究奖（Twentieth-Century Japan Research Award from the University of Maryland , 2006），以及 2010 年度努阿拉·麦克盖恩·德雷舍博士肯定性行动计划（Dr. Nuala McGann Drescher Affirmative

Action Program）的资助。我要特别感谢金氏基金会（D. Kim Foundation）的慷慨大方，该基金会怀着高尚的情怀，坚定不移地致力于推动亚洲历史科学和技术领域的进步，足令我辈敬仰。一路走来，金东元（Dong-Won Kim）导演亦对我多有鼓励和指教，我对此深表感谢。

我一直尽我所能地为美日两国的各种学术团体的跨国交流尽了绵薄之力，本书可鉴。在整个项目过程中，我在东京大学和东京工业大学的同事不断帮我突破思维局限。东京大学先端科学技术研究中心（Research Center for Advanced Science）的桥本健座谈会（Hashimoto-ken Colloquium）是新颖想法和富有感染力的欢乐的主要源头。正是在这里孕育出了关于这个项目使人感兴趣的讨论、有建设性的批评和才智挑战。具体说来，我要感谢的是伊藤贤治、中村正树、金凡性、中川聪和佐藤悌。我们经常在课堂上争得面红耳赤，用餐的时候依然辩论不休。这种学习卓有成效，让人好生难忘。正是松本三和夫提供的反馈，让我改变了自己关于技术转让的一些研究课题。能有幸得到中山茂先生的鼓励，我很开心。在东京工业大学，山崎正胜和加地正典对我的研究方法和日本的档案材料，更是提出了非常有用的建议。我还要感谢水泽光、冈田太志、木原英逸、日野川静枝、佐藤健一、加藤茂雄、濑户口明久、塚原东吾和古川泰正把我引荐给日本的科学史学家、技术史学家和医学史学家等人脉圈子。我有幸与他们相识相交，他们在各方面都对我非常关照。

若没有这些用六种不同语言写成的各种档案和非档案材料，

我绝无可能完成这部著述。日本大名鼎鼎的、由日本政府出资建造的新干线项目，还有日本军方的战时科研工作，结果都证明了科研的难度远比最初预想的要大得多。日本的许多战时档案，要么是日方赶在1945年夏季盟军占领日本前销毁了，要么是盟军占领日本后予以没收。更糟糕的是，不少档案散落民间，落到了日本各地的军事历史学家和业余收藏家手中。而私人收藏正是对这项研究最有用的资源。我获取此类信息靠的是加入或建立个人关系网，结交的对象都是战时从事军事技术和战后从事日本铁路技术的相关人士。以下朋友不吝分享给我研究所需的第一手重要资料，在此一并感谢：河村丰、小山徹、冈本良成和棚泽直子。此外，佐藤泰和，以及萨勒·斯文（Saaler Sven）和马提亚斯·多瑞斯（Matthias Dorries），分别为我提供了日文、德文和法文的其他资源，这些都对我的研究至关重要。

图书得以出版，无疑归功于整个团队通力合作，对我来说当然亦是如此。借此机会，我想特别感谢约翰·霍普金斯大学出版社的编辑和工作人员，特别是鲍勃·布鲁格（Bob Brugger）和安德烈·巴内特（Andre Barnett）。本书中文版有缘与读者见面，多亏中国科学技术出版社的翻译和工作人员的辛勤努力。

本书的某些章节源自我之前发表的期刊文章，其中有两章是英文的，两章是日文的：英文期刊《技术与文化》（*Technology and Culture*）（2007年）和《比较技术转移与社会》（*Comparative Technology Transfer and Society*）（2003年），日文期刊《科学、技术和社会》和《科学史杂志》（2011年）。我想借此机会特别鸣谢这些期刊的编辑，尤其是布鲁斯·希利

（Bruce Seely）和约翰·斯蒂密尔（John Stedmeier），多亏他们的建议，使我的论点能更加清晰。我还要感谢参与了我的期刊出版物以及本书的其他审稿人。

最后，同样重要的是，我自己要特别感谢我的家人：感谢我的妻子林惠莉和我的儿子圣嗣对我满怀爱意的一贯支持，圣嗣对飞机有着浓厚兴趣。约翰霍普金斯大学出版社 2014 年出版本书之后，我的三个女儿舞波、樱丽和璃彩相继出生。于我而言，我希望此等缘分能令她们都对探索亚洲及欧洲的高铁服务生出兴趣。我谨将本书献给我来自日本的双亲：我的母亲西山庆子和父亲西山喜誉志，他们一直都对我充满信心。我的父亲曾是一名航空工程师，我们全家在香港生活的那段时间，父亲是我们兄弟接触航空世界的领路人。

西山崇

2024 年 6 月

前言
技术与文化、战争与和平

　　2000 年 3 月 28 日，日本唯一的公共广播电视机构日本广播协会（NHK）推出了广受欢迎的系列纪录片《X 计划：挑战者们》（*Project X: Challengers*），并在接下来的 5 年内进行了电视转播。该系列片共 191 集，讲述了众多节目嘉宾的"成功故事"，其中主人公以男性为主。片中人物都是日本普通民众，都曾为日本 20 世纪 60 年代实现经济两位数增长做出过贡献，系列片对他们不吝溢美之词。相比之下，日本 20 世纪 90 年代经济低迷，有"经济崩溃"之虞。在 2000 年 5 月 9 日播出的一集系列片中，三位年逾八旬的日本前军事工程师追忆了他们在战时和战后的那段岁月。在一个小时的片子里，拍摄者用心追忆这些工程师在新干线铁路研发过程中所发挥的作用，以及其中相关的民族主义内核。新干线是日本的高速铁路运输，自 1964 年投入商业运营以来在技术上一直都很成功。由此看来，这些工程师们在第二次世界大战期间历练出的专业素养和培养出的科技价值观，与日本战后的这一国有铁路项目堪称绝配。这种观点认为，技术进步呈线性趋势稳步向前，几乎就是天意使然。根据这一集内容出版的畅销书先后被翻译成英文、西班牙文、俄文和阿拉伯文多个版本。[1]

　　这一集的《X计划》系列纪录片之所以如此受欢迎，在于其中囊括了技术、文化、战争与和平等诸多重要问题。首先，观众在观看此片之后，了解到日本作为战败国如何在战败后将其工程师们视为"胜利者"。其次，通过讲述这些工程师的成功故事，日本完美诠释了在战后是如何取得经济成功的。正所谓"历史从来都是胜利者书写的"，而在这种情况下，日本这个战败国的普通民众改写了历史，展现出在战后获得技术成功的"胜利者"姿态。该节目还提出了一些比较深刻的问题，即在叙述日本20世纪技术转型时，战争与和平都相对有哪些功过。

　　显然，两次世界大战和接下来的"冷战"对世界各地的技术发展影响深远。从1868年到1945年这段时间，日本的技术之所以取得了进步，在很大程度上是靠其对外几乎接连不断地发动战争。中日甲午战争（1894—1895年）、日俄战争（1904—1905年）、第一次世界大战（1914—1918年），还有第二次世界大战在亚太地区的战事（1937—1945年），日本都借机加强了其技术实力，其中的每场战争都愈发凸显出军事科技的重要性。

　　在此过程中，事实证明了"富国强军"（Rich Nation, Strong Army）的民族主义口号既合理又有说服力。出于日本国家安全的迫切需要，备战中的技术变革、军国主义和工业主义相辅相成。日本除了国内数以百万计的普通民众外，其新组建的现代武装力量及其国内相对应的工程师团体，都竭尽全力地对抗西方国家势力在东亚的崛起。激进的意识形态、训练有素的应征者和创新技术几方面结合在一起，缔造了日本帝国主义。日本文部省和日本军方在筹建战争工程人员队伍方面发挥了关键作用。到了 20 世纪 30 年代，以下三大因素相互协同发挥作用：高等院校的工程培训、民用和军用设施的研发，以及战争相关行业与民用企业的发展。当时，技术是为战争服务的，技术人才自然也得到了战争的青睐。1941 年 12 月 7 日，法西斯主义让日本领导人蒙了心且乐观过了头，或者说不切实际到了不要命的地步，他们决定不惜一切要与美国开战。当时，日本拥有强大的受过良好教育的工程劳动力大军，是亚洲首屈一指的富国，工业化程度傲居亚洲各国之首。

然而日本最终落得战败并无条件投降的下场。这是日本多年来在战争中首尝败绩。当时美国实施战略轰炸，摧毁了日本的战时工业，日本城市中心地带化为瓦砾和灰烬。广岛和长崎确实有一部分居民在原子弹袭击中幸免于难，但核弹在他们的心中留下了不可磨灭的伤害。日本首都东京作为日本铁路网的核心枢纽，在战争期间遭受盟军攻击多达 122 次。1945 年 8 月 15 日，日本宣布无条件投降时，东京的部分地区损毁严重、修复无望。日本战败投降后，数百万日本民众的精神也随之垮掉了。

然而，1945 年至 1952 年盟军占领日本期间，仅仅才几年时间，新成立的日本文部省却宣称日本的战败具有建设性的意义，这么说多少有些自相矛盾。1947 年，日本文部省为日本全国七年级学生印发了一部内容简短的配图教科书《新宪法的故事》（1947 年），其中讲的就是"新日本"的含义、角色和责任。书中第 18 页描绘的是崇尚和平的理想社会（见图 0-1）。这一页的插图画着一口黑色的锅，正中横着一句话："放弃战争"（Renouncing War）。只见一只看不见的大手将军用飞机、炸弹和坦克这些战争武器统统抛入黑锅中。从这口神奇的黑锅里冒出的烟雾，弥漫着破坏和失败的气息。而从锅底流出的却都是现代和平时期技术的显著象征——商船、通勤火车、货运火车、高楼和建筑物。到了1952年，日本这个战败国一改之前的颓势，实现了经济振兴。到了20世纪60年代末，日本更是开启了连续长达数十年的非凡复兴之旅，甚至直到21世纪日本人依然受此影响。

图0-1 《新宪法的故事》(*The Story of the New Constitution*) 第18页（部分）

战争及其手段与技术研发的关系可谓是密不可分。20世纪美国的情况就足以说明这一点：其间美国接连对外用兵，从而推动了该国飞机、步兵武器、潜艇和反潜作战等方面的科技进步；曼哈顿计划（Manhattan Project）（除了由于战争方面的原因）则表明了相反的情况——科学技术的突破会如何立竿见影地影响军事决策。然而总的来说，相比之下战争对技术的影响似乎比技术对战争的影响更难以捉摸，也更难解释。相比战争对物质所附的外在、无定形的概念（例如思想和价值观）所产生的影响，战争对以物质形式存在的有形技术的影响更为持久，也往往更容易观察得到。[2] 战争的影响是深远的。不过，若没有直接的军事行动，战争结束或没有战争又会如何呢？如果人们持续关注的是西方那些战胜国，例如第二次世界大战战胜国美国和法国的技术史，那么就可能不太容易弄清楚一个国家在技术上取得成功都要有哪些重要因素。本书写的是日本的例子，这个国家在战前和战时都在科学技术方面取得了巨大成功，在经历了全面战争和无条件投降之后更是在技术上取得了非凡的成就。

对一个国家独有的事物进行学术研究时，务必要慎之又慎。历史学家已将技术变革置于国家级的比较框架当中，关注某国的体系、做法和价值观，能唤起人们对国家创新风格的重视。通常，各国做事的差异性要比相似性更重要。长期以来在日本和西方主宰大众观念的文化解释将日本的经历归因于该国独特的历史遗产。[3] 在战争与和平时期，日本在推动本国科学和技术研发方面究竟有何独到之处？日本科学家和工程师选择做他们所做的事情，就因为他们是日本人吗？这些问题价值不大，因为它们将民族文化视为单一、静态且无关历史的东西。更糟糕的是，这会造成刻板印象的固化。更有意义的问题在于：由此而生的技术与文化有何特别之处？这是否与国别无关，还是因为日本拥有发动过全面战争且遭受过彻底战败的经历？什么样的战争文化和战败文化对（重建）国家和技术最有用？正是因为有过战争和失败，所以我们才能在跨战争的技术史上观察到那些连续性及非连续性要素。

在淡化日本的文化例外论的同时，以下研究借鉴了西方和非西方的案例，以强调日本在战时与和平时期的技术转让及扩散战略——这一战略特别适合日本这样一个亚洲岛国的地缘政治和地理特征：该国孤悬海外，与其他国家均无陆地边界。这种对经历过战争的国家所做的技术文化分析表明，军事失败对技术格局的改变远超该国早期在军事上的胜利。从1868年到1964年，日本先是构建本国的现代科技研发设施，然后开启战端，之后接受战败投降的事实，其技术与文化经历过军事化和去军事化的过程。这一过程体现出了战争会带来某些意想不到的、具有讽刺意义的后果，而这些后果可能比预期的后果拥有更强大的变革力量。日本技术源于一个受主观价值影响、充满内部冲突、依情况而定的过程，它以建设性的方式适应了日本对外战争和本土军事行动落败的最终结果。正如在新干线高速铁路运输中所体现的那样，反映失败经历的非军用技术具有延展性、适应性和创新性，可被视为由战败所成就的技术。

凭着此前西方和日本学者均无法获得的资料，这项研究以日本的科学家和工程师的亲身经历为基础，从他们的视角来审视技术、文化、战争与和平。接下来就是对工程师这个群体不断变化的各种关系进行近距离的文化研究：他们与各自的实验室的关系、与研究机构的关系、与当地环境的关系，以及在战争及和平时期与日本国内外经济界及政界的关系。本书重点介绍了日本国家出资建造的工程项目，并重点介绍了（前）军事工程师在此类项目研发工作中所付出的辛劳，因为1868年至1964年这段时间日本先后奉行的军事化和非军事化政策最直接地影响了日本社会。这些日本工程师堪称日本国家项目的缔造者。1945年之前，他们研发的技术是为了军事用途。日本战败后，整个军事结构土崩瓦解（至少是暂时如此）。在崇尚和平的新社会，这些前军事工程师的职业生涯就此转向。这些工程师并未被战时那套意识形态或愿景所束缚，不过对他们来说，战时军事技术和日本战败仍是力量的源泉，他们以此为契机，富于建设性地主动助力日本的和平崛起。[4]

　　这些工程师既是生物学意义上的一代人，也是社会学意义上的一代人。他们扮演着社会文化既定的角色，而这些角色是某段研究时期所特有的。本书将把相辅相成的两条不同历史主线，即工程师的个人生活史和他们的集体社会史有机地融合在一起。当时，日本和世界各地的情况一样，工程师这一群体并未脱离社会的其他群体和国际大环境。工程师个人的成长和整个群体的变化是密不可分、相互关联的，并有助于界定彼此的含义，尤其是经历危机所形成的历史经验。[5]日本发动全面战争和最终惨败收场，在当时对工程师群体以及他们对技术及国家的看法有何影响？

　　工程师这一行自有一套指导原则，用于支持他们所在的科研机构和群体来实现目标。无论是用任何政治、经济还是社会学的标准来衡量，工程师群体都是工业社会中至关重要的劳动力队伍。技术问题，无论大事小情，都是靠工程师们来解决的。对于各种有意和无意的后果，他们经常会提出抵制意见，这个群体敢于实事求是，富于理性且坚持不懈。这种紧张关系往往在工程文化中根深蒂固。它是实验室和科研机构所特有的，通过工具、知识和工程界群体意识具体体现出来。[6] 技术转型体现出了工程师群体、他们的研发实验室，还有他们在战时与和平时期所就职的机构之间存在的一系列文化层面的紧张关系。通过重点介绍这些紧张关系，我们可以了解如下问题：某些工程文化缘何比其他文化更胜一筹？如何做到这一点？它们会在本国乃至国际上产生什么样的后果？日本对战争与和平状态富有创造性的适应能力，通过对工程界进行文化分析可以看出，一系列的紧张局势与支撑日本的统一价值观是一致的。

那么，在 1945 年之前，日本是如何构建其战争技术和工程界的群体意识的呢？军事历史学家和科学技术史学家常常未能将军事史更紧密地汇入到社会历史的结构中。[7] 倘若工程类高等教育的重要性在本国得不到重视，则技术和军事在其中也很难得到蓬勃发展。我们会先从高等教育机构的工程教育史讲起，因为对工程师的教育、研究活动和文化进行考察，才能揭示日本如何以及为何能在 1941 年之前赢得技术优势，在 1941 年至1945 年之间丧失技术优势，但最终又失而复得。

目录

第一章

设计面向战争的工程教育，
1868—1942 年

大木乔任是一位果决的理想主义者。1873 年 2 月 12 日，即日本明治维新五年后，这位首任东京府知事（1869 年 1 月至 1869 年 8 月）兼文部卿（1871—1873 年）提交了对日本教育体系进行现代化改革的议案。其中他这样写道："在文明开化的民族，人才培养势在必行，这关乎国家的财富、权力、安全和福祉。"因此，要实现这些目标，"有必要建学校，制定教育方法"。他设想的教育体系由"七八个教育部门"组成，皆"以人口和土地面积为基础"创立——并且"每个地区都应有一所大学"。[1] 他的想法之前从未被验证过，不过事实证明，这种制度安排对于塑造现代日本的基本雏形起到了极为重要的作用。在日本发动一系列对外战争的大背景之下，日本教育体系建设的速度和方向是他始料未及的，在工程领域更是如此。

从 1868 年到 1942 年，日本的国家格局急剧变化，从和平发展到爆发战争，二者一直在循环往复。这期间，日本一心只想在海外建立自己的帝国。1868 年后，新成立的明治政权先是在首都东京设立了近代工程专业。这些工科专业随后通过日本各地的帝国大学、私立大学以及技术学校开枝散叶。几十年中，现代工程研究，尤其是航空学的发展，经历了四个连续的阶段：第一阶段为 1895 年至 1897 年；第二阶段为 1905 年至 1911 年；第三阶段为 1918 年至 1924 年；第四阶段为 1938 年至 1942 年。在这四个阶段，分别爆发过甲午战争（1894—1898 年）、日俄战争（1904—1905 年）、第一次世界大战（1914—1918 年）和第二次世界大战在亚洲及太平洋地区的战事（1937—1945 年），这绝非巧合。其中每场战争都起到了催化剂的作用，每次日本中央政府及地方政府都能以此为借口，趁机获得所需的财政支持，在日本各地创办更多教育机构。日本每次发动外部战争，都愈发凸显出发展壮大工程师队伍的必要性。当然，这算是个例，不应夸大，并且存在着诸多偶然因素，尤其是受到当地的反对势力和财政方面的限制，会延迟或经常叫停各地蓬勃发展的工程教育的进程。然而，总的来说，正是因为以上这四场战争，使得日本开展工程教育在财政、法律和政治等方面所受限制减弱，从而得以实现国家现代化，并为战争做准备。

打造工程教育的基础设施，20 世纪 60 年代至 20 世纪 90 年代

这些具有前瞻性、投入相当可观的工程项目首先从日本首都东京开始，之后范围扩大到日本各地。日本中央政府在项目实施方面发挥了至关重要的作用。明治维新后，江户更名为东京，一跃成为新工业化日本的中心。从 1603 年到 1868 年，德川幕府在此统治日本，之后由于日本在国家建设过程中设定了

现代化的目标，新东京的重要性更是愈发凸显。位于日本东部的现代首都东京与京都形成了鲜明的对比：京都相对较为传统保守，日本在历史上很长时间都曾建都于此。[2]

虽然东京从 19 世纪 60 年代就开始转型，不过它一直并未完全忽视江户时代的经验。明治政府推进现代城镇化的方法仍然立足于已有的土地所有权模式，而非依据自上而下的公共规划、私营企业或个人关心的问题。[3] 不过，新的政府作为主要出资人，确实在全日本范围内推动了大规模的技术改造。1868 年以前，技术研发的资金大多来自私人资本和各领域，而正是明治政府改变了这种模式，将通过国家税收征集到的必要款项投入全国各地的工程项目当中。其中一个做法就是创办高等教育机构，最著名的案例就是各所帝国大学。若没有日本中央政府的统一调度，日本教育基础设施的发展，以及由此推动的现代化进程，充其量只会进展缓慢，且步履维艰。到了 1930 年，现代资本的功能和意义变得愈发以科学技术为导向，东京此时已成为工程教育的中心，之后又成为研发之都，因而可以为进行大规模的军事行动做准备。

在日本早期的工业发展中，工部省堪称最为重要的政府机构。工部省成立于东京（1870 年），负责管理各式各样的工程项目，涉及采矿、钢铁生产、照明、铁路建设和电报通信等。国外引进的专业知识和经验在实现本土化后，被应用到全新的领域或先前由日本工匠主导的领域。为此，明治政府从西方国家聘用了 3000 余名外籍人士，而这主要集中在 1870—1890 年里。当时日本急需外国工程师，因为日本是工业化进程的后来者，在交通运输和通信领域更是如此。然而聘请外籍工程师委实费用高昂。当时，外籍专家的薪水约为日本政府高官的 3~10倍之多。[4]

日本政府项目旨在建设现代化国家，这不仅需要外籍工程师，也需要本土工程师和教育机构。1871 年，日本成立了文部省，负责在工部各所大学等高等教育机构培养后备的工程师人才。大约就在这个时候，日本和其他加入工业化进程较晚的国家纷纷采用了国外的工程制度化教育模式，建立了所谓的技术学院，大致类似于美国的麻省理工学院。[5] 日本第一所工程教育机构创办于 1873 年，师资由英国科学家和工程师组成，颇具创新性和创造性。26 岁的苏格兰校长亨利·戴尔（Henry Dyer）以苏格兰教育模式为部分原型，一些灵感来自苏黎世联邦理工学院（Eidgenossische Polytechnische Schule）这样由政府出资创办的同类顶级理工学院。学院采取寄宿制，全院 211 名学生每天争分夺秒、如饥似渴地汲取外国文化技术知识。所有课程均为全英文教学，学生们每天至少吃一顿英餐。当时有土木工程、机械工程、通信、建筑、冶金和采矿共 6 个工程专业可供学生选择，学生还能对技术有一定的理论认识。完成 6 年学业之后，毕业生会在日本工部省效力 7 年。[6]

1877 年东京大学落成，进一步加强了日本中央政府与工程教育之间的相互融合。提到东京大学时，通常用简写“东大”来表示。从东京大学可以看出，日本下定决心不惜一切代价想培养出本国最顶尖的工程师队伍。东京大学的首要任务是将之前已有的不同工程传统整合在一起。1886 年，前德川时代的理论导向课程和工部省指导下的经验驱动型教育融入工程学院，并在行政上隶属于日本文部省。[7] 因此在日本，工程学从一开始就是大学的重要组成部分，这与德国形成了鲜明对比：在德国，该领域未被包括在大学的科目当中，因为德国教育体系认为该领域太过实用，与德国个人修养的理念格格不入。[8] 1886 年，明治政府颁布《帝国大学令》(*Imperial University Ordinance*)，从而奠定了日本大学制度的基础，以法律形式规定了帝国大学在日本全国高等教育系统中的核心地位。其中第一条指出，该法令旨在效忠日本国家利益，从而将高等教育融入日本国家建设和民族主义追求的伟业中。该法令颁布之后，文部省大臣便能顺理成章地插手干涉大学的学术自治。[9]

工程学专业当时之所以如此受青睐，在一定程度上是因为东京大学工程学院的社会威望极高。因为工程学与日本政府关系密切，而且是源自技术先进的西方国家，所以日本格外重视工科，而这种情况在西欧国家就很少见。创立之初，学院 11 名教授中有 10 人曾留学海外，并且都出身于德川幕府时代的武士阶层。因此在日本，工程学在学术体系中的正式地位要比在欧洲高。[10] 由于东京大学校友人脉的缘故，政府与新兴产业之间的联系也愈发紧密。从 1888 年到 1897 年，东京大学土木与机械工程系的许多毕业生都就职于日本内政部，还有铁路建设方面的政府部门及商业机构，而后者的发展在很大程度上要倚重来自德国、美国和英国的工程师，当然最主要的还是英国工程师。电气工程系的毕业生多就职于电灯公司和日本运输通信省。应用化学系的毕业生多任职于农业部以及天然气公司和水泥公司。[11] 明治政府颁布了《帝国大学令》，东京大学由此成为日本"最高学府"，获得"帝国大学之首"的称号，由此名扬天下。东京大学工程学院处于金字塔式的等级制工程教育体系的顶端——这点体现出了日本德川幕府时代的社会传承。据统计，截至 1890 年，86% 的工程专业毕业生都出身于前武士阶层。[12]

东京大学与日本中央政府及工业界的关系密切，这为其教育和研究提供了重要的资金来源。在一些校友的帮助之下，日本文部省给东京大学工程学院拨划了大笔资金。东京大学校友在私营企业担任要职的也不乏其人。凭借大量的政府拨款及民间捐助，东京大学工程学院从 1878 年到 1945 年一直是该校最财大气粗的院系。其间，东京大学获得款项之和约为 1100 万日元，其中工程学院份额最大，约占 31%，约合 340 万日元。这一金额接近医学院（11%）、理学院（7%）和农学院（17%）所获款项之和。[13]

东京大学毕业生与诸多日本军方相关机构都交情匪浅。例如，东京大学海军工程系曾为日本航运业、政府机构和海军培养过大批技术水平过硬的工程师队伍。在 1883 年至 1903 年这段时期的 104 名毕业生中，有 10 人从事海运业务，14 人任职于高级工程教育，20 人进入日本运输通信省，26 人进入造船厂，入伍到海军服役的有 34 人，所占人数最多。[14] 1887 年，在日本陆军和海军的强烈要求下，东京大学专门增设了武器技术和炸药方向的院系。此举旨在确保日本有足够的军事工程师储备，这种做法在西方国家是前所未见的。[15] 工程学院的毕业生不仅是打造个人和企业的人脉关系的关键所在，还可以通过政府主导的工业化来改造日本社会。

发展壮大工程教育基础设施，19 世纪 90 年代至 20 世纪 30 年代

从 19 世纪 90 年代至 20 世纪 20 年代，日本对外发动了三场大规模战争，这期间日本工程教育发展壮大，初具规模。日本一心想扩大其在亚洲的影响力，为此发动了甲午战争（1894—1895 年）和日俄战争（1904—1905 年），参加了第一次世界大战。每场战争都使得日本工程教育借机发展壮大。这些战争不仅凸显了工程教育对日本的重要性，而且让教育与国家之间的关系也因此愈加紧密。日本中央政府（通常还有从北海道的札幌到南九州的福冈的各地方政府）得到了好处和资源，并将它们用于在东京之外的地区建设更多的工程高等教育机构。在某种程度上，东京大学工程学院堪称日本全国工程教育发展壮大的典范。该院的课程最初由五个研究领域组成，分别是土木工程、机械工程、电气工程、采矿和冶金以及应用化学，之后成立的所有其他帝国大学的工程教育专业均是以此为基础发展起来的。由于战争的缘故，相关财政支出在财政、法律和政治各方面就不再有之前那么大的限制，日本得以在不同阶段发展壮大工程教育。

工程教育发展壮大的第一阶段（1895—1897 年）是在中日甲午战争时期（1894—1895 年），其间创立的京都大学就是例证，这是日本的第二所帝国大学。在京都建立一所大学的初

步计划是文部省大臣森有礼提出的，创立东京大学时他曾出过力。日本的关东地区和关西地区积怨已久，相互之间日盛的竞争意识虽对科学技术研发有利，不过由于资金不到位，在京都创办大学的计划一直迟迟无法落实，直到后来中日甲午战争爆发，政治局势才有所改变。战事发生在朝鲜半岛和中国境内，并未波及日本本土。此战后，日本获得了中国的"战争赔款"，加上这一时期日本经济蓬勃发展，带来了新的资本。眼见形势一片大好，日本国内对工程师和技术人员的需求也日益走高，创办京都大学的计划终于又有了眉目。1895 年，负责创办京都大学的委员会正式成立，向日本文部省提交了一份报告，建议在京都创办新大学。计划创办的京都大学规模约为东京大学的三分之二。这所新大学计划由 4 所学院组成，其中每所学院的创立及维护经费当时为 20 万日元。随后，京都大学于 1897 年成立，设有科学系、工程系和医学系，后又发展壮大，新增了法律系。直到 1924 年，全日本只有东京大学和京都大学这两所帝国大学同时提供法律、医学、工程、文学、科学、农业和经济学专业。[16]

　　帝国大学都要配备各种科学和工程实验室。对于中央政府来说，创办此类大学不仅投入巨大，而且维护成本甚至更高。日本教育机构主要效仿法国的教育模式，采用教席制：一名全职教授领导自己的学术单位。每个学术单位通常由一名副教授、几名讲师或助教以及几名研究生组成。[17] 在 19 世纪 90 年代，日本教育体系依然面临资金不足的问题。为了解决资金缺口，京都大学的基础科学专业和工程专业很快就合二为一。[18] 此举模糊了科学与工程之间的组织界限，最大限度地减少了京都大学的课程数量。因此，后成立的京都大学规模不如东京大学。京都大学有 7 个系和 21 个理工科教席，而东京大学有 14 个系和 38 个教席。[19] 1898 年，京都大学的工程教育课程内容有所增加，增加了电气工程、采矿和冶金以及制造化学。[20] 总体而言，京都大学于 1897 年成立，为随后高等教育机构发展壮大工程教育专业开创了先例，可谓意义重大。

同时，制度化的科学技术知识在东京和大阪这两大城市中心的技术院校都可以学到。之前重在磨炼工人技术的学徒制体系开始让位于系统培训体系。[21] 当初设立学徒制培训体系是为了培养工厂车间的工长，或具备实用动手能力的技术人员，旨在为拥有大学学位的工程师队伍提供支持。1896 年，大阪市开设了一所这样的学校。日本以海运立国，其中大阪素以海运交通枢纽闻名，该地的大阪工业学校（现大阪工业大学）最早立足于印染和编织工艺技能，后来又将造船列入科研范畴。东京工业学校起源于 1881 年，与大阪工业学校一样，该校于 1901 年正式获得技术学校认证。其课程体现出传统工艺特色，并将染色、纺织和陶瓷作为研究领域。这两所学校当时提供的正式课程反映的是当地的喜好、传统及轻工业的需求，而非重工业的需求。东京工业学校与各帝国大学的联系更为密切，并开设了采矿土木工程等专业。[22]

工程教育发展壮大的第二阶段（1905—1911 年）发生在日俄战争之后。其间一个重大发展成果是创办了九州大学工程学院，这是日本的第三所帝国大学。创办这所大学的计划始于 1898 年左右。通过甲午战争获得的"赔款"为日本建造八幡制铁所奠定了基础。该所于 1901 年投入运营，是日本的一大钢铁生产中心。日本之所以在地方乃至国家层面发起了创建帝国大学的倡议，在一定程度上是为了缓解其对外国钢铁（尤其是西欧的钢铁）进口的严重依赖。到了日俄战争爆发，日本无法再从国外进口钢铁。这场战争凸显了日本九州大学工程学院的战略重要性。要建立军事、交通和工业基础设施，就需要配套的造船、炼钢、采矿和电力等重工业，因此这些行业都得到了发展。[23] 日本国会进一步推出了更多举措。1901 年 1 月，日本众议院和参议院都通过了一项旨在扩大国家高等教育规模的法案。日本国会的 30 名议员提交了一份意见书，要求增设更多高中，并要求在九州和日本东北地区各建一所帝国大学。"我国在高等教育方面远远落后于西方强国，"其中一位代表说道，"我们需要创办更多的大学，因为这是使命使然，是国家的当务之急。"[24]

　　眼见时机成熟，国会于 1906 年决定出资在九州创建工程教育机构。在多位实业家的支持下，该建设项目免于陷入财务困境。[25] 九州大学工程学院创建于 1911 年，采用东京大学的模式，提供土木工程、机械工程、电气工程、应用化学、采矿和冶金等课程。[26] 大约就在同时期，由于战后经济繁荣，工程教育普及到日本各地，从名古屋（1905 年）、熊本（1906 年）、仙台（1906 年）和米泽（1910 年）等城市纷纷创办技术学校就可见一斑。除了米泽之外，这些学校的教育课程都集中在土木工程、机械工程以及采矿和冶金方面。日俄战争促进了日本边远地区工程教育重点项目的发展。

　　日本工程教育的下一个扩张浪潮，同时也是最大一波扩张浪潮（1918—1924 年），是第一次世界大战使然。在这一发展过程的背后，是让人感觉不妙的变化，凸显了技术在执行军事行动中的决定性作用。先进的科学与工程技术外化为坦克、飞机、潜艇和生化毒气等致命武器。交战各国都纷纷规划、组织和动员了各自的后方去大量生产军用物资。事实证明，工业生产能力若有丰沛的自然资源和其他物质资源为后盾，对于发动这种新型战争，即一种消耗战，是至关重要的。同样，由于战争的缘故，各交战国对钢铁生产的需求也水涨船高，因而增大了战争物资的国内生产和对外出口。虽然日本在此阶段并非主要交战国，但是该国重工业同样对拥有学士学位的工程师求才若渴。在战后社会，人们普遍认为就读工程专业日后的就业者会前途光明。拥有大学学位的工程师被誉为"精英"，人们经常半开玩笑地说，嫁女儿就要嫁给这样的精英。当时这种社会风气表明，这些准岳父们非常看好工程师这份职业未来的发展前景。[27]

战争对战前创立的三所帝国大学的工程教育和人才培养有很大助力。最值得注意的是，东京大学开始提供比之前更为齐全的专业科目。1919 年至 1923 年，东京大学共新增教席 54 个。其中，工程学院新增的数量最多，达到 19 个，其次是理学院（11 个）、文学院（10 个）、农学院（7 个）、法学院（4 个）和经济学院（3 个）。[28] 1921 年东京大学引入了新的学分制度，使工程教育具有更大的灵活性。此做法淡化了必修课和选修课之间传统意义上的严格区分。这样一来，学生可以自行选择想要学习的课程，修满学分即可毕业。[29] 京都大学也经历了类似的教学变革。它将合并后的科学与工程学院一分为二，工程学院的教席数量增加了一倍。1919 年，它在原有的土木工程、机械工程、电气工程、采矿和冶金学课程的基础上新增了研究科目，例如建筑学、材料力学和工业化学。[30] 此外，九州大学工程学院还成为日本第二所开设造船系的大学。

与此同时，工程教育开始向日本北部扩展。北海道大学起初是一所农业科研机构，最初提供农业、地质学和测量学方面的工程课程，可惜因为 1896 年废除了工程学院，其早先增设课程的尝试宣告失败。[31] 不过，第一次世界大战爆发之后，这方面的努力得以继续。依据《帝国大学令》（1919 年），国会拨款 21.26 万日元给到北海道大学，用于重新召集之前解散的师资队伍。[32] 1924 年，该校新设课程包括土木工程、采矿、机械工程和电气工程。[33]

尽管资金紧张，日本东北大学依然没有放弃。日本东北大学最初是从科学和农业这两个学院起家的。该校当时还没有工程学专业，因为直到 1910 年前后，无论是当地的实业家还是宫城县政府，都还不清楚大学能为他们带来什么。[34] 最终以第一次世界大战为契机，该校有了新的愿景。在当地居民同意承担相当一部分办学费用之后，该校于 1919 年创建的工程学院开始增设材料工程、机械工程、电子工程和化学工程等专业。[35] 从此之后，再也不是只有那些帝国大学才拥有工程教育专业。1919 年的《帝国大学令》颁布后，日本全国新建了 10 所高中和 19 所技术学校用于技术教育。[36]

不过，到了 20 世纪 20 年代中期，工程教育在日本全国范围内的扩张之势未能延续。从历史上看，在国家层面开办工程教育投入巨大，并且在政治和经济层面都要有能站得住脚的依

据，例如外部战争、动员或经济繁荣等。从 1926 年一直到 1936
年，上述这些依据无一存在。工程教育无论是对地方政府还是
对民间机构来办学都不够有说服力，1929 年 10 月纽约证券交
易所崩盘之后就更是这种情况。以东京大学为例，其工程学院
从 1924 年到 1933 年这一段时期没有任命新教席。从 1934 年到
1938 年，该校只新增了 3 个教席（见表 1–1）。[37] 显然，这段时
间日本全国各地的工程教育发展都相对陷入停滞，唯一的例外
是在 1929 年的世界经济大萧条之前。当时，东京和大阪各有一
所技术学校获得了帝国大学的称号，分别升级为东京工业大学
和大阪工业大学。从 1925 年到 1937 年，日本全国所有的帝国
大学均未增设工程系或工程学院。[38]

表 1–1　1893 年至 1945 年东京大学的教席数量

时间	经济学	农业	文学	法学	科学	医学	工程	合计
1893—1918 年	13	34	29	29	29	33	39	206
1919—1923 年	3	7	10	4	11	0	19	54
1924—1928 年	1	1	2	1	1	2	0	8
1929—1933 年	1	1	0	0	0	1	0	3
1934—1938 年	1	0	2	0	0	2	3	8
1939—1943 年	1	3	0	1	3	1	8	17
1944—1945 年	0	3	0	0	3	2	15	23
总计	20	49	43	35	47	41	84	319

不过，这并不意味着日本推动工程专业发展的意愿不够强。1929 年 10 月 29 日，在日本东京召开的万国工程大会（The World Engineering Congress）上，来自全球 42 个国家 / 地区的参会代表深刻地感受到了日本政治家和工程师对工程专业寄予的厚望。这是首次专门将工程学作为研究领域的国际盛会。此次大会的参会嘉宾超过 1200 人，其中美国代表团规模最大，之后依次是英国、中国、法国、德国、意大利和瑞典代表团。此次盛会是日本与参会各方代表就 12 个工程领域相互学习交流的绝佳机会。当时日本正深陷国际收支逆差的困境，此次活动恰是重振日本工业海外声誉的良机。正如当时一家报纸所报道的那样，这一"重大历史事件"值得"日本工程史特别铭记"。[39]

巧合的是，就在此次工程大会开幕的这一天，华尔街股市崩盘。在某种程度上，日本工程教育扩张暂时陷入停滞与此不无关系。由于经济危机的缘故，日本经济陷入萧条，导致求职者数量倍增，其中包括许多高等院校的毕业生，尤其是文科专业的毕业生。1929 年至 1930 年，即便是素有"日本精英官僚摇篮"之称的东京大学法律与经济学院，其毕业生的就业率也非常低，只有 50% 左右。[40] 在日本的工业经济中，相较于重工业和化学工业，轻工业和纺织工业所遭受的冲击更大。不过，当时虽然经济疲软，但重工业和化学工业已然呈现增长迹象。从1930 年到 1935 年，采矿业的工业产量增幅达到 60%，化学、金属加工和机械工业的产量增幅从 33.8% 升至 47.7%。[41] 相对来说，民用领域受大萧条的影响甚微，所以依然可以继续从各大学招收工程专业毕业的应届生。1890 年，有 131 名应届毕业生进入民用行业, 1900 年有 385 人, 1910 年有 846 人, 1920 年有 3230 人, 1934 年更是达到了 25 331 人。当时工程市场呈现的这种增长态势, 反映出了日本各大学为满足社会经济需求而付出的努力。1890 年, 拥有大学学位的工程师总人数为 314 人, 而在接下来的 10 年里, 随后这一数字增至 859 人。随后这个数字持续增长, 从 1910 年的 1921 人增至 1920 年的 5025 人, 再到 1934 年的 41 080 人。[42]

在整个大萧条时期, 东京大学工程学院始终保持着极强的适应能力。从 1920 年到 1934 年, 用人单位对该学院毕业生的需求量一直都很大, 学院学生的就业率保持在 90% 左右。绝大多数毕业生在私营企业谋求发展, 例如, 1933 年至 1937 年, 1610 名毕业生中约有 68%(1090 名)进入了私营企业工作。同年, 约有 24% 的毕业生(386 名)进入了包括军队在内的公共部门。[43] 即使当时日本的经济下行已经触底, 但在那个毕业季, 东京大学机械工程学院的所有学生都不愁没有工作。该系 1937 届的工作机会数量达到毕业生总人数的 4 倍之多。因为毕业生会如此供不应求, 该学院的一位教员忙得四脚朝天, 因为他要替自己的学生挨个婉拒雇主的盛情邀请, 需要亲自拜访或写信向多家私营企业表示歉意, 花费了大量的时间和精力。[44]

回想起来, 工程专业的教育基础设施多是在大萧条之前的 20 世纪 20 年代中期前完成的。在日本明治维新时期, 工程学专业的地位不亚于医学专业, 甚至要高于科学专业。当时日本政府在所有的国立大学都设立了工程学院和医学院。不过, 日本的这种情况在西欧或美国并不常见。在那些国家, 工程专业

的受重视程度不如科学、医学或法律专业。19 世纪 70 年代到
20 世纪 20 年代这段时间，许多日本政治领导人似乎对培养应用
科学家，包括医生和农业专家，尤其是工程师情有独钟，连法
律专业的毕业生都未得到如此重视。例如，1896 年东京大学有
127 个教席，其中理科 18 个、医学 20 个、农学 20 个、文学 20
个、法学 22 个、工程学 24 个。这种教席分配模式一直持续到
1920 年，当时整个体系的教席数量增至 479 个。其中，文学类
占 11%，科学和农业各占 13%，法律和经济学占 16%，医学占
22%。工程教育所占的比重最大，达到 25%。[45] 工程教育之所以
能于 20 世纪 20 年代中期在日本得到进一步推广，在很大程度
上得益于日本连续发动的三场对外战争：中日甲午战争、日俄
战争和第一次世界大战。

为战争动员工程师，1937—1942 年

日本于 1937 年 7 月发动侵华战争，因此迫切需要全社会快
速地培养出更多的工程师，于是，日本工程教育发展的相对停
滞期就此结束。同年，中国军队和日军在北京城西南卢沟桥爆
发了局部小规模冲突，就此拉开了中国旷日持久的全面抗战的
序幕。战争对人才的需求大增，这对于日本高等院校工程专业
的应届毕业生来说是个好消息。从 1930 年到 1937 年，日本大
学毕业生的就业率已从 39.1% 提升至 57.8%，技校毕业生的就
业率从 43.8% 提升至 61.8%。科学和工程方面的专业人才在劳
动力市场中备受青睐。1939 年春，日本各家工厂和公司在这些

领域的招聘岗位达到 9 万个，而当时日本全国此类毕业生的数量仅有 1.2 万人，这意味着平均每个应届毕业生有 7.5 个工作岗位等着他们挑选。[46]

战争爆发后不久，第一届近卫内阁组建了一套工作班子，动员工程师投身"国防"事业。此后，由于日本文部省明确规定了工程专业学生每年的具体配额，所以工程专业的学生得到了精心的就业安排。各高等院校均奉命行事，培养固定数量的学生，并在学生毕业后把他们分到指定的新单位工作。[47]文部省大臣木户幸一显然是应日本陆军的要求接受了一项新任务，领导厚生省并负责加强军事人才的培养。厚生省成立于 1938 年，开始根据正式的法律框架来管理对工程专业毕业生的需求情况。1938 年 8 月的这项立法旨在解决日本全国技术人员和工程师突然间严重不足的问题。该法律规定，每家民用公司都需要以书面形式向厚生省提出申请要求，说明所需的新技术人员和工程师数量，以及这些工作岗位是用于哪些工厂和办公室。有关工程专业毕业生的人才供应情况信息来自日本文部省，而厚生省负责审批此类请求，并酌情加以修改，从而将刚毕业的学生分配到各行各业。[48]至少有一段时间内日本文部省和厚生省都归木户幸一管理，所以这两大部门得以配合无间，为成功动员工程师们入伍打下了基础。

尽管《日本新毕业生人数法》有利于促进与战争相关的重工业发展，但该法在日本各界反响不一。对于三菱和中岛这些资本雄厚的知名航空业巨头而言，人才分配配额制度对它们好处不大。在这些公司看来，它们完全可以从日本顶尖大学招到最出类拔萃的工程专业毕业生，实际情况也确实如此。不过，像昭和飞机公司和伪满洲国飞机制造公司这样名气不够的小公司都对此表示欢迎，因为这对它们有利。该法律规定，只要是飞机公司，无论名气大小，每年都会分配固定数量的工程专业毕业生。事实证明，实施这样的工作分配机制，有些学生会不如其他学生幸运。到了大学高年级，每个学生都可以表达自己想到什么地方去工作的意愿，不过实际分配情况并不以个人的喜好为转移。按照战时日本政府的要求，大学毕业生可能无法如愿分到心仪的单位去工作。[49] 这种工程人才配额制称不上是解决该行业人员短缺问题的有效方法。1941 年 3 月，平均说来，每家民用飞机公司能从高等院校分到的毕业生数量只有其实际需求的 10%。[50] 据当时的一家报纸报道，民用行业的人才需求缺口尤其大。"分配到机械和电气工程等重要领域的大学毕业生寥寥无几。"由此一些公司专门创办了自己的培训学校，只是苦于员工没有受过大学教育，其能力和技术水平仍然很低。[51]

当时日本受过高等教育的工程师奇缺，根本原因出在其体制从根本上有问题。事实证明，这种体制考虑不周，特别是在飞机工程领域。直到 1937 年，日本全国所有大学中只有东京大学开设了航空系。此后，航空系逐渐发展起来。抗日战争爆发时，东京大学航空系开设了两个专业，旨在对飞行器的机身和发动机进行更专业的研究。经过这次院系办学规模扩大，1938 年，这两个新设专业的学生培养任务分别增至每年 17 人和 7 人。[52]

据当时的媒体报道，日本迫切地需要培养更多航空工程师。1937 年 7 月 24 日，即卢沟桥事件发生后的第 17 天，《朝日新闻》（日本最大的一家日报）刊文称："鉴于各个领域的工程师大量短缺……发展壮大工程师人才队伍已经迫在眉睫。"[53] 当时日本航空工程师的人才缺口实在太大，这家全国性报纸忍不住大胆献言。1937 年 10 月,《提议建立航空技术研究所》一文中指出，日本"迫切需要制订飞机设计技术的新规划"，并"通过专业教育加强日本的航空力量"。根据这项提议，东京大学航空研究所应从全国唯一的学术基础研究机构转型为教育机构。"对于拥有空中力量的日本来说，开设一所航空专业大学并大量培养（航空）工程师是理所当然的。事实上，现在才开始做可谓为时已晚。"[54] 事后证明，这一判断极有见地，非常正确。直到 1937 年后，日本各地的其他大学才针对航空工程师严重短缺的问题开始采取行动。其中，东京工业大学于 1939 年启动了自己的计划，声明如下：

> 最关键的问题在于（工厂）现场工程质量低下。之所以如此，无非是因为东京大学航空系的工程专业毕业生人数太少，而当时日本最顶尖的航空工程师全靠这一个系来培养。该系的毕业生无法充分满足（市场）对飞机设计师和科研人员的需求，导致现场工作只能由不够格的技术人员来勉强应付。在（行业）生产车间工作的工程师若没有至少三年的飞机专业研究经验，就算不上（在技术上）过关或是能跟上形势。为此，日本政府需要采取行动。东京工业大学的主要目标是培养能在飞机工业现场工作的工程师。[55]

同样，其他高等教育机构也纷纷开设了航空方面的专业课程，如九州大学（1937 年）、大阪大学（1938 年）、东北大学

（1939 年）和名古屋大学（1940 年）。1941 年 12 月太平洋战争爆发后，京都大学也随之开设了航空领域专业（1942 年）。日本各地航空专业的教学规模大增，航空工程师队伍迅速壮大。1936 年，日本航空专业的毕业生还只有 8 人，且全部来自东京大学，而到了 1944 年，国立大学和私立大学均设有该专业，毕业生人数增至 243 人。[56]

　　该领域人才队伍的迅速壮大，标志着日本工程教育迎来了第四次浪潮（1939—1942 年）。文部省大臣荒木贞夫（1877—1966 年）发出国家战争紧急状态号召，日本各高等学府纷纷响应。这位有着极端民族主义思想的前陆军将领执意要从自身背景出发来推动这场变革。自从日俄战争后，特别是第一次世界大战后，他愈发对共产主义心存戒心。1938 年 6 月，荒木贞夫被任命为日本文部省大臣，这位前军事学院院长兼陆军大臣果断采取行动，在各级教育当中灌输民族主义和军国主义思想。其中最出名的做法莫过于他想将所有帝国大学的教授和校长的任命权都攥在自己手里。[57] 他在两届内阁担任陆军大臣的 21 个月期间，在促进教育和科技研发方面颇有建树，这在科学进步调查委员会的工作中多有体现。包括东京大学的田中馆爱橘在内的多位搞学术的科学家早前就已注意到了这方面的重要性。科学进步调查委员会于 1938 年 8 月甫一成立，荒木贞夫就以文部省大臣的身份主持会议，任命了来自陆军、海军、学术团体和政府各部的 43 名成员。委员会讨论了诸多事项，包括如何发展壮大研发设施，如何加强科学和工程教育，以及如何扩大科学和工程专业毕业生的培养规模。在荒木贞夫强有力的主导之下，许多想法得以付诸实施。例如，1939 年，文部省增设了每年 300 万日元的补贴，用于科学技术研发。这标志着日本倾力加大科技研发力度，积极为战争积蓄力量，要知道之前每年该领域的研发经费只有区区 7.3 万日元。[58]

与此同时，东京大学变成了培养未来军事工程师的大规模基地。在荒木贞夫的领导下，日本文部省将大学新生人数的年度配额从大约 330 人（1922 年以来就一直是这个人数）提高到 1939 年的 460 人，仅一年间就大增了约 40%。[59] 有了足够的资金，就有条件满足培养更多学生和增建更多教学设施的需求。与财政拨款较少的人文学科相比，工程学院的规模足足翻了一番，并在东京以外创办了第二所工程学院。[60] 1942 年 4 月，尽管施工及煤气设备安装进度有所延误，但东京大学依然新建了 10 个系，并且千叶校区的新生迎接活动也在正常进行。[61] 战时东京大学在 1939 年至 1943 年为工程学院增加了 8 个教席，在 1944 年至 1945 年期间增加了 15 个教席。工程学院共增加了 23 个教席，而其他所有院系新增教席的总数也不过才 17 个。

其他高等教育机构，无论是私立机构还是公立机构，都新设了工程学专业或巩固增强了已有的工程学专业。仅 1939 年这一年，日本文部省就在日本从北到南新创办了 7 所高等技术学校：其中 1 所在北海道室兰市，其他分别位于本州岛主岛的盛冈市、多贺市、大阪市、宇部市和新居滨市，还有一所在久留米（九州）。工程教育的扩张之势在日本各帝国大学尤为突出。1942 年，名古屋大学在该校增设了理工学院，提供与国家战事直接相关的 5 个研究学科（机械工程、电气工程、应用化学、冶金和航空）。[62] 从 1937 年到 1945 年，大阪大学、京都大学和东京工业大学各增设了 4 个新的工程学专业。此外，日本东北大学还引入了 3 个新的工科专业，九州大学和北海道大学各引入了 2 个工程学专业。早稻田大学是一所成立于 1882 年的私立大学，从 1938 年开始设立与战争直接相关的 5 个研究领域的技术课程：应用冶金学（1938 年）、电信（1942 年）、石油技术（1943 年）、土木工程（1943 年）和工业管理（1943 年）。在当地实业家的捐资下，一些教学机构得以建成。日本民间各界历来深知工业发展与科学技术之间相辅相成的关系。藤原工业大学由一家造纸公司的前总裁私人出资创办，从 1942 年开始设立机械、电气工程以及应用化学的课程。两年后，该大学并入庆应义塾大学（亦称庆应大学），成为专门的工程学院。[63]

相比战时工程师的实际专业水准，当时日本文部省更看重的是战时工程师的数量。在文部省的推动之下，这些高等院校培养的毕业生数量大增。日本于 1939 年在全国各地新建 7 所高等专科学校，1941 年的毕业生总数为 1192 人，1944 年为 2112 人，培养人数短短三年内翻了近一倍。类似的模式也出现在各私立大学和帝国大学的工程专业中。在这些大学，1936 年有 1489 名工程专业毕业生，1944 年的毕业生数量达到 3125 人，人数翻了一倍还多。1944 届的毕业生中，机械工程专业 578 人，电气工程专业 386 人，矿冶专业 250 人，建筑专业 240 人，土木工程专业 236 人，应用化学专业 213 人。同时，日本高等院校所有三年制学术课程的学制曾两次被缩减，第一次是在 1941 年 10 月，缩减了 3 个月，之后在次年又缩减了 6 个月。[64] 鉴于此，日本各高校决心捍卫高等教育的教学质量，其中东京大学的教师队伍更是强烈反对缩短学制的做法，并与日本文部省和枢密院接洽，要求进行整顿。然而，日本政府通过国会强行通过了法案，这使缩短课程学制的做法具有了合法性。[65]

现在回想起来，当初日本工程教育的大规模扩张，尤其是在 1939 年之后那段时间的扩张，其实是对当时战争的反应。行动虽然还算快，但已经是亡羊补牢之举，终究迟了一步。日本直到 1938 年前后才开始扩大工程专业的办学规模。当时，日本已经深陷与中国血拼的战争泥潭，并且对随后要对抗第二次世界大战同盟国的现代科技战争准备不足。从 1939 年到 1942 年，院校基础设施的大规模扩张掩盖了时间滞后的内在问题。1939 年 4 月入学的新生只有在接受了三年的工程教育之后，到 1942 年春天才能完全效力于战时工业。东京大学的滞后程度尤为严重。它的第二工程学院创建于 1942 年，1944 年 9 月培养出了第一批学生毕业生，第二批学生毕业则是在 1945 年 9 月，此时战争已经结束。此外，要将刚毕业的大学生培养成为经验丰富、能力过硬的工程师，至少需要实际在岗历练数年之久。日本当时的工程教育之所以失败，根本原因在于日本之前缺乏对外战争长达三年或更长时间的经验。

这个问题的后果很严重，即战时工业中经验丰富的工程师和技术人员出现了严重短缺。甚至早在 1941 年 12 月日本偷袭美国珍珠港之前，这种现象就已显现出来。其中最能说明问题严重性的是飞机设计研发领域的人才储备情况，负责该领域的是能力过硬的高级航空工程师，人数非常有限。在中岛飞机公司，毕业于东京大学的小山悌带领他的设计团队研发出多款战机，例如 Ki-43 隼式战斗机和 Ki-84 疾风战斗机，这两款飞机都以在日本陆军航空队中得到广泛部署而闻名。随着中国的抗日战争越来越惨烈，小山悌承担的研发任务也越来越重大，搞得他筋疲力尽却难以入眠。他的体重暴瘦了 20 公斤。1940 年 8月，因为身体欠佳，他不得不住院卧床休养，一个月后才重返工作岗位。很快，因为工作过劳，他只好再次回医院疗养。当他听到 1941 年 12 月日本偷袭美国珍珠港的消息时，正躺在病榻上休养。[66]

　　三菱飞机公司的情况就更能说明问题了。堀越二郎领导的海军设计团队是该公司的重要资源。他毕业于东京大学航空系，以敏捷、强大著称的 A6M 零式战斗机就是其团队的杰作。他的团队大约有 30 名成员，整个团队洋溢着乐观热情的青春活力，至少一开始是这种情况。1938 年的时候，这些团队成员的平均年龄只有 24 岁。[67] 不过，即便是再年富力强，也扛不住如此无穷无尽的工作量。在第一批因工作过劳被强制卧床休息一个月的人当中，就有辅佐堀越二郎设计零式战斗机的得力助手曾根嘉年。曾根于 1940 年 8 月归队，堀越二郎紧随其后归队。他曾不得已休了个长假：放下一切工作，专心在家养病。此后不久，设计零式战斗机起落架的另一位经验丰富的研发人员总感觉疲惫不堪。由于无暇休息，他染上了风寒，后来引发了肺炎，医治无效去世。1942 年，该团队又有一位经验丰富的技术人员因积劳成疾去世。[68] 显然，中岛和三菱团队都对日本与盟军的战争准备不足。

回望 1924 年，即第一次世界大战结束五年后，日本现代工程教育基础设施刚刚基本建设完成。到 20 世纪 20 年代，海外战争对日本工程教育与社会之间关系的影响程度之大，可能超过了人们经常研究的军事与工业之间关系的影响。[69] 如果说每次对外战争都是提升日本工程教育水平的"天赐良机"，那么其发展的格局则隐隐有不祥之感。1919 年至 1937 年的工程教育扩张中断，导致培养出接受过高等教育的工程师人才的努力受阻。这种人才短缺在与战争相关的行业中尤为突出，在飞机公司就更是如此，并且该问题从日本侵华战争一开始就已日益凸显。

在 1941 年 12 月日本对美国宣战之前，从 1938 年开始的日本全国工程师总动员，以及大规模迅速开设工程专业的做法，对于解决这个问题帮助不大。20 世纪 30 年代，日本技术水平过硬的工程师数量实在太有限，以至于在 20 世纪 40 年代产生了意想不到的后果。当时，日本全国顶尖大学培养的顶尖工程师本来就少，结果分配到海军工作的毕业生人数又过多（日本海军在招募顶尖工程师这方面确实比日本陆军强），导致其影响一直延伸到了日本的战后时代。

第二章
日本海军工程师和空战，1919—1942 年

    1927 年，在提交给第 52 届帝国国会下议院的一份提案中，对日本的民用及军用航空能力提出了更高的期望。为此，同年 2 月 19 日到 3 月 25 日这段时间，日本有关方面就日本陆军、海军和文职官员是否有必要协同努力的问题，开展了一系列的论证。首相若槻礼次郎向陆军大臣、海军大臣、文部省大臣和运输通信省大臣提出要求：有必要在政治和经济上给予支持。基于以下几点，他写道，"政府需要立即扩大其飞机业务运营规模"：陆军应裁减 4 个师，用节省下来的军费来扩建防空炮兵和航空兵建制；海军应加强其空中力量，但不要过多倚重辅助舰艇；日本运输通信省应扩建机场、航空运输等基础设施和夜航设施；应成立航空部，将陆军、海军、文部和日本运输省的活动集中在一起。[1]

    若槻礼次郎的提案收效甚微，不过他让这四大核心部门参与提案的做法令人称道。受过高等教育的工程师群体的创造性成果，以及这些人才实际参与的研发工作，是促进航空在民用和军用等领域崛起的重要因素。到了 1942 年，在航空研发的先进性方面，海军明显更胜一筹，遥遥领先于陆军及民用科研力量。这样的结果绝非事先早有安排。在 20 世纪 30 年代，海

军制订的多项计划都取得了成功，其中包括建设研究基础设施，招募高等院校毕业生，以及培养有能力的工程师助力海军发展空中力量。与此同时，日本海军和陆军展开了军种间的人才竞争战，私底下争斗不已。其结果是日本海军在这场暗斗中最终胜出。海军是如何做到的呢？这在一定程度上是因为第一次世界大战以来日本海军空中力量的日益崛起。

建设研发基础设施

第一次世界大战极大促进了日本的大学及军事组织附属机构的武器研发工作。绝大多数此类设施都是紧急升级或新建的，全都位于东京及周边地带。第一次世界大战期间，日本科技的脆弱性暴露无遗，因为日本的工业严重依赖从德国进口的关键物资，包括化学品、药品和精密仪器等。[2] 当时，西方各国深陷欧洲战事，暂停了对日本出口飞机和航空发动机，使得日本进口上述物资变得非常困难。加上西方在技术上的领先，这些都使日本军方一心想要确保国家安全。1919 年春，陆军大臣田中义一表示，"（日本）迫切需要研究世界强国在军事工程方面如何取得如此之快的发展，并赶上世界诸强的发展速度"。[3] 由此，日本军方加强了研发职能，旨在培育本土科学技术人才。

1919 年，日本陆军扩建了位于东京都新宿区百人町的两个原有研究设施，以推进军事科学技术的发展。在新的陆军科学研究所，多个科学家团队在研究物理和化学问题，以进行武器基础研究。[4] 在第二个重点机构，即陆军技术总部，工程师们对各种武器进行了检查和实验，涉及光学、声学、通信和电子诸多领域。[5] 欧洲战事中科学技术的破坏力如此之大，令日本军队大受震撼，开始关注本土科学家和工程师将在之后的对外战争中能够发挥怎样的重要作用。

海军还实施了一系列举措，以建设军事技术研究基础设施。1918 年 4 月，成立了飞机测试实验室，用于对海军飞机、飞艇和航空发动机的机械和材料进行理论及实证研究。日本的第一座风洞实验室，横截面为 1.5 米，是在听取法国埃菲尔实验室（Eiffel Laboratory）一位顶尖空气动力学家的技术建议后建造的。1923 年，该研究机构和海军试验站（创建于 1908 年，用于试验军舰模型）合并为海军技术研究所，其工作范围涵盖了军舰和飞机的所有研发工作。该机构很快在电子、造船和飞机等领域设立了 4 个基础研究部门。[6] 不过，实际研究活动进展缓慢。当时的一份研究报告表明，1927 年的研究预算"明显不足……（因此）召开紧急会议，（并且）有望增加（研发）预算……"研究项目数量稳步增长，造成"研究人员和工人短缺，这一问题急需缓解"。物理设施不足的问题同样凸显。报告指出，"现有的科研设施建筑很狭小"，研究人员工作的研发环境"完全无法忍受"，研究人员只能"勉为其难"地工作。[7] 到 20 世纪 30 年代初，研究机构已经发展完善。到 1945 年，该组织扩大规模，并下辖 8 个研究部门，研究范围非常广泛，包括化学、心理学、材料学、声学和无线电学等。[8]

第一次世界大战促进了军用航空的研究和发展，并且帝国大学在科学基础研究方面的作用日益凸显。这一新趋势的最大受益者莫过于航空领域。与西欧国家相比，1918 年之前的日本在航空学方面的研究尚不完善。当时，放眼日本全国，对该领域真正感兴趣的多是东京大学的附属机构。随后在东京大学工程学院成立了航空发展研究委员会（1916 年），不过委员会在该领域的进展有限。管好这支由六名研究人员组成的小型研究团队着实不易，这跟团队领导者，即名誉教授田中馆爱橘有很大关系。田中馆教授的科研素养无可挑剔，可他是出了名的健忘，很多事情都记不住，并且在管理方面甚至还有些软弱。团队的另一位资深成员是一位著名的数学家，老是跟田中馆对着干。有一天，这位数学家终于按捺不住心中的不满，在会议上对田中馆教授大发雷霆，警告委员会若不采取适当的措施，他将辞职以示抗议。结果田中馆爱橘被免职。[9] 这位数学家接手团队之后，行事作风强硬独断，团队此前低落的士气有所改观。该委员会继续开展工作，但其职能仍然是有名无实，实质性的研究少之又少。许多研究人员的主要工作就是编写某些机器的使用说明手册，而其他工作则是将外国期刊的材料翻译成日语。[10]

日本在推进航空学学术研究方面的不懈努力，最终促成了日本航空研究所（ARI）的建立。起初，航空研究所的成立因政治局势紧张而受阻。航空研究所最初隶属于东京大学工程学院，是田中馆爱橘等学界专家的智慧结晶。这些科学家在国会内外与日本文部省唱对台戏，强调飞机基础理论研究的重要性。[11]发展航空业需要日本国家层面的努力，这就需要高技能劳动力和资本合力来实现其发展，而第一次世界大战正好提供了两者兼备的契机。尽管早期的飞机无论是形式还是功能都颇为粗陋，可当时的飞机研发成本却高得离谱。为了拓展更广泛的商业和军事用途，新飞机势必要提高速度，增大航程，提升飞行高度，扩大机身尺寸和增大重量，于是相应要投入的试验和开发成本高得吓人。在各国政府的资助下，世界各地在这方面开展的高昂研发投入初见成效。以柏林为例，德国航空研究所（German Research Institute for Aviation）成立于 1912 年，担负着推进该领域科研发展的国家使命。同样，美国联邦政府于 1915 年成立了美国国家航空咨询委员会（NACA）并开展航空研究，其模式源自英国航空咨询委员会（1909）。1918 年，苏俄效仿这种做法，成立了中央空气流体动力学研究院（Central Aerohydrodynamic Institute）。此外，第一次世界大战期间，英国国家物理实验室（National Physical Laboratory）成为该国空气动力学研究活动的主要中心。[12]

当时，日本在该领域如此落后，令东京大学校长倍感震惊和沮丧。他特地写了一份声明，要求创办日本航空研究所，呼吁开展可应用于军事和商业目的的航空学学术研究。山川健次郎实事求是地表示，在飞机开发方面"不能指望太激进的改革和太大的进步"，因为在日本本土生产具有许可证的外国飞机，已经是当时日本最大的能力所及。他眼睁睁地看着日本在航空学方面的研究和教学能力"弱小不堪"，而"西方国家在这方面的研发投入大得惊人"，并且"成果显著"，不禁"令人扼腕叹息"。山川健次郎写道，日本再也不能"做事半途而废"，是要通过"升级或新建设施和建筑物"以及"逐步壮大全职研究人员和助理队伍"来"大规模扩大"其科研能力，而这一切都是为了"在不久的将来拥有独立自主的飞机制造能力"，拥有"可与美国和西欧抗衡甚至更胜一筹的专业技术"。[13]

通过迂回的方式，山川健次郎终于达成了自己的愿望。日本航空研究所于 1921 年成立，并在 1923 年日本关东大地震后继续运营。日本航空研究所计划通过 5 年时间扩大了其业务范围。1924 年，该所有 200 余名职工，包括 9 个部门的 144 名研究人员及他们的助理人员、35 名工厂工人、19 名行政人员和 4 名图书馆员。[14] 20 世纪 30 年代中期规模扩大后有 339 名职工，其中包括 26 名全职研究人员、4 名工程师、49 名技术员、93 名工匠和 70 名兼职职工等。[15] 日本航空研究所拥有 12 个研发实验室，涵盖物理、化学、冶金、材料工程、空气动力学、发动机、机身、测量仪器和心理学等诸多领域。[16] 各种最先进的设备都用在科研上，其中包括建于 1930 年的功能强大的闭路式风洞。该风洞直径 3 米，是 1945 年之前日本最大的高速空气动力学研究风洞之一。[17]

当时，技术人才或许可以算是这所大学附属研究所最为宝贵的财富。这里的研究人员主要都是东京大学的全职教授，他们可以全身心投入科研当中，而无须为教学牵扯精力。[18] 利用这层关系，一名海军学院的教授成功转到了日本航空研究所，从 1943 年 4 月开始为期一年的研究工作，而当时正值第二次世界大战期间。[19] 日本航空研究所自成立以来，每年都会接待一些日本陆军和海军派来学习的技术官员，与日本军界和学术界继续保持着千丝万缕的联系。[20]

在建设空中力量的过程中，日本各军种之间的紧张关系愈演愈烈

日本的学术研究确实取得了非凡的进展。不过从世纪之交开始，日本学术界的发展应主要归功于日本军方。日本的首个飞机研发机构，即气球军事用途研究委员会（1909 年），是陆军、海军和科研工作者共同努力的结果。但是它对基础研究所做的贡献不大，这在一定程度上是由于日本各军种之间明争暗斗所导致的。该机构从成立伊始就在日本陆军的掌控之中，机构办公地点就设在日本陆军省大院内，其经费也主要是靠陆军拨款。1909 年至 1917 年，日本陆军拨款 400 万日元用于发展空中力量，而海军在 1911 年至 1917 年的预算为 75 万日元，仅为陆军预算的 19%。[21] 该委员会包括 4 名文职研究人员和 6 名海军官员，而包括委员会主席在内的其他 20 名成员都是陆军军官。陆军和海军双方为研究议程的控制权争得不可开交，在此过程中未能以建设性的方式消除彼此的分歧。与陆军不同的是，海军不需要研发气球，而是需要研发舰载机。海军方面大为不悦，因为如果未经陆军批准，它就无法动用其在委员会中的投资。这种分歧导致该研究所的研究成果寥寥无几。例如，日本陆军在中国旅顺港的上空使用气球进行观察的任务失败了，因为气球操作员在空中晕得厉害。与此同时，东京大学的一名民间科研人员根本看不上委员会的日常工作，称飞机不过是"士兵的玩偶罢了"。陆军、海军和民间学术界所追求的研发目标各不相同，结果该委员会最终于 1920 年宣告解散。[22]

第一次世界大战的形势让日本认清，本国要想推进航空领域发展，最大障碍在于日本与西欧之间远隔千山万水，而研发战斗机更是需要国际技术、创意和各种关系共同发挥作用。对任何国家来说，技术信息的国际交流都是至关重要的，日本也不例外。当时，日本战争期间的空中军事行动的地理范围仅限于中国。例如，日本海军的军事参与程度仅限于1914年在中国青岛与德国作战。相比海军，日本陆军从战争中捞到的好处更多。日本陆军从德国缴获了74架军用飞机、271台飞机发动机、机枪若干挺、无线通信设备若干台、照相机多部，另外还有其他设备。日本陆军实在瞧不上的武器装备，比如德国的齐柏林飞艇，才舍得移交给海军。[23]

总的来说，欧洲战后的社会政治格局令日本军方受益匪浅。第一次世界大战的结束，意味着日本和其他国家能有机会招募到外国工程师，从而缩小自身与西方列强之间在该领域的技术差距。1919年的巴黎和会条约严格禁止战后的德国进行航空研发及飞机生产。正因为如此，经验丰富的德国航空工程师在本国供大于求，这对于其他国家而言不啻为天赐良机。例如，德国空气动力学专家作为外援，在1919年后在全世界范围内对该领域的科研发展起到了不可或缺的作用，尤其在英国和美国就更是如此。[24] 正如1922年一位日本军官极为到位地评述道：战争的终结，导致"各国的军事工业规模缩减"，这样一来，包括德国在内的战败国的工程师在本国供大于求，因为他们的祖国没有足够的工作机会。此人继续表示，凭着失业工程师们的"专业知识、经验和个性特点"，他们可以为日本所用，"为日本的军事工业发展贡献力量"。因此，日本陆军命令其在法国、英国、意大利和美国的军官寻访符合相关专业资质要求的工程师，并向东京汇报有关情况，以备将来招募之用。[25]

　　日本民间机构和军事机构很快实施了自身的计划，以期从欧洲战后的变局中谋取利益。例如，日本航空研究所专门将其科研人员派往国外，邀请外国专家在日本促成技术转让，进而传播相关科学技术知识。曾有多位主要来自美国和德国的世界知名学者在日本航空研究所展示了他们的学术研究活动。在20 世纪 20 年代，西奥多·冯·卡门（Theodore von Kármán）（1881—1963 年）和路德维希·普朗特（Ludwig Prandtl）（1875—1953 年）做了一系列关于理论空气动力学和应用力学的讲座，令整个日本学术界大受震撼。[26] 还有一个更为生动的例子，是关于在哥廷根空气动力学实验室工作的德国空气动力学专家卡尔·魏斯伯格（Carl Wieselsberger）（1887—1941 年）。魏斯伯格最初受日本海军之邀，致力于推进空气动力学的研究，虽然他在日本航空研究所的工作是兼职，但他成为该所唯一正式聘用的外国科研人员。从 1923 年到 1930 年，他为现场设计和建造两个风洞实验室做出了显著的贡献。事实证明，他的工程学知识在学术之外同样起着不可或缺的作用。在海军技术研究所，他凭借自己的专业知识帮助设计和建造了两个风洞实验室，该风洞的横截面在当时的日本是最大的。同样，他曾多次在陆军航空技术研究所讲学，所以日本军方也从他在该领域的专业知识中受益匪浅。东京大学非常认可魏斯伯格作为航空设计师对日本航空工业起到的重要作用，在他任职日本航空研究所的 7 年内曾 2 次对他给予表彰。[27]

　　同样，对于欧洲航空工程师移民海外的动向，日本各飞机公司迅速做出反应。这些日本民营企业不惜重金诚聘外籍工程师，让他们相互展开技术竞争，尽全力研发最好的飞机。这是日本各军种设计的管理竞争体系的组成部分。无论最终用户是谁，在收到日本陆军或海军的性能规格要求后，日本的民营企业会先提交设计图纸以供评审。入围的各家公司随后会研发各自的原型机，在各家公司的飞机全都进行过试飞以后，日本军方会将飞机制造合同交给最符合其规格要求的飞机公司。不过，日本军方的决定并非总能做到不偏不倚，而是往往出于政治方面的考量，或是根据飞机试飞员的个人喜好来做决定。与此同时，日本飞机工业仍然要依赖外国工程师，尤其是来自战后的英国和德国的工程师。例如，中岛飞机公司要依赖英国和法国工程师的专业知识；三菱公司聘请了德国和英国的工程师；川西飞机公司留住了英国工程师；川崎和爱知这两家飞机公司用的都是德国工程师。[28] 德国专家在 20 世纪 20 年代中期在该领域处于主导地位。有一段时间，三菱公司倚重亚历山大·鲍曼（Alexander Baumann）（1925—1927 年），川崎飞机公司求助于理查德·沃格特（Richard Vogt）（1924—1933 年），石川岛航运公司依仗的是古斯塔夫·拉赫曼（Gustav Lachmann）（1926—1928 年）。上述公司为军方制造的原型机，都是这些经验丰富的德国工程师主导设计的。从 1928 年开始，最成功的川崎飞机被改装成了量产的川崎 88 式侦察机。[29]

　　1925—1926 年，日本陆军和海军都采用了这种源自英国和法国的管理有度的竞争体系，而事实证明此举是推进该领域发展的绝妙战略。通过这样的竞争体系，日本成功地在本国掀起了欧洲各空军强国工程师竞相研发飞机的态势。此外，日本军方和各飞机制造公司也得以亲眼见证竞争的全过程，同时身处和平时期可保持自身不受影响。从本质上来说，凭借这套体系，日本将欧洲战事的经验成功为己所用，使其作用于战后的日本建设。它一方面克服了自身地理距离阻隔的不便；另一方面又缩小了日本与西欧及美国之间的技术差距。

　　该体系诞生于日本陆军和海军坚实的新指挥结构当中，这两大兵种都矢志要加快军用航空技术改造的步伐。在该领域成立的各机构中，最引人注目的莫过于 1925 年创办的陆军航空本部。该部集中了航空领域的许多行政职能，其职能范围包括培训人员、为制造航空武器提供技术建议，以及管理飞机工业的整体发展。它还不遗余力地从海外收集有用的技术资料，领导层还会派遣常驻军官到德国、法国、英国和美国等西方空军强国进行观摩和学习。在两到三年的派遣期内，日本军官在其派驻的国家及相邻国家学习了许多科目。他们的学习重点往往放在如何系统地管理武器研发，如何改进武器制造方法，如何有效利用自然资源为战争效力，以及如何管理专利和协调战时动员工作上。这些军官本身也是工程师，他们会对外国研制的有前途的武器和材料进行考察，洽谈采购和生产使用许可协议的相关事宜，并将国外的最新技术引入日本军事工业。[30]

　　在陆军航空本部里，技术开发部门在陆军的规划、测试、样机研发、检查以及全流程研发当中发挥了核心作用。在促进飞机国产化的同时，该部门的工程师还负责组织协调日本的民营企业之间开展设计竞赛，先检查各公司的原型机，再择优授予生产合同。[31] 该机构还负责履行日本所泽陆军航空飞行学校（创建于 1919 年）的职能，68 名工作人员在此开展科研项目，偶尔也会设计原型机，并与飞行员密切合作，共同检查许多产品。[32] 不过，日本陆军工程师在本国生产外国飞机和航空发动机的努力收效不大。例如，他们在 1928 年 8 月的原型机是一架有实验性质的轰炸机，这种金属飞机造价昂贵，驾驶舱的能见度较差，而且防御机制不佳。[33]

稍稍落后于日本陆军的海军也采取了类似的行政措施。直到 20 世纪 20 年代中期之前，海军的军用航空相关活动一直都很少。随着技术的发展进步，各航空兵大队的规模日益扩大，海军在缺乏有效的中央指挥系统的情况下划分了工作职责。不过，这一问题在 1927 年得到了解决。新成立的日本海军航空本部是从日本海军舰政本部中分离出来的，首次集中地管理海军航空兵的多项行政活动。由此，日本海军航空兵部队取得了独立的地位。指挥中心由管理局、培训局和技术局组成，负责武器的监督研发、飞机装备后勤保障的检查和规划以及条例的制定，同时还负责处理机身、发动机和飞机设备技术方面的问题。此外，该机构还主管所有飞行训练，但空战训练仍由日本各地的航空大队自行负责。[34]

经过不懈努力，包括聘用外国工程师在内的航空技术转让终于取得了成效。不过，这对于日本军方来说投入太大，所以往往都是由民营飞机制造企业来出资。例如，德国工程师理查德·沃格特在日本工作的 9 年间，川崎公司专门为他准备了一间办公室。此后不久，三名日本陆军工程师也搬进了这间办公室。这些日本工程师就飞机工程方方面面的问题，无数次地向他求教，经常请他写下详解以备日后之用。同时，沃格特的高薪由川崎公司承担，而川崎公司同样也从这位外国工程师那里受益匪浅。[35] 沃格特的薪水为每月 500 至 1000 日元，按当时日本的薪资标准来看是极高的，至少有日本大学工程专业应届生工资的 5 倍之多。新手到名气更大的日本飞机公司工作，每月的工资为 80 至 85 日元，而日本鼎鼎大名的东京大学航空学系毕业生的工资可达 95 日元。[36] 日本陆军的算盘打得很精，由此掌握了大量的关于国外最先进技术的有用信息。在发现国外制造的飞机很有前途之后，日本陆军便示意民营飞机公司去购买这些飞机。[37]

　　然而，对于民营飞机制造企业而言，聘用外国工程师不仅花费不菲，有时还有风险，这样的投资往往很不划算。在 20 世纪 20 年代，三菱公司主要设计了三种技术转让策略：购买专利许可证、进口飞机原型机，还有就是为日本工程师和外国同行组织学术交流项目，[38] 但海军的飞机研发工作经常达不到三菱公司的期望。赫伯特·史密斯（Herbert Smith）在海军飞机研发方面经验丰富。1921 年至 1924 年，他在三菱公司带领英国工程师团队设计飞机，却并未向担任他们助手的日本工程师传授太多的专业知识。[39] 有一次，一位英国工程师把一张设计图打回给自己的日本助手，以居高临下的姿态毫不客气地说：“你不知道螺母该怎么画吗？先去好好看看教科书是怎么教的。”[40] 在这些英国工程师离开公司后不久，三菱公司聘请了一批德国工程师，其中就包括著名的航空学教授亚历山大·鲍曼。日方在这项技术转让上投入极大。三菱公司曾专门派人到德国去拜访他，当时他要求的薪水是其他外国工程师常规薪水的两倍。三菱公司派去的代表自然不能接受，直言即便是日本陆军大臣也拿不到这么高的薪水。但最终，三菱公司虽然老大不乐意，还是勉为其难地接受了对方的要求，满心希望对方能够传授大量的有关航空工程的第一手专业技术。[41] 然而，这位工程师太过强调航空理论知识，并未给日方带来多少切实的回报。他主持设计的一系列大型金属结构机身不仅造价过高，而且不适合生产。如果非要说有什么用的话，那么只能说他的学术理论对三菱公司产生了深远的影响。[42]

日本各军种争夺工程师人才

从 1919 年到 1942 年，日本各军种之间竞相争夺国内最优秀的工程师人才，激烈程度日益白热化。其中，日本海军高招频出，抢人最为成功，在这场博弈中渐占上风。海军得到的好处就是招募那些受过高等教育的工程师，让他们帮自己建设空中力量，而这往往牺牲了陆军的利益。日本海军在技术上如此有优势，后来连美国占领当局都注意到了。在 1945 年日本战败投降数周后，盟军编制的一份情报调查报告指出，"与日本陆军和海军技术人员都接触过的（日本）科学家和制造业企业的人事部门普遍认为，海军技术人员的实力显然更胜一筹，并且从整体来看，日本海军在技术研发上遥遥领先于陆军"。[43] 从历史的角度来看，这一说法非常到位，在航空领域就更是如此。由此可见，日本各军种为招募工程师人才展开了激烈的竞争。

一开始的时候，各军种间的人才争夺战还没有如此白热化，还不至于让人感到不适。直到 20 世纪初期，陆军和海军这两大兵种都有了各自不同的工程需求。陆军更侧重发展火炮和工兵，而海军则致力于弹药制造以及发动机研发和航道建设。[44] 到了 20 世纪 20 年代，日本军方对空中力量的需求日益增长，这使得对工程技术领域的需求又增添了另一个维度。两个军种开始展开竞争，双方并非是取长补短式的合作，而是都想方设法从人数有限的空战工程师队伍中抢到更多的人才。从 1937 年开始，日本发动了对外战争，与此同时，日本陆军和海军在本土也为争夺工程师资源开始了明争暗斗。

特别是在 20 世纪 30 年代后半期，工程师人才极为有限，无论对于民营企业还是军方机构来说这都是个大问题。有一个方法对陆军和海军都有用，即向东京大学工程学院求助，因为军事工程师人才主要都是从这里培养出来的。日本军方在 1918—1922 年录用了 299 名毕业生，在 1923—1927 年录用了 388 名毕业生，在 1928—1932 年录用了 453 名毕业生，在 1933—1937 年录用了 394 名毕业生，在 1938—1942 年录用了 700 名毕业生。在越来越多的工程师人才大学毕业后流向军事科研单位和武器设计部门的同时，军方也通过有章法地调度人力资源流动，派遣学员到学术环境中进行深造。特别是从 1938 年开始，日本陆军和海军都派遣学员到东京大学深造，这些学员毕业后将会成为军械官。这样的情况在 1938 年有 30 例，在 1942 年有 121 例。[45] 专业技术人才在东京大学和军方之间实现了双向流动。

截至 1937 年，日本陆军和海军都设计了三个类似的机制，用于工程师的教育、培训和晋升事宜。撇开一些细微差别不谈，各军种都将其军事学院的毕业生送到各帝国大学，接受为期三年的科学或工程专业学习。陆军在这方面做得尤为系统化。陆军学院的毕业生在完成一年的实地工作后，会进入陆军炮兵学校学习数学、化学、测量和机械工程等课程。其中的优等生还会继续在帝国大学深造科学和工程方面的课程。从 1900 年到 1940 年，绝大多数人（177 人）都转学到了东京大学。[46]

第二种机制涉及从普通高等院校招收毕业生，将他们培养成文职的技术军官。海军的计划最初是在 1876 年制订的，通过考试选拔学生，每月发放助学金，学生学成毕业后可在武器制造、造船和发动机制造领域工作，授予中尉军衔。在成功通过入伍考试后，学员通常先要接受半年的军事训练，然后才能进一步开启他们的军事生涯。相比之下，日本陆军作为竞争对手就起步慢了。1919 年 8 月,《陆军技术军官条例》姗姗来迟，作战军官和拥有科学和工程学士学位的毕业生终于有了成为技术军官的机会。然而，这项倡议未能在陆军内部产生像海军那样有利的结果。在陆军技术军官的职业生涯中，他们的晋升机会比战场上的指挥官要少得多。由于职业发展道路不够吸引人，所以外勤军官很少会放弃自己的职业生涯，转而到前途严重受限的实验室去从事乏味的工作。[47] 军队中盛行的"战地"文化更吃香，使得具有科学和工程背景的军官都不愿投身实验室去从事研发工作。

　　陆军和海军会从高等院校和军事技术学校招收毕业生来培养文职军官，其等级包括工程技师和技术员（见表 2–1）。与武职军官不同，文职军官一般来说工作更稳定，因为他们不习惯调动。文职军官往往缺乏军事教育素养，军队一般都期望他们在既定的工程岗位上服役多年。经验丰富的技术员虽然未曾接受过正规的高等教育，但是他们只要有机会在军事技术学校里接受一定的培训，即可晋升为工程技师。从数量上来看，并且在某种程度上也可以预见到，日本海军比陆军更强调工程人才队伍的重要性。截至 1937 年，日本陆军留住了工程技师 245 人，技术员 1079 人；而海军留住了 406 名工程技师和 1152 名技术员，约占整个工程人才队伍的 54%，而陆军所占的比例只有约 46%。此外，与海军不同的是，陆军只有为数不多的关于工程技师和技术员的指导方针，且较为简单粗略。[48]

表 2-1　陆军和海军的分类和军衔

分类	陆军军衔	海军军衔
技术军官 / 武职军官	大佐	大佐
	中佐	中佐
	少佐	海军少佐
	上尉	海军上尉
	一等中尉	一等中尉
	二等中尉	二等中尉
文职技术军官	工程技师	
	技术员	

然而这种情况并不是从一开始就是这样的，甚至直到 20 世纪 20 年代后期，陆军在技术人员和工程师的招募方面都曾比海军占上风，因为陆军当时在把控着征兵制度。日本的《征兵条例》最初颁布于 1873 年，并在第二次世界大战结束前先后修改了 5 次，主旨是通过军队来加强国家发动战争的能力。在全方位建立海军之前，凡是年满 20 岁、身心健康的男性公民，都要应征入伍到日本陆军而非海军服役。1927 年以后，日本海军大臣和陆军大臣共同负责国家的军事法草案，不过海军的话语权仍明显落在下风，因为实际的行政工作都是陆军方面在把控。海军大臣先要与陆军大臣商讨所需征兵人数，经陆军大臣审批后会向征兵的地方下发指令，才能帮海军方面补充兵源。[49]

有时，陆军的征兵系统会削弱海军的工程实力，20 世纪 40 年代初期，中川良一就曾遇到过这种情况。这位东京大学的毕业生是航空发动机专家，从 1937 年开始在中岛飞机公司展露才华：1941 年至 1942 年，他为日本海军飞机研制出了风冷 18 缸、2000 马力的航空发动机，即"荣誉"（Homare）发动机。尽管他已经取得了如此骄人的成绩，日本陆军还是在次年征召他入伍，并把他派到东京郊区的一个防空炮兵部队服役。结果他到部队不久就染了风寒，引发了肺结核，只好卧床休息达数月之久。[50] 研制无故障飞机发动机的项目本就紧急，他的因病缺席更是导致项目进度延期，类似这种情况在 1943 年以后更甚。例如，与配备了 2000 马力甚至更大马力的盟军飞机对战时，日本零式战斗机 1000 马力发动机的动力严重落后，而盟军的战机在空战中则飞得更快更高。日本海军的战斗机无论在战争初期有多么敏捷、强大、善战，到了战争的后期都统统过时了，在面对敌机时简直不堪一击。

屡屡受挫之后，日本海军索性减少了对征兵制的依赖，转而加大志愿兵的招兵力度，因为招募志愿兵是陆军方面没法插手的。[51] 海军打出了"海军不累，前途光明"的招兵口号，吸引了不少志愿兵从陆军转投海军。在这些未来的国之栋梁看来，不同军种之间的差异是显而易见的。陆军通常招募初中或初中以上学历的毕业生，只有在完成对体力要求很高的强制性军事训练之后，这些毕业生才有机会被任命为预备役少尉。这令不少渴望当军官的大学毕业生望而生畏。相比之下，在海军发展，晋升速度快。海军入伍后，可跳过水兵和士官这两级，直接晋升为军官。在认识到陆军和海军在这方面的差异后，东京大学毕业的精英们便倾向于优先选择海军而非陆军。[52] 不过，他们的决策也受到了当时传言的影响。技术方面更在行的日本海军自然得到了东京大学许多应届毕业生的青睐，因为海军方面会根据他们的教育背景给予优惠待遇。相比之下，有传言说，尽管入伍的毕业生有知识、有文化，或者技术能力过硬，但陆军方面对待他们却"太没有人情味"。[53]

日本海军靠着自己与大学之间的交情，成功招募到了更多受过高等教育的工程师人才，尤其是东京大学的毕业生。核心人员特别招聘计划录用了 127 名技术军官，从他们的教育背景就可见一斑。毕业生首先以现役军官的身份服役两年，之后他们可以选择退役或继续在海军服役。在 1942 年仍服役的 127 名入伍大学生当中，东京大学的毕业生有 80 人，比例高达 63%，远超第二大群体东京工业大学的毕业生（13 人，占比 10.2%）以及第三大群体京都大学的毕业生（10 人，占比 7.9%）等。[54]

日本海军之所以备受东京大学毕业生的青睐，与多位重要人物个人所付出的努力不无关系。其中一位核心人物是海军中将平贺让（1878—1943 年），他是日本海军工程界备受推崇的技术缔造者，早年毕业于东京大学海军工程系。日俄战争后，这位业界传奇人物作为"八八舰队计划"的一分子，主要设计了长门号战列舰和陆奥号战列舰，并于 1923 年设计了夕张级轻巡洋舰。在 20 世纪 30 年代，比他的工程知识更重要的是其管理水平和政治才能。平贺让在海军技术研究所负责管理工作之后，于 1935 年回到了自己当初毕业的东京大学工程学院，并从 1938 年后开始负责学院工作，并帮助组建了第二工程学院。[55]他积极招募从东京大学毕业的工程专业学生加入海军。他安排的学生入伍时间早于例行时间，此举引发了各方关注。一些急需东京大学毕业生的商业企业经常抨击他的这种做法，并试图阻止海军抢先招募大学毕业生。尽管如此，平贺让依然我行我素。平贺让素以气质儒雅、想学生之所想而闻名，在学生当中很有声望。在他看来，未来的年轻工程师在重要的社交场合要有酒量。在他的安排下，东京大学搞到了更多成桶的啤酒，大学毕业生在每年一度的毕业派对上都能把酒言欢。[56]

其实在平贺让于东京大学任职之前，日本海军就已经严重依赖受过高等教育的工程师的聪明才智。海军热衷于钻研技术，投入了巨资培养工程专业人才，并从国外引进技术用于建造军舰。1868 年明治维新后不久，日本新兴的军工复合体充分利用了军队、重工业和大学之间的积极互动，并且这样的三方关系也得到了海军方面的大力支持。[57] 从历史上来看，以东京大学海军工程系校友群为纽带，日本海军和东京大学结下了不解之缘。例如，从 1883 年到 1903 年，该系毕业的 104 名应届毕业生中，海军招募了 34 名，占比约为 33%。在 1883 年，该系只培养了 3 名毕业生。不过从 1926 年开始，每年大约有 30 名毕业生。此外，在 1933 年至 1935 年，88 名毕业生中有半数在海军谋发展，海军在毕业生就业去向中占主导地位（见表 2–2）。[58]

海军通过被称为"学工计划"（Program of Learned Workers）的体系来选拔、招募和留住精英工程师。该体系充分体现出海军善于运用官场规则。由于资金原因，在 20 世纪 30 年代初期的削减军备措施中，海军对武职技术军官和文职技术军官的人数保持配额，前者的收入要高于后者。在两者之间的比例不违反规定的情况下，海军想出了"学工"这一新类别。高等院校的应届毕业生一旦被录用，就可以进工厂下车间积累工作经验，从而晋升为技术员、工程技师，并在接受军事训练后晋升为武职技术军官。这套体系为日本海军所独有，因此在高等院校的工程专业学生中对海军、航空或技术感兴趣者甚多。该计划于 1931 年 4 月开始小范围试点，有 3 名大学毕业生在横须贺海军兵工厂从事航空发动机研发工作。在小试牛刀初尝甜头之后，日本海军为建造军舰而扩大了招人的力度。此举非常成功，在海军航空领域亦是如此。例如，到第二次世界大战结束时，在日本最先进的航空研究中心，即日本海军航空研究所（INA），大约有一半的技术官员都是从这种体系里培养出来的。[59]

表 2-2　1883—1935 年，东京大学海军工程系毕业生就业情况

就业去向	1883—1903 年	1933—1935 年
造船厂	26	23
其他制造业	0	（飞机）1
日本运输通信省	20	10
船级社	0	1
海上运输	10	2
海军	34	44
其他	大学：6	大学：1
	研究生院：2	渔业局：2
	其他：5	入伍：1
	出国留学：1	其他：3
总计	104	88

　　在征兵过程中，海军通过编制免征名单草案，大力保障水平过硬的工程技术人员免受陆军征召。海军一直把兵源护得很紧，因为陆军可征召已为海军服役的文职军官（工程技师和技术员），所以海军不得不这么做。从 1936 年 4 月到 1937 年 3 月这一年，日本海军的各人事主管对全国各地众多的海军军火库以及科研教育机构的数千名工程师、技术人员和工人进行了普查。名单上列明他们的姓名、军衔和工作，将他们归为"不可或缺的人才和（在海军附属机构）专门录用的工作人员"并表明他们"不应被征召参战"。事实证明，这次详尽的人员普查对于

日本海军保护其工程师免受陆军征召起到了至关重要的作用。例如在 1936 年，日本海军航空研究所内除了那些已经被列入海军保护范围的人之外，还有 538 名雇员（包括文职人员，例如工程技师、技术员和机器操作员）被正式免除了去陆军服兵役。[60]

　　日本全面侵华战争于 1937 年 7 月爆发后，日本海军旋即采取更积极的行动，在入伍前将工程人员从文职技术军官提升为武职技术军官，以保护其工程人员免受陆军征召。为了加快晋升进度，日本海军还专门简化了其官方评估程序。当时，新指导方针令人摸不着头脑，凡是其中称"学有所成，成就出众"的文职官员，都可以成为军官。[61] 与此同时，海军至少在名义上保持了规定的平衡，武职人员和文职人员分别占 70% 和 30%，新工程队伍中有 70% 的人员来自大学毕业生，其余的 30% 来自技术学校。系统化晋升最初计划在 1937 年实施，共涉及 50 名文职军官，其中武器制造专业 38 人，造船专业 5 人，发动机制造专业 7 人。[62] 事实证明，1939 年的第一次晋升的规模要大得多，涉及 142 人。[63] 在航空领域，海军提拔了 15 名工程师和 19 名技术人员，这样陆军就无法征召他们入伍。此外，海军还开始办学校培养基层技术人员，从 1939 年起每年招收 40 名学生。[64]

　　与此同时，陆军也效仿海军的招募策略作为应对之策。在海军中，现役技术军官的服役期为两年，之后可以继续服役或退役。面对这一挑战，日本陆军于 1939 年 7 月效仿海军的做法，希望可以从大学和特殊学校招募到更多的技术军官。[65] 之后，在 20 世纪 40 年代，陆军修改了其之前的《技术军官计划》，这是一种从日本各地高等院校的科学与工程专业招收毕业生的手段。[66]

结果显而易见，1943 年 10 月，230 名大学毕业生加入了陆军航空本部的技术开发部。[67] 大规模招聘看起来很成功，不过这些新招募来的劳动力都很年轻，经验也不足，正如下一章将介绍的那样，他们的文化水平比不上以前几批人。

在这场人才争夺战中，海军方面经常以极其诱人的丰厚条件，直接从陆军"挖"工程师和技术人员。即便是正在效力于陆军的军人，也可打书面报告要求调到海军工作，而陆军大臣和海军大臣稍后就会批准这方面的调职请求。例如，1943 年 5 月，日本海军仅在海军航空研究所就选拔、招募和提拔了 90 名文职军官（61 名工程师和 29 名技术员）担任技术军官。其中包括松平精等 17 名陆军文职军官，他们都对战时日本空气动力学的发展起到了重要作用。有一名陆军军官的事例非常能说明问题，他是一名陆军军官，毕业于东京大学物理系。他在日本陆军航空队接受了军事训练，并于 1935 年被任命为少尉。从 1937 年 3 月开始，也就是中国的全面抗日战争爆发前几个月，这位工程师在日本海军航空研究所兼职从事航空发动机的研发工作。他在海军工作的起薪为 1300 日元，按当时的标准来看确实收入不菲。1943 年 5 月，他和其他 11 名少尉自愿从陆军转入海军。[68] 海军在招人方面比陆军更胜一筹，往往能从应征者和志愿兵那里招到最拔尖的人才。在打一场外部战争的同时，无论是日本陆军还是日本海军，都还在人才争夺战上进行明争暗斗。作为对策，陆军方面发布了一项法令，从此陆军到海军的人事调动变得比以前更加困难。[69] 海军人事部门只能被迫接受，并与陆军的有关部门达成了妥协。随后，尽管原则上禁止申请从陆军向海军抽调人员，但是许多申请实际上都是根据具体情况灵活处理的。[70] 为了招募到更多的工程人员，海军方面无所顾忌，给基层各级组织下放了更多的人事管理权，从而使其内部职级扁平化。1944 年 2 月，基层管理人员在工程领域任命和提拔士官方面获得了更大的灵活性。[71] 同时，陆军仍然可以在征兵过程中对海军行使权力。针对陆军从海军各工厂征召工人的做法，1945 年 2 月，海军开始对那些在自己所属工厂工龄 5 年以上的工人严加保护。[72] 总的来说，日本海军私底下巧妙地积极招募工程人才，其手段远比陆军高明。

日本国内军种之间你争我夺，斗个不休，导致日本在与盟军进行水上作战和陆地作战时的战斗力后劲不足。诚然，凡是有不同军种的国家，各军种之间某种程度的争斗都在所难免。不过就战时日本的情况而言，这种竞争的激烈程度简直匪夷所思，日本陆军研制的 3 型潜艇就是力证。在此例中，日本各军种之间缺乏合作的状态从一开始就暴露无遗。在瓜达尔卡纳尔岛战役期间（1942 年 8 月至 1943 年 2 月），日本海军甚至拒绝为驻留在太平洋各岛屿上的日军陆军运送给养。对此，日本陆军虽感沮丧却并不气馁。陆军借助日本民营企业的技术援助，组织其工程师团队在陆军第七研究所独立研发了这款注定不会成功的潜艇。到战争结束时，有 40 艘这样的舰艇投入使用。[73]

各军种之间这般你争我夺，势必会拖累其他科研项目，因为各军种在战争期间都纷纷建立了自己的科研机构。陆军下辖的研究所不下 21 家，包括 10 个地面部队设施、8 家空中力量研究所，还有 1 个燃料实验室。海军有 4 家主要的研究机构。其间日本军方高层虽然也推出了一系列旨在协调各机构工作的行政措施，例如成立了技术委员会，只可惜都收效甚微。1945 年 10 月，盟军占领当局的观察组说得非常到位：日本陆军和海军这两大军种之间"几乎完全没有合作"，日本研发能力产生严重内耗在所难免。[74]

建设陆军空中力量：陆军航空研究所

与海军相比，日本陆军缺乏在其研究领域培养工程师的有效计划。陆军航空研究所（IAA）的情况极具参考价值，它一直在缺乏强大领导力和研发能力的情况下发挥行政作用。其主要职能包括创设和发布设计要求、检查飞机原型机、征询飞机运营商的想法，以及订购维修和改进服务——然而所有这些都没能得出对飞机公司有帮助的工程知识和数据。[75] 其员工的能力如何，从这些管理成果就可见一斑。1935 年陆军航空本部技术开发部门并入陆军航空研究所时，它拥有 199 名核心工作人员，其中包括 83 名军官、25 名工程师、10 名准尉和 81 名士官及低级军官。[76] 1942 年 10 月，该所一分为八并扩大规模，拥有 440 名工程师和技术人员。[77] 他们专注于搞基础研究、撰写建议书和下达命令，同时对民营飞机公司施加令人讨厌的压力。[78]

陆军缺乏原型机设计研发方面的技术专长，所以可供民营飞机公司设计师随意使用以推动该领域进步的信息少之又少。陆军航空研究所会与民营企业召开月度例会讨论飞机原型机的制造事宜，不过，最有用、最具体并且最新的研究数据并非来自陆军方面，而是要靠日本国内的民营制造商或外国期刊。[79] 这种知识上的不足对于陆军航空研究所来说不足为奇，当时这家研究所连个负责设计的部门都没有，就更别说设计室了。陆军的做法与海军形成了鲜明反差。海军工程师作为海军飞机研发的主导者，靠的是自主研发出的卓越样机和高效的工艺。相比之下，陆军航空研究所的工程师则将他们的时间花在监督管理和生产，尤其是检查环节上。他们在飞机设计方面的经验极少，甚至根本就是毫无经验。一直到 1936 年，他们这些方面的经验甚至还不如民营公司的工程师。[80]

在当时刚从东京工业大学毕业的田中次郎看来，陆军航空研究所的研发工作没有一处是达标的。作为日本陆军"两年工程计划"的一分子，这位新工程师于 1939 年 4 月到陆军航空研究所报到，当时所里只有四五位技术人员在研究众多等待检查的航空发动机。他的上司都没有能力指导他如何去解决技术问题，因为对方缺乏冷却机制方面的知识和经验。田中次郎虽是新人，但他凭借美国国家航空咨询委员会的英文版研究报告，自学了航空发动机的力学知识，而美国国家航空咨询委员会正是如今的美国国家航空航天局（NASA）的前身。此后不久，这位入行不久的工程师想要在坚固的混凝土基体上建造一座 120 米长的巨型风洞实验室，这在当时看来多少有些痴心梦想。1944 年，日本陆军正式批准了这项提议。令他更为吃惊的是此实验室的后续用途。在美国 B-29 轰炸机的猛烈攻击之下，一座木质办公楼化为灰烬。于是，这座又长又坚固的风洞实验室就成为陆军航空研究所的暂避之地，被派作临时办公室。[81]

　　日本陆军在推进科研进展方面的能力越来越弱，1937 年后更是如此。1933 年 10 月，陆军航空本部的领导层制定了一项政策，旨在促进本国自主制造飞机的能力，减少对各飞机强国的依赖。当时，日本陆军的研发、设计和样机研制工作更多的是依靠国内的民营飞机制造商，而这种外包的做法构成了其工程文化的核心。1937 年 1 月发生了一件具有里程碑意义的大事件，当时陆军的高官们在陆军航空本部制定了航空武器研发政策。正如委员会断定的那样，日本陆军确实缺乏工程方面的人才，这点无可否认。解决方案包括两个方面：从民营企业购买质量过硬的产品，并将重型轰炸机及运输机的所有研制项目都委托给海军来做。[82] 因为陆军保留了这种外包政策，所以它们与海军联合开发工程项目的空间极小。在与盟军作战期间，日本陆军在飞机设计方面采用的是海军的强度要求。[83]

　　陆军奉行的外包政策，对文职科研人员来说是个好消息，对于日本航空研究所的科研人员来说更是如此。由于该研究所与东京大学素有渊源，故颇有一定的社会声望，只可惜先天不足。1941 年整个研究所的总预算只有 79 万日元。科研经费本就捉襟见肘，再分下去给每个实验室就只有 2 万 ~5 万日元。经费如此之少，还不够航空发动机实验室去买台功能正常的发动机。日本航空研究所纯学术性的基础研究在市场上行不通，其财务状况严重依赖外部出资赞助，尤其需要陆军方面给予支持。[84] 例如在 1938 年，日本航空研究所受委托研究的海军项目和陆军项目分别是 5 项和 9 项。至少在接下来的两年里，陆军方面外包过来的科研项目数量都超过了海军，比例约为 2 : 1。[85]

陆军的其中一个项目涉及飞机不间断远程飞行，创下了世界纪录。1938 年 5 月，所谓的航研机飞机在东京上空连续环绕飞行了 62 个小时，向全世界展示了东京大学在这方面的成就。此次飞行打破了当时法国飞机创下的世界纪录，尽管此中过程从一开始就不太顺利。日本航空研究所的科研人员首先接触的是技术先进的海军，结果他们发现海军也有类似的项目，因此遭到拒绝。日本航空研究所随后接触了日本陆军方面，鉴于该款飞机未来在远程轰炸领域很有前景，陆军方面非常看重。为了与陆军搞好关系，日本航空研究所的科研人员甚至会陪陆军官员打网球和棒球。[86] 之后，陆军采纳了日本航空研究所科研人员的建议，将项目外包给他们，并为他们提供所需的科研经费支持。

陆军在这方面的科研努力之所以进展缓慢，不仅是其外包的科研文化使然，更是因为它们无法克服工程师和飞机试飞员之间的地理阻隔，或者说它们无法简化在不同地点检查和测试飞机这样烦琐的流程。大约在 1935 年之前，由民营公司制造的日本陆军飞机原型机在正式投入前线参战之前，通常要经过三个步骤。首先是由陆军工程师检测，然后是由试飞员进行试飞。此后不久，来自不同飞行学校的经验丰富的教官会进行更多的飞行测试，时间长达数月之久，每个学校只负责试飞特定型号的飞机。按这个体系运行，意味着飞机设计师、试飞员和飞行教官无论是在行政管理还是在地理位置上，都不能在一起面对面地共事。各飞行学校的教员普遍欠缺试飞评估的标准化程序，他们往往主要是靠主观的个人经验来做出判断。这样的经验通常含混不清，可往往却是靠它们来得出最终的决定，显而易见，这样的做法既主观又武断。[87]

具有讽刺意味的是，陆军本意是在想方设法地纠正问题，万万没有想到会弄巧成拙。1939 年 12 月，陆军航空本部新增了一个部门。结果发现，该部门看似补救有方，实则不然。约 500 名日本军官负责将评估层级从三层减至两层，沿用的是德国管理模式。因此，飞机原型机当时是在两个相互独立的机构进行测试，先是由陆军航空研究所的工程师进行基本的初步检查，然后再由试飞员在陆军航空本部的机场上进行测试。事实证明，工程师和试飞员这两个群体之间的罅隙颇深。双方都要求对方对新的飞机原型机进行"公平的"评估，而双方所用的方式都有失公平。

在试飞员看来，陆军航空研究所编制的报告反映的是工程师的喜好，因此既无用也不可靠。[88]双方人员不仅办公地点不在一处，而且各自为政，对于原型机常出现的机械故障，谁都不是检查确切故障原因的主要一方。故而临时拼凑而成的"解决方案"通常充其量只能是纸上谈兵。[89]

1942 年，工程师和试飞员这两派之间的分歧已经到了无法调和的地步。10 月，为了解决这一问题，陆军成立了陆军航空测试部，以期在功能上整合工程师和试飞员这两个群体，结果未能奏效。试飞员这一派很快占了上风，在评估和开发飞机原型机方面更有话语权，说话更有分量。[90]陆军飞机工程师那一派就此退居幕后，将时间更多地用于为已经服役的飞机提供技术支持。正因为如此，日本陆军本有能力自主设计和研制原型机，结果却拱手交给了民营飞机公司，并全权委托对方来做这项工作。在这次行政重组之后，陆军与民营飞机公司的职能职责才得以完全划分清楚：民营公司负责设计飞机原型机，而陆军航空本部负责通过试飞来评估产品。[91] 到 1942 年底，陆军飞机工程师在工作职能上被降格为行政岗。

建设海军空中力量：日本海军航空研究所

对于日本陆军和海军而言，将各种物资集中在东京及周边地区，对于推动飞机工程的研发进度来讲非常重要。在研发机构内部和各机构之间，通过书面交流和面谈的形式，以快速有效的方式安全地沟通技术信息至关重要。陆军和海军在该领域研发工作的大本营分别位于东京都立川市和神奈川县横须贺市。这两个地方都有一条跑道，用于空中交通运输。由于地理位置相近的缘故，陆军和海军的工程师之间能够经常碰面交流。

相比日本陆军，海军更善于从日本全国各地为航空科研工作募集各方面的资源，具体体现在以下方面：创办和发展日本海军航空研究所，并使其充分发挥作用，该所在 1935 年至 1945 年成功研发出了一系列非常先进的飞机。[92] 日本海军航空研究所位于横须贺市，是海军在空战科技方面唯一的科研机构。它堪称全日本在该领域最顶尖的研究机构，在建设海军空中力量方面发挥了核心作用。[93] 为便于开展科研，日本海军将自己在全国各地的核心设施和人员都抽调到这里，例如海军技术研究所和横须贺航空兵工厂飞机相关部门的人员，以及广岛海军兵工厂的工程人员。[94] 研究所于 1932 年 4 月 1 日成立之初，这里只有 113 名职工，即 101 名军事人员和 12 名文员。[95] 日本海军航空研究所花了数年时间才具有了一定的科研能力。然而在成立之初，该组织因其科研人手和物资都捉襟见肘，而得到了"空壳兵工厂"这样蹩脚的绰号。[96]

日本海军航空研究所因为造出了 B4Y 九六式舰载攻击机而迅速站稳了脚跟，实力日益凸显。为了取代之前的 B3Y 型号飞机，海军航空本部提出了设计舰载攻击轰炸机的要求。不过，三菱和中岛这两家公司都未能研发出令人满意的原型机。日本海军航空研究所在设计竞赛中胜出，为民营飞机公司的跟进扫清了障碍。日本海军航空研究所之所以能够取得这样的成功，靠的是海军强大的科研实力和过硬的装备。工程师们对飞机部件实施了严格的强度测试，最大限度减轻了双翼飞机的重量，并且他们的研发水平很先进，可以防止飞机上的部件在高速飞行时产生不受控制的颤振。[97]

日本海军航空研究所几乎凭一己之力，成功引领海军实现了飞机工程技术的自主研发。在其研发及管理的诸多职能中，主要包括以下几点：进行全面的航空工程研究，跨机构共享研究成果，管理分配给商业公司的项目，以及规划未来的海军航空蓝图。[98] 日本海军航空研究所作为海军和民用飞机公司之间的桥梁，为工程知识的传播奠定了基础。海军工程师支持民营公司所开展的实验，而民营公司的这种做法也可能会给海军工程师带来新的创意。海军还充当中间方，在各民营公司之间分享有用的想法和测试结果，从而缩小它们在此流程中的技术差距。海军的飞机设计部门更是几乎在原型机设计的所有阶段都与民营飞机公司保持密切联系。[99] 为了支持民营公司开发某些功能，日本海军航空研究所提供了诸多先进的研发设施。其辖区内的有形资产包括 91 座建筑物（包括 34 座工厂、33 个实验室、9 个仓库和 15 个办公室）和大量机器（包括 985 台机床、21 台工业机器、16 台电机、1 台木工机和 20 台测试机）。其中最为重要的资产莫过于 7 个不同类型的风洞实验室，其中一个风洞实验室在 3 米的横截面内可产生最高速度为 30 米 / 秒的疾风，是日本当时最强大的风洞实验室。[100] 就在日本偷袭美国珍珠港的 5 个月前，日本海军航空研究所共有 289 名研究人员，包括高级工程师、助理工程师、教授和技术人员。[101] 到战争结束时，该所已经发展成为一个庞大的机构，下属 12 个研究部门，共有 14 301 名职工。[102] 1945 年 11 月，盟军占领当局在日本海军航空研究所视察了"一整套测试实验室、机械车间、铸造厂、锻造厂、金属车间和装配车间等"，得出了这样的结论：日本海军航空研究所的"实力堪比费城的马斯廷空军基地（Mustin Air Field，MAF）、俄亥俄州的赖特 – 帕特森空军基地（Wright Field）和位于弗吉尼亚州的美国国家航空咨询委员会兰利空军基地（NACA，Langley Field）。这些空军基地当时都是美国顶尖的空军研发中心"。[103]

　　日本海军航空研究所通过仪式般的方式对员工进行思想灌输，积极树立他们的集体荣誉感。例如，职工的思想教育强调爱国主义和儒家道德：忠心爱国，精益求精，工程报国（增广见闻、积累经验、磨炼技术技艺、追求效率最大化），严明纪律，以及为人刚毅果敢、精神抖擞。这些职业道德准则的内容被印刷装裱起来，悬挂在日本海军航空研究所大院内的各家工厂。日本海军航空研究所的职工们每天早上都要齐声诵读这些职业道德准则。[104] 背景音乐同样重要。每隔一段时间，日本海军航空研究所的职工们就会齐声高唱，抒发他们对海军、技术和国家的自豪之情。歌中对"肩负起国家技术使命"的日本海军航空研究所不吝赞美之辞。工程师队伍都是"才智双全的同胞"，致力于为国家做好关于机械方面的实验、研究和维修工作。"昂首望天，只见飞机呼啸而过，"歌词继续唱道，"我们怀揣工程立国的拳拳报国之心，尽显无遗。"[105]

　　日本海军航空研究所的核心资源莫过于所里的研发工程师队伍。研究所的创始人兼所长花岛孝一凭着自己强大的海军工程师背景，为研究所的人才招聘工作发挥了重大的作用。为了招募顶尖技术人才，这位海军中将到日本各地去拜访高等院校。所到之处，他全身戎装，胸佩勋章，令人肃然起敬。无论到了哪所高校，他都尽显招募良才的诚意和真心。只要是各帝国大学教员写来的推荐信，他全都亲自审阅。他为人和蔼可亲、谦逊低调，许多潜在的工程师及技术人才都被他吸引，纷纷加入了日本海军航空研究所。[106]

　　该研究所的职工主要毕业于东京大学。更为重要的是，东京和横须贺两地之间的地理距离并不远。该所招聘人才的一种方式是暑期实习项目，即工程专业的学生在三年就读期间，每年有一个月要在民营企业、军火库或研究机构实习。1941 年 7月，东京大学工程专业的学生有 143 人参加了该实习项目。其中，去民营企业实习的人数少得可怜，只有 11 人在与陆军关系密切的两家民营企业实习。而其余的 132 人，即总人数的 92%，分别在海军军火库、5 家与海军有关系的民营企业和日本海军航空研究所实习。[107] 大学生暑期实习的地点与其就读大学所在地的关系很大。例如，京都大学的学生通常会在兵库县、岐阜县和名古屋等地附近的飞机制造公司接受培训实习。而大阪大学和名古屋大学的学生则通常会在名古屋市的三菱公司实习。这种强相关性绝非偶然。无论是日本陆军还是海军，都很尊重学生自己的意愿，也尽量把大学生分到他们希望去的地方去实习。这样的体系非常有利于日本海军航空研究所，该所在东京大学的未来工程师的就业意向中占据绝对优势。1942 年夏季，在 55 名东京大学工程专业的学生中，无一人在陆军相关单位工作。日本海军航空研究所招募了其中的 40 人，约占总人数的 73%，其余 15 人则去了东京的一家民营商用飞机公司。[108]

图 2-1　日本海军航空研究所飞机系航空工程师大合照（拍摄于 1938 年 8 月 11 日）。

海军在横须贺设立研发中心的过程并非一帆风顺。在创设日本海军航空研究所之前，日本海军对选址的问题一直争论不休。其中一派认为应该选在横须贺，因为此地面朝大海，是海军研发飞机的绝佳所在。从逻辑上来看，在此选址合情合理。横须贺此前就已驻扎了航空队，若是能把研究所建在这里，飞行员的空中战术与工程师的专业知识即可实现强强联合。而反对派则力挺东京方面的看法，强调研发活动要想取得成功，日本海军与东京大学的密切合作至关重要。在他们看来，横须贺航空队的飞机噪声会分散研发人员的注意力，使他们无法潜心搞科研，而东京有更安静的所在，例如筑地，即日本海军技术研究所的所在地，更适合用作科研场地。[109] 1931 年 5 月，日本海军最终选定了横须贺市，花费 82 652 日元从当地居民处购得大约 10.8 英亩 ① 的地块，价格很是公道。[110]

研发中心落户横须贺市这一决策，随着之后几年研发工作走向深入，愈发证明选址在此是明智之举，比如航空无线电技术就是一桩实例。1933 年以前，电机工程开发的研发基地一直是在东京的海军技术研究所。不过人们后来发现，因为需要使用机场来进行一系列现场实验，该所的地理位置不够理想。为了解决这一问题，整个研发部门于 1933 年迁到横须贺的日本海军航空研究所，工程师队伍后来正是在此开发出了一系列新的航空无线电样机，并在试飞过程中进行了测试。[111] 在这里，研

---

① 1 英亩 ≈ 4047 平方米——编者注

发人员敢想敢干，而且经费充足。与一味逐利的商业公司不同，当时日本海军负担的科研项目资金投入大，且非常耗时，而这些项目可能最终根本产生不了任何利润。材料工程（即对飞机部件进行强度测试）和空气动力学（即使用比例模型进行风洞实验以观察和解决气流中的颤振）就属于这种情况。[112]

在日本海军航空研究所，飞机研发得以在研究、原型机设计和现场测试之间拥有闭环反馈的环境中进行。这一沟通过程需要组建一个相互支持的小型团队，由工程师和试飞员共同组成。事情之所以难办，起初是因为这两个职业的本质使然：很少有工程师在飞机试飞方面拥有经验，懂工程专业的试飞员也是凤毛麟角。一般来说，研发人员（日本海军航空研究所的工程师）和最终用户（横须贺航空队的飞行员）之间关于具体准确信息的沟通速度越快，新飞机就能越快达标并投入实战。这种循环反馈机制在飞机的研发过程中至关重要。在此过程中，试飞员要感知原型机的飞行特性，并通过飞行仪表观察飞机的加速度和稳定性。工程师团队需要了解试飞员那种主观性极强且难以言明的体验，例如在可控性和稳定性方面的一些内容。而试飞员则需要以更具体、更客观和更容易测定的具体数值来解释清楚自己的试飞体验。同时，工程师团队需要确认飞行员的需求，并将这些需求转化为研发过程中对硬件的特定标准要求。[113]在日本海军航空研究所，这种闭环反馈机制在组织和个人环境中均发挥了作用。飞机研发部的工程师研发出了飞机原型机，而飞行检验部的试飞员则负责试飞这些原型机。从 1941 年到 1943 年这段时间，与陆军不同的是，日本海军成功地将 5

名受过高等教育的飞机设计工程师培养成了合格的试飞员。这样一来，飞机研发工作和试飞工作就不分家了。[114]

与陆军相比，日本海军在引领该领域实现科研独立自主方面做得更为成功。制定有效的技术政策至关重要，这是一项自上而下的举措，推动者需要具有很强的领导力。其中一位主要人物是日本海军大将山本五十六，他在 1930 年至 1933 年曾担任海军航空本部的技术部部长。在一场组织庞大、战略客观的战争中，个别领导者的影响并不总能左右战局。不过，山本五十六的情况则大不一样，正如他策划了 1941 年日本偷袭美国珍珠港这一军事行动，他发挥的作用对于日本海军势必要进入航空时代是必不可少的。当时，过度推崇战列舰的作用在日本的海军战略思维中占据主导地位，而山本五十六对此并不信服。山本为人实事求是且谨慎乐观，消息也异常灵通。他凭借从国外打探来的情报，在现代战争中为日本积蓄空中力量。

山本和他的继任者松山茂通过"航空技术自立计划"，战略性地规划了日本空中力量的建设。这项日本官方的三年计划从 1932 年开始实施，事实证明此举在帮助日本海军摆脱自身对外国飞机设计依赖方面卓有成效。这项计划得到不折不扣的执行，有力地推动了日本海军飞机和发动机国产化的进程。1932 年之前，日本军方一直强调在技术研发过程中，目的比手段更重要。在当时，凡是从日本军方拿到生产合同的飞机制造商，都是设计研发大赛的佼佼者，根本不会考虑设计工程师是哪国人。然而到了 20 世纪 30 年代，这种旧模式的重大缺陷暴露无遗。按照此模式的话，各日本飞机制造商都能获准临时聘请外国工程师，这样做最有利于飞机制造企业以最快速度赢得生产合同和赚取利润。1932 年，迫于日本民族主义势力的压力，日本海军进行了体系重组。在 1931 年爆发九·一八事变，日本军队入侵中国东北之后，日本在国际舞台上日益受到政治孤立。在此形势之下，日本军方需要采取新措施。改组后的采购系统开始强调手段重于目的。也就是说，所有飞机和发动机的设计师都必须是土生土长的日本工程师。

这种新的模式注重集中安排，要求各家飞机制造企业都去竞标飞机原型机的研发项目。凡是从海军拿到合同的公司，其设计的原型机都充分满足了日本军方的要求。而在竞标中落败的公司则沦为后补供应商，负责按其竞争对手的设计方案来制造飞机，或是制造飞机的发动机。虽然这样做是分内之事，但作为后补供应商的公司免不了会觉得脸上无光。这种新模式实施后，每家公司都激发出全力争胜的斗志。又因为只能启用日本本土飞机工程师来做设计研发，所以此举将所有民营企业的积极性都有效地调动了起来，为实现开发海军飞机这个目标一起努力。此后不久，整个飞机产业就开始充分竞争、实现集成部件，并制造出了完全由日本工程师设计的飞机。

随后，在日本海军的监督之下，飞机制造的研发、生产和维护工作又进行了整合。在进行了一系列关于战术思想和有哪些技术可用的讨论之后，海军依据设计规范成功地管理了整个过程。[115] 日本海军 1933 年的常规准则将民营企业定义为飞机军备的制造商和机器的维修商，功能划分清晰明确。凭借强大的研发能力，日本海军航空研究所以实验为目的开展飞机原型机的设计工作，而民营公司则负责为特定的战术用途制造飞机，例如舰载机、轰炸机和攻击机。民营企业的工程师和军方官员以书面沟通和开会探讨的方式，积极交流技术信息。正是因为实施了这一卓有成效的战略，海军得以相继装备了一系列备受好评的战机，如三菱 A5M 九六式舰载战斗机（盟军代号"克劳德"）、三菱 G3M 九六式陆基攻击机（盟军代号"内尔"）、中岛 B5N 九七式舰载攻击机（盟军代号"凯特"）、川西 H8K 二式水陆两栖飞机（盟军代号"艾米丽"）和三菱 A6M 零式舰载战斗机（盟军代号"齐克"）。[116]

在日本海军航空研究所内盛行精益求精的工程文化，然而它常常是以牺牲等级观念为代价的。在为战争研发一流的飞机时，研究所的工程师在做出技术和行政决定时享有很大的灵活性，并可以自由行使这种权力，日本海军也允许他们在合理的范围内继续这样做。研究所并不强调自上而下的等级制度。一位前海军工程师曾这样回忆他首次参加会议时的场景："当时，虽然与会者的军衔有高有低，不过大家都一视同仁，人人都可以自由表达自己对原型机的想法，谁都没必要低调谦虚。"这种提倡自由讨论的气氛令人如沐春风，这位新成员原先以为军方的等级制度会十分森严，但这种刻板的想法很快就烟消云散。不过，一旦最终决定确定下来，一切就必须要按规矩来办。[117]工程师们当然是海军指挥体系中不可或缺的组成部分，但他们在某种程度上与自上而下的军事文化有所不同。技术知识就是力量，而工程师们深谙此道。他们的理念并非盲目服从军令，而是会详查各种问题，从而找准问题和对策，目的就是要精益求精。

　　日本海军的这种工程文化，给东京大学空气动力学领域的日本首席专家谷一郎教授留下了深刻的印象。这位知名学者深谙陆军的工程文化，会定期参加日本海军航空研究所的研究会议，经常与海军工程师共同撰写研究报告。[118] 据他自己说，研讨会上他发现日本海军在自己的专业领域所做的研究竟然已经如此精深，研究范围已经如此之广，真是令人叹服。许多技术信息，例如对机场飞机试飞的分析，还有对风洞和水箱中原型机比例模型实证研究的信息收集，这些对东京大学的研究人员来说都是新事物。研究会议通常会给参与者留"家庭作业"，目的是督促大家进行更严格的分析。正是因为有这样无忧无虑的气氛，与会人员才变得更加积极主动，讨论会才变得更加开诚布公。这样的学术讨论不讲资历高低，演示做完之后，出于礼貌或其他原因，也不允许有人鼓掌喝彩。这些会议放在陆军方面是不可能的，不过这却是交流技术信息的绝佳机会。在谷一郎教授看来，这些会议比他参加过的许多学术会议都要更开放、更注重学术，也更富有成效。[119]

　　这样一个由民营企业和东京大学组成的群体，其所共享的工程知识以书面形式和召开会议的方式在一定程度上得到了传播。日本海军航空研究所之所以能为此做好准备，靠的是其提供的技术专长，并对相关人员予以指导。[120] 在各式各样的工程会议中，有一种会议专门研究空气动力学和流体动力学中的实际技术问题，还有一种会议则专门致力于探讨与飞机结构、强度和配件相关的问题。[121] 待会议结束后，组织者除了发布会议纪要之外，还会以书面形式分享研究结果。例如，日本海军航空研究所就曾向海军其他机构、海洋气象观测站以及大学和陆军研究机构分发了大约 100 份实验室报告。[122]

在海军航空领域，技术信息不仅是水平流动和自上而下流动的，而且还是自下而上流动的。在探讨关于未来飞机设计计划的过程中，工程倡议通常是从基层人员向高级官员传递的。海军领导层颇具慧眼，他们认为对航空技术环境最了解的人，莫过于定期阅读国外期刊、在实验室和机场真正工作过的青年技术军官。有关方面会收集、听取和考虑这些人的意见，其中看起来合理且有用的意见后续会得到落实。在当时的这种氛围之下，甚至连海军士官都经常会去探索、解释并以书面形式阐述自己的想法。在审核这些建议后，海军总部或研究机构的有关部门会进一步做深入研究，其中好的想法会在日本海军内部通报分享。在海军总部、横须贺航空队和研究机构紧密结合的通信系统中，这种信息传播是很普遍的。[123] 正是因为工作氛围轻松且鼓舞人心，所以日本海军航空研究所的工程师们得以在自己的研究项目中不懈地精益求精。

日本海军在招募年富力强的工程师这方面做得非常出色。这些工程师的思维方式并不因循守旧，且对工程科研方法一丝不苟，正是这些因素共同造就了一系列非常先进的试验机。三名东京大学的毕业生主导了这些飞机的设计工作，他们在 1937 年日本全面侵华战争爆发之前就已经在日本海军航空研究所积累了丰富的经验，他们分别是山名正夫、三木忠直和松平精。这些高级工程师的作品代表了日本海军的科研成果，为战争出了力。具体而言，正是由于他们的不懈努力，日本海军才拥有了最先进的飞机，因为他们最大限度地减少了飞机阻力、结构重量和机体的颤振。需要特别指出的是，改善流线型机身，以及减少机身重量和颤振，是世界各国研制飞行器能否取得成功的最常见、也最为重要的决定因素之一。日本海军航空研究所的这三位工程师更是将他们启发式解决技术问题的本事修炼得炉火纯青。他们所做出的努力，为日本海军航空研究所研发 D4Y 型"彗星"俯冲轰炸机、P1Y"银河"双发陆基轰炸机和 A6M 零式战斗机奠定了基础。

案例一：山名正夫改进 D4Y 型"彗星"俯冲轰炸机

1938 年，山名正夫带领着他的设计团队研发十三式舰爆机实验项目，正是该项目造就了被盟军称为"朱蒂"的 D4Y"彗星"俯冲轰炸机。他在日本海军航空研究所里的不懈努力，正是日本海军极为重视空气动力学领域科研工作的缩影。他出生于 1905 年，自幼就是狂热的飞机爱好者。他毕业于东京大学航空系，通过日本海军"学工计划"招募体系加入了日本海军。[124] 他在最大限度减小飞行器阻力方面拥有丰富经验，在日本海军的高速飞行记录中屡创佳绩。D4Y"彗星"俯冲轰炸机原型机就是他的智慧结晶，这款飞机最初的设计目的既不是为了量产，也不是为了空战，只是为了研究而已。[125] 该项目旨在通过数据收集及分析，在日本海军航空研究所内培训工程师，丰富他们关于飞机研发的理论和经验知识。这样的项目若是放在日本陆军中是不可能的。日本海军用这一套方法积累了许多设计先进飞机的技术专长，并在此过程中引领民营飞机公司的发展。[126]

日本海军上下齐心协力的程度，往往连西方国家都望尘莫及。日本海军之所以如此热衷这一实验项目，是因为它们坚信在抗击其头号假想敌美国的舰队时，俯冲轰炸战术具有相当强的重要性。1935 年至 1936 年，日本海军航空研究所派出工程师和技术人员团队访问西欧，到包括亨克尔飞机制造厂在内的德国各飞机制造商那里进行考察，搜集有用的技术信息。[127] 事实证明，接受这项任务的山名正夫可谓是如鱼得水，因为他精通多门外语。他的英语非常流利，在就读东京大学航空系时他的毕业论文写的是关于飞机部件的稳定性，而这篇毕业论文是用德文写的。[128] 该小组做了六个月的初步考查，日本海军购买了两架亨克尔 118 式俯冲轰炸机，用于在日本做进一步的研究测试，并尝试将其在日本生产是否可行。小组成员回到日本对该款飞机进行仔细分析后才发现，其体积、重量、材料和飞行特性均不符合日本海军的设想。后来，其中一架亨克尔 118 式飞机在一次俯冲试验中坠毁，日本海军的自主生产计划就此宣告结束。[129] 事实证明，从外国购买的飞机确实有启发灵感的作用，但可靠性差，不够成熟，不适合日本的国情。

回国之后，山名正夫在日本海军航空研究所领导研发了十三式舰爆机实验项目。他领导的设计工作之所以能够成功，是因为整个团队根据高速空气动力学的复杂理论研究，持续不懈地对原型机进行精简优化，力求做到精益求精。虽然他的设计理念只是想着如何把工作做好，不过这同时也令海军的战略家们得偿所愿。俯冲轰炸机的性能规格包括四部分：飞行速度应当比研发中的最先进战斗机 A6M 零式战斗机快 10 节（约合 18.5 公里 / 小时），应当具有出色的机动性和巡航能力，最大载弹量应达到 500 公斤，[130] 并且飞机的结构部件应该足够坚固，足以承受高速俯冲，即最大负荷力是重力的 9 倍（9G）。[131]

　　日本海军航空研究所的这个实验项目最初饱受质疑。该项目的要求极为苛刻，雄心勃勃的研究任务和年富力强的工程师们都需要接受强有力的领导。令山名正夫痛苦万分的是，他意识到当时可用的发动机功率有限。发动机的功率越强，飞机自然就能飞得越快越高。他一心只想造出一款最小巧轻盈、阻力最小的飞机，为此他一直在不懈地努力。[132]

　　这种设计理念实则并无特别出奇之处，只不过按当时日本海军的标准来看，它堪称独辟蹊径。山名正夫凭着直觉，认为德国亨克尔飞机制造厂的空气动力学设计方法的确能启发灵感，不过从科学角度来看还远远不够精细。后来他通过经验也证明了这一点。某天，他在路过一处水箱时，仔细查看了飞机冷却器保护罩的二维模型。他的实验表明，在飞机爬升和高速飞行时，流入冷却器的空气会在机身底部所附的外挂炸弹周围产生涡流。[133] 经过一系列科学实验，山名正夫的团队研发出了一种更小却更高效的冷却器，于是飞机的阻力自然也变得更小。从此以后，飞机发动机冷却液更符合空气动力学的要求，容纳炸弹舱的飞机机身也更为修长。[134]

　　在有了这一发现之后，山名正夫对国内外飞机设计中公认的理念提出了质疑。他的设计团队格外关注当时在日本海军中广泛使用的降落伞，而飞行员在驾驶舱中所坐的位置就在降落伞上方。应他的要求，一家海军实验室发明了一种新的降落伞，飞行员可以将它背在背上，非常便携。这款新的降落伞长度足足减少了 10 厘米，而且伞身更轻，截面更小，更为纤薄，空气阻力更大。[135] 山名正夫很快开始质疑日本海军主要使用的风冷式航空发动机的做法：飞机冷却器没那么容易被炮火击中，并且结构也没有那么复杂。由于风冷式发动机比水冷式发动机更易于维护，因此当时军方认为前者是海军战机的理想选择。山名正夫领导的科研团队在空气动力学的设计上精益求精，最终另辟蹊径选择了水冷式发动机这一研究方向。采用这种设计，可以最大限度地减少发动机的直径、机身横截面的面积和阻力，且发动机输出功率丝毫不打折扣。随后，山名正夫苦心钻研发动机采用什么形状最好，放在什么位置最合适。在此科研项目当中，但凡能想得到的部分，他都极尽痴迷，力求完美。他领导设计的俯冲轰炸机之所以能比战斗机飞得还要快，根本原因就在于此。[136]

山名正夫之所以能够取得成功，一种飞机设计新技术功不可没。该技术与传统的飞机、船舶设计方法截然不同。此前，船舶等三维物体都是以正面、侧面及平面图的尺寸缩图来表示。这种旧方法在放样间的设计过程中难免会出现估算错误和不精确的问题，当图纸放大到实际尺寸时就更是如此。由此产生的必要的调整艰苦至极，非常耗时费力。[137] 山名正夫的团队提出了新的替代设计技术，将实体的表面简化为至简的代数图形。通过用数学方式来表示机身、主翼、座舱盖和飞机的其他部件，研发团队得以更精确地计算出表面摩擦阻力。

这种设计技术的好处是显而易见的。除了表面摩擦阻力外，山名正夫设计的比例模型在风洞实验室中几乎没有阻力，[138] 这样的科学数据委实令人惊叹。受阻力的表面积除以重量，即 0.144 平方米 /103 千克，得出的结果在日本当时所有同代飞机中是最小的。如此佳绩可与美国和西欧的高速飞机一较高下。[139] 美国的战时报告得出如下结论：这款设计"非常利索"的飞机"很有可能成为日本海军航空兵最为重要的舰载俯冲轰炸机"。[140] 日本海军航空研究所持之以恒的努力终于取得了实效。此外，这种飞机设计新技术不仅应用于战时，在战后的日本更是大展宏图。1945 年后，山名正夫战时的同事，包括三木忠直等人，在高铁车辆的空气动力学设计中用的都是这个方法。[141]

案例二：三木忠直最大限度为 P1Y"银河"轰炸机减重

三木忠直出生于 1909 年，比他在日本海军航空研究所一起共事的山名正夫年轻四岁，职级低一级。早在三木忠直的幼年时期，只要是与飞机沾边的东西，他都喜欢得不行，这点与山名正夫很像。他的父亲曾是一名骑兵，在日俄战争期间和之后都一直对日本陆军心怀不满，他竭力劝阻年轻的三木忠直不要去参军。1933 年从东京大学海军工程系毕业后，三木忠直加入了海军的"学工计划"。在日本海军航空研究所，他和许多工程师都认为日本的当务之急是要制造自主独立研发的飞机。三木忠直曾在吴市海军兵工厂做实习生，参与过全金属飞艇和水冷发动机的研发项目，这些项目均由日本的本土工程师主持。据他说，他在东京大学的这段学习经历，对他后来在流体力学和结构力学领域的建树大有裨益。像船舶设计和结构这些他最喜欢的大学课程，他一直都保存着上课的随堂笔记，他的毕业论文研究的也是船舱的通风情况。[142]

在山名正夫的督导之下，三木忠直在双引擎远程轰炸机的设计中发挥着核心作用，这款 P1Y "银河" 轰炸机被盟军称为"弗朗西丝"。1940 年的十五式爆击机实验项目尽显海军的工程文化，这种文化推崇在原型机研发方面不折不扣、精益求精，甚至不惜挑战前辈专家。P1Y "银河" 轰炸机实现了海军在设计规范中所展露出的壮志雄心。它就是要进行低空攻击，以及鱼雷攻击和俯冲轰炸攻击，其俯冲速度高达 648 公里 / 小时。此外，该款飞机的最高巡航速度设定为 555 公里 / 小时，甚至比普通战斗机还要更胜一筹。这款轰炸机的航程达 5500 公里，对于护航战斗机来说确实太长。不过，它的速度足够快，足以从容地避开敌机的空中攻击。在三木看来，成功的关键在于要尽量减少结构重量、正面面积、机翼面积和机载设备数量，并将其所有组件集成到尽可能小的空间中。这种基于代数的新设计技术在 D4Y "彗星" 俯冲轰炸机中大获成功，而 P1Y "银河" 轰炸机的曲率如此精准，也是源于此。[143] 美国的战时报告对这款轰炸机"修长的机身形状"赞不绝口。[144]

三木忠直坚信，空气动力学设计要干净利落，这不应受到工程人员资历的限制。当他在日本海军航空研究所视察三菱 G4M 一式陆攻轰炸机（盟军称为"贝蒂"）的原型机时，这款飞机的宽机身引起了他的注意。这款飞机尾部的内部空间足够大，可以按日本海军设计规范的要求运载大炮、炮手、弹药和配件。

这款机身呈雪茄状的飞机是三菱公司高级工程师本庄季郎的力作。他也毕业于东京大学航空学系，比三木忠直年长八岁，在飞机设计方面的经验要深厚得多。例如，在 1926 年，当本庄季郎借助德国资料，用英语撰写关于机翼结构的毕业论文时，三木忠直还只是一名九年级学生，尚未真正接触过飞机。[145] 在一次会议上，急性子的三木忠直抱怨这款飞机的尾部设计呆头呆脑、空气动力学设计粗鄙不堪，丝毫不给本庄季郎留情面。在他看来，这样的设计会增加不必要的阻力和结构重量。机尾的内部空间也没必要搞得那么大，或者确切说来，那么大的话，做"舞池"都够用了。三木忠直丝毫不讲情面，多次强调简洁流线型的飞机外形的重要性。尽管他的这种设计确实可最大限度减少表面积、气流摩擦力和重量，但会议最终还是不欢而散，[146] 本庄季郎和三木忠直也就此分道扬镳。

在日本海军航空研究所，三木忠直想方设法减轻飞机重量，这种做法从一开始就决定了他大部分设计项目的特点。在他设计的 P1Y "银河"轰炸机中，机组人员减为三名（飞行员、观察员和无线电话务员 / 机背炮手），因此也最大限度减少了机炮的数量，从而达到了减重增速的目的。三木忠直和山名正夫把飞机所有部件的图纸都仔细研究了个遍，例如可否将航空发动机盖的厚度减薄以削减重量。正如参与过该项目的一位工程师所回忆的那样，工作要想获得他们二人的认可"绝非易事"。原型机装配厂的入口处是门卫区，所有飞机部件都先要在此用秤称重，并将这些部件与原设计中预先算好的重量进行比对。[147] 经过数次仔细的结构分析后，工程人员在支撑材料上钻了许多孔以减轻重量。因此，各种板材都变得更薄，并且飞机部件要尽可能选用最轻的材料。[148] 三木忠直亲自鼓励各研发团队负责人，让他们在开发航空发动机、螺旋桨、轮子和其他部件时尽可能减轻重量。[149]

在牺牲了飞行员舒适度的情况下，该项目收到了成效。对该项目研发出来的飞机，美国的一位轰炸机视察员是这样评述的："整个驾驶舱窄得不行。"[150]

机身内的空间非常小，这架双引擎轰炸机最宽处仅为 1.2 米，与小型单座单引擎零式战斗机的宽度相同。由于无法在机舱内来回走动，三名机组成员只能通过麦克风和耳机相互交流，这种感觉并不舒服。[151] 此外，该轰炸机使用了高压橡胶轮胎，轮胎直径比同类的三菱 G4M 一式陆攻轰炸机小 20%，目的就是尽量减少起落架的重量。[152]

案例三：松平精帮助减小 A6M 零式战斗机的颤振程度

通过对大名鼎鼎的 A6M 零式飞机追根溯源，可以看出有几个关键因素在起作用，即政府和民间的积极合作、海军成功招募工程师，以及日本海军航空研究所的研发工作追求卓越。这款飞机之所以能够成功，源于其轻盈敏捷的机动性，非常善于空中格斗，战争期间颇具传奇色彩。不过，其研发过程颇为波折。七试舰上战斗机是这款飞机的前身，却因技术故障夭折。在试飞期间，所有原型机都在做旋转动作时失控坠毁，这是因为它们在空气动力学方面都存在重大缺陷。这款原型机的外观平平无奇，总设计师堀越二郎打趣这款飞机，说它外观粗陋，戏称其为"笨鸭子"。拿一名海军军官的话来说，这款飞机的外观极不协调，简直就像是日本乡下老婆婆穿着西装和高跟鞋。[153] 不过，这架战斗机的原型机非常值得关注，因为它是日本海军航空研究所和海军"自主研发飞机技术计划"的首款产品。正是这样的强强联合为 1932 年至 1942 年日本海军成功研发的所有舰载机奠定了坚实的基础。

这款七试舰上战斗机的研发动用了许多日本海军的工程专家。1932 年，在收到日本海军对下一代甲板起降战斗机的性能规格要求后，三菱公司选中堀越二郎来出任研发负责人。他当时感到焦虑困惑，搞不明白为什么要选自己这样一个"经验尚浅"的 28 岁工程师担此大任。事实证明，正因为他在飞机原型机设计方面缺乏实践经验，反倒有利于他独辟蹊径，改用非传统的思维方式来设计飞机。他的开拓精神产生了奇效。他是飞机设计的总设计师，原型机的基本构型都是由他负责拍板，最终研发出来的是没有外部支撑的单翼型飞机。由于缺乏相关配置的有用数据，堀越二郎通过自己在东京大学的校友人脉，向日本海军航空研究所寻求专业建议。负责海军战斗机设计的陆军中将鼓励堀越二郎去设计全世界第一款按照悬臂单翼构型制造的高速舰载（而非陆基）战斗机。在日本海军飞机的发展史上，这一决定具有革命性的重大历史意义。[154]

要想知道堀越二郎和日本海军为何会对自主技术研发如此孜孜以求，就需要解释其中的深意。飞机要想克服地球重力起飞，需要有足够的升力，能够托起包括燃油和飞行员在内的机身重量。在不同尺寸的机翼中，选用较小的机翼为宜，因为飞机的大部分结构重量都是在机翼上。不过，飞机设计的困难在于要权衡诸多因素。若是机翼较小，则机翼上每平方英尺的载荷（即翼载荷）会更大，这就需要更长的起飞滑跑距离和更快的着陆速度。[155] 但航空母舰上的跑道长度有限，所以舰载机着陆时需要速度特别慢，而起飞时的升力则要足够大。从这个因素考虑，就必须减小翼载荷。正因为如此，一直到 20 世纪 30年代后期，全球各国的飞机设计师在设计舰载战斗机时，都坚持以设计双翼飞机为主：因为双翼飞机具有较大的机翼面积，所以翼载荷相对较小。此外，双翼飞机的起飞升力足够大，且机动性强，能够在航空母舰上的有限空间内成功着陆。

日本 A6M 零式战斗机是精英工程团队的杰作，解决了日本海军航空研究所的技术难题。这款战机后由三菱公司和中岛公司负责制造，松平精是其中的一位关键人物。他本是陆军少尉，后被招入海军。松平精出生于 1910 年，毕业于东京大学海军工程系，所学专业是流体力学。他是在陆军接受的军事训练，不过在 1933 年转到日本海军航空研究所工作，为的是在日本全面侵华战争爆发前，能在海军的科研环境中获得实践经验。

战时他的研发成果颇丰，其中包括解决了高速敏捷战机中常见的颤振现象。用航空术语来说的话，颤振表示飞机的许多部件都可能发生的自激振动，例如螺旋桨、发动机、机翼、尾翼、副翼、升降舵或方向舵等。飞机飞行速度越快，这些部件的振动幅度就可能会越大，从而削弱飞机的稳定性。在最糟糕的情况下，颤振甚至会导致飞机在空中突然解体，人员生还概率极小。20 世纪 30 年代，全世界的研发人员都更为重视理论分析和风洞测试，由此预测发生颤振的飞机部件的振幅和相位。[156]

从 1933 年到 1945 年这段时间，松平精为日本海军攻克了这一技术难题，也奠定了自己的业界地位。1935 年，一架九六式双引擎陆攻机出现了升降舵尾翼颤振迹象。正如松平精调查后所建议的那样，在直接连接两片独立副翼后，这个问题得到了成功解决。次年，颤振问题接二连三地引发了飞机失事，其中包括九六式舰载战斗机和陆军九五式战斗机。

松平精的解决方案是增加重量平衡配重，以防止飞机的升降舵发生颤动。[157] 之前的飞机速度没有那么快，所以无须这样的配重。随后，配重成为不可或缺的组件，因为战斗机不仅性能得到了提升，速度也更快，在进行飞机大角度俯冲或战斗机近距离空战时就更是如此。松平精海军生涯的巅峰之作，就是成功研制出 A6M 零式战斗机。1940 年，零式战斗机发生了一系列空中解体事故，它的设计生产成为当时的一大技术难题。对零式战斗机事故确切起因的调查进展缓慢，因为飞机空中解体时飞行员往往会当场丧命。随后的研究得出了不同的结果。总的来说，之前的研究表明，飞机时速未达到 750 公里 / 小时之前，不会发生颤振，至少理论上如此。正如松平精所透露的那样，这个数据太过乐观，并错得离谱。他的潜心研究表明，主流的颤振模型无法精确模拟全尺寸飞机的所有空气动力学特性，包括刚度、重量和空气载荷的分布情况。他对真飞机进行了振动和刚度测试，然后结合研究数据，制作了一个新的颤振实验模型用于实验室测试。他的新计算结果表明，带副翼补偿片的话，零式战斗机的临界颤振速度只有 600 公里 / 小时，没有的话则为 630 公里 / 小时。[158] 这一研究结果被用于零式战斗机的后续改型。直到战争结束，松平精的研究在颤振允许的情况下，提升了飞行器的速度。他还开发出计算表格，简化了颤振的计算方式，因此工程师无须进行复杂的计算。他的科研成果将发生飞机颤振的风险降至最低，从而减少了在战时为海军设计飞机方面的不确定性。[159]

当时，日本海军空中力量之所以能够快速崛起，在一定程度上是因为第一次世界大战后日本各军种间的激烈竞争。这场战争令日本民间和军方都对研发兴趣大增，而在 1941 年 12 月日本偷袭美国珍珠港时，日本海军已经在研发方面成绩斐然。日本海军成功建立了科研基础设施，从各高等院校招募年富力强的工程专业毕业生，并巧妙地将有技术的人才安排到航空领域的高级研发工作岗位上。

1937 年 7 月日本全面侵华战争爆发后，日益凸显出日本全社会经验丰富、能力过硬的工程师供不应求的问题。随后日本陆军和海军之间展开了激烈的人才争夺，双方都想方设法地争抢本国有限的工程人才，结果削弱了彼此的军事实力。到了1942 年，日本海军在这场与陆军的明争暗斗中最终胜出。

由此，形势更有利于日本海军招募到在日本顶尖大学受过高等教育的工程师，海军也受益于工程师们对高级研发的认知能力。到 1942 年，日本海军飞机工程师针对本国空战的军事技术已经准备就绪。日本海军之所以取得成功，相当程度上要归功于它所创造出的工作环境。得益于其工程文化、自上而下的举措和自下而上的行动达成了平衡，而日本陆军方面则选择采用外包的做法。海军最高领导层下定决心要在技术上独立自主，引领海军进入主要由日本海军航空研究所主导的空中力量大发展时代。海军不惜一切代价追求卓越，最大限度地减少空气阻力和结构重量。工程师们可以全身心投入新产品的研发中去，而非只是对旧机型加以改进和维修。例如，在日本海军航空研究所的材料工程系，实习生凭着充足的时间和雄厚的研发物资，在开发更结实的铝合金方面获得了有用的实践经验。当时，先进的基础工程研究已经全面展开。[160] 在日本成功偷袭美国珍珠港的当晚，日本举国上下的胜利和乐观气氛高涨。[161] 然而，在接下来的两年中，这种乐观情绪逐渐消散殆尽，取而代之的是在与盟军竞赛开发科研项目的过程中作茧自缚，从而导致日本工程师萌生了研发神风特别攻击队专用的自杀式特攻机的想法。

第三章

工程师参与研发神风特攻机，
1943—1945 年

1945 年 6 月 1 日，川端康成这样写道："胜利就在我们眼前，（因为）神圣的闪电只消雷霆一击，就可令敌人灰飞烟灭。"川端康成当时是日本驻南太平洋的战时海军记者，后于 1968 年荣膺诺贝尔文学奖，是首位获此殊荣的日本人。战时他在《朝日新闻》上报道的"神圣的闪电"，说的就是日本海军的神器——火箭发动机驱动的 MXY–7"樱花"特别攻击机。海军设计和部署这款攻击机，是专门针对正在行驶的敌方舰队执行单向自杀式任务。为了调动读者的热情，川端康成煽情地写道"（这道）神圣的闪电所到之处，敌方舰队就在劫难逃……（并且）敌军可谓是闻风丧胆"，在一架攻击机成功击沉一艘美国驱逐舰后，如此"毛骨悚然"的场面就更是如此。他敦促后方的广大日本读者"大力制造这种飞机，（因为）我们凭借（这道）神圣闪电的利器，距离胜利就只有一步之遥"。[1] 一个月后，军事工程师队伍对这一劝勉纷纷响应支持。当时，日本陆军技术研究所（即之后的科技局）的负责人是一位物理学家。在日本首相的督导之下，他在日本陷入困顿之际定义了科学家和工程师应该在此时扮演怎样的角色。他写道："上从天旨，下顺民意，科学界有责任制造出特殊的（自杀式）攻击武器，足以给（我们的敌人）造成致命一击。为此，科学家和工程师需要信奉'特殊攻击'这一精神……并为此促进科学技术的发展。"[2] 到 1945 年春天，日本开始动员军事工程师担任致命攻击技术的设计者，用于日本为保护本土而进行的自杀式行动。该战略就是臭名昭著的神风特别攻击队。号召工程师在特殊攻击行动中发挥作用，这么做绝非事出突然。相反，由此可见当时日本高等教育机构和军事研究机构（包括新成立的日本中央航空研究所）的科研能力正在走下坡路这一不争的事实。

民用航空的新科研计划

深入了解日本中央航空研究所（1939—1945 年）的情况即可发现：虽然日本急忙调动人力和财力，但未能如愿地在短期内产生富有成效的切实成果。就行政关系而言，在 1943 年 4 月之前，这所民用科研机构一直隶属于日本运输通信省，随后隶属于内阁，直到 1945 年 8 月战争结束。[3] 这个建设项目起初看起来形势一片大好：不仅资金充足，更有海军方面的技术支持，可以说是日本军方和文官政府之间政治妥协成功的缩影。[4] 该所于 1938 年春天提交的提案请求为第一阶段的建设拨款 1 亿日元，之后的提案请求为第二阶段的建设拨款总计 3 亿日元。日本国会为这一为期 5 年的建设项目实际拨款 5000 万日元。该项目于 1944 年延长为后续 8 年的项目，预算为 1 亿日元。[5] 日本中央航空研究所被寄予厚望，主持了各式各样的基础及应用研究项目，涵盖空气动力学、流体动力学、航空发动机研发、飞行试验和民用航空材料工程等领域。日本航空研究所同时负责民用和军用航空的学术研究和基础研究项目。该所的领导层计划获得一整套大型先进研发设备，包括一个巨大的高速风洞实验室和多台用于测试全尺寸电机的装置。[6]

　　事实证明，实际的研发工作远比纸上谈兵要复杂得多，并且还面临着两大挑战。首先是建筑材料物资短缺。由于钢铁、铜和水泥这些物资匮乏，研究所领导层请求日本陆军和海军方面给予物资支持，但对方表示只能提供最低限度的支持。随后，文职领导团队修改了建设计划，优先建设四大研发设施。到 1944 年年底，其中只有两项设施竣工：中型高速风洞实验室和车间。包括试飞机场在内的其他建设项目只是草草完工。日本中央航空研究所为此购入了许多配套设施，以及位于茨城县的 1952 英亩（约 7.9 平方千米）土地。一直到战争结束，这两处设施都未准备好投入使用。原本想建造两个风洞实验室的计划也未能如愿，只建造完成了一处风洞实验室的地基。到 1945 年 8 月，这些建设项目已耗资 4000 万日元，占获批总预算的 40%。[7] 在日本中央航空研究所的研发人员看来，物资极度匮乏，1945 年即便有可能开展现场研究，"也都困难至极"。[8] 在盟军占领期间，盟军技术情报组在查看日本中央航空研究所的情况之后，得出这样的结论：虽然该研究所相当于美国的"美国国家航空咨询委员会"（即如今的美国国家航空航天局的前身），不过它不仅尚未"形成规模，而且在日本的航空领域也未取得举足轻重的地位"。[9] 此外，检查组补充说，"整个装置脏乱差，维持不善"，并且日本中央航空研究所"在物资分配方面也没有优先权"。[10]

另一大挑战就是能在现场监督工作的高级工程师严重不足。到 1939 年日本中央航空研究所开始投入运行时，许多经验丰富的工程师已经在军中服役，尤其是海军。日本中央航空研究所招募了大量经验丰富的军事工程师，将他们分到不同的岗位。从 1943 年起，来自日本海军航空研究所的高级工程师，包括 2 名空气动力学专家和 1 名航空发动机开发专家，开始在日本中央航空研究所兼职工作。[11] 到这一年年底，来自海军、陆军和其他公共机构的 20 名工程师和技术人员在日本中央航空研究所进行兼职工作。[12] 在此环境下，研发项目依然进展缓慢。例如，日本中央航空研究所研究期刊的第一期于 1942 年发布，其中包括实验室测试和讲座材料等成果。[13] 盟军注意到日本战时科研物资匮乏且高级工程师人才短缺，其观察员得出的结论是：日本中央航空研究所"对战争贡献不大，甚至可以说是全无贡献"。[14]

战争结束时，日本中央航空研究所的人才储备已经非常雄厚。1939 年创立之初，它只有 196 名职工。到 1942 年 10 月，职工数量增长了足足 4.5 倍，涵盖了研究、建设和行政部门，共有 1081 人，其中包括 34 名工程师和科研人员，以及 129 名技术人员。[15] 增幅如此之大，是由当时东条英机内阁批准的技术政策所致。一项"紧迫任务"是"设立科研设施（以发展）航空事业并培养（航空）工程师"。内阁成员希望日本中央航空研究所能在该领域发挥核心作用，"从各大学及技术学校选出的应届毕业生将在此接受领导力培训"，"其他合格的候选人将接受为期两年的高级技术教育"。[16] 到 1945 年 8 月，研究所的职工数量已经增至 1526 人，有大量刚从高等院校毕业的后备工程师加入，不过他们对项目的成功贡献不大。[17] 日本中央航空研究所在战争期间所起的作用未能达到预期水平，不过，盟军检查团指出该所的人力资源潜力巨大，"科研设备的质量和水准都不入流"，不过"科研人员的技术水平都相当高"。[18]

工程领域的高等教育与科学研究

日本中央航空研究所这般仓促地调动人力和财力资源的做法，在日本全国各高等教育机构中收效甚微。1941 年 12 月太平洋战争爆发后，日本文部省在培养工程专业学生方面，更看重毕业生的数量而非质量。正因为如此，东京大学的招生数量激增。1927 年到 1941 年，东京大学工程学院的新生人数为 308 人到 482 人不等，而 1942 年的招生人数就飙升至 793 人。[19] 随着 1942 年东京大学第二工程学院的成立，东京大学工程学院的本科生总人数从 875 人猛增到 2049 人，增幅高达 134%。[20] 当时日本全国上下以量产的方式培养工程师。1943 年 10 月，作为"战争紧急状态倡议"的组成部分，日本文部省颁布了一项教育政策，将特定的高等商业学校纷纷转型为专业技术学校，私立文理学院转型为专业理工类学校。日本文部省还将文科专业的学生配额减少了 1.7 万人，同时将理工科专业的配额增加了 6000 人。[21] 日本各级工程教育从上到下的教学质量都大打折扣。1942 年 11 月，按日本文部省的要求，日本全国各高等学校、中学、高等师范学校、专业学校、职业学校、师范学校都缩短了 6 个月的学制。因此，就读于各帝国大学工程专业的学生在校就读的时间只有两年半，而非三年。[22] 以京都大学为例，由于战争的缘故，其 1943 年在读学生的总数锐减了三分之二，剩下的学生在战时几乎根本沉不下心来学习。其中许多人后来都被派往工厂和医院服务，具体去向取决于他们所学的专业。[23] 正如一名物理专业学生后来回忆的那样，出于战争的迫切要求，这所大学沦为战时预科学校。在他上大学的最后阶段，有整整半年时间都花在了海军入伍前的体检上。因此，在自己所学的专业方面，这位学生无论是科研经验还是所受的教育都极为欠缺。[24]

眼睁睁看着初高中甚至大学都在缩短学制，时任东京大学校长的平贺让倍感震惊。平贺让回应了日本内阁于 1942 年 8 月的决定，表示看到国家领导层实施的可能导致"学术能力水准下降"的政策，自己感觉"可悲至极"。他把自己的想法写成了一本 26 页的小册子，呈交给日本文部省审阅，其中一项建议得到了政府的采纳。由此，从 1943 年 4 月起，日本全国 12 所顶尖大学的研究生将免服兵役。[25] 即便如此，整个战时这些学校的研究生总数也不过只是略有增加而已。以东京大学为例，1937 年只有 4 名工程专业的学生继续攻读研究生，之后人数逐渐增多，于 1941 年达到峰值，当年共有 31 人选择继续深造。

但到了 1943 年，东京大学本科毕业生中无一人在工程学院深造研究生。[26] 1937 年至 1940 年，工程学院各年级研究生的总数从 17 人逐渐增至 40 人，1941 年达到 61 人，然后在 1944 年达到最多时的 117 人。[27] 战争期间滥用教育资源的情况依然猖獗。

日本投降后，美国占领当局有一份报告这样总结道："在积累了几年的经验之后，这些研究生却被调走去做行政工作，而实验室的实际技术工作留给了那些没有经验的人去做。"[28] 同时，战争期间，大学教职员工都要超负荷工作，对此日本空气动力学权威谷一郎教授深有体会。

到了 1940 年 5 月，这位时年 33 岁的东京日本航空研究所的研究员要定期奔波 45 公里去往横须贺的日本海军航空研究所，探讨钻研关于翼型设计和边界层等领域的科研问题。同时，他还在陆军航空研究所和日本陆军技术研究所任兼职，并且又在日本中央航空研究所的研究装置委员会任职，而这些机构都位于东京。[29] 他的日程安排本就繁忙，在东京大学成立第二工程学院后，他的教学任务愈发沉重，不得不疲于奔命。他每周要在大学里讲授 14 个小时的空气动力学课程，每年还要指导 2~4 名学生写毕业论文。此外，他还要去 45 公里外的日本航空研究所搞科研，为日本陆军和海军研发先进的试验机。[30] 与同期其他大学的科研人员一样，他的时间、精力和注意力依然是分散的，根本集中不起来。美国占领当局的一份报告是这样总结的："战时大学教职工无疑构成了尚未调动的科学实力，实力之强远超其他当时效力于军事和工业实验室的人才队伍。与美国和英国相比，应召入伍的日本大学科研人员只有大约十分之一。"[31]

只要其他地方需要他们出力，工程专业的学生就不能完全专注于他们的学业。东京大学第二工程学院的学生们在操场上接受了全套军事训练课程——包括匍匐爬行、射击练习和突击练习——开始是每周 2 个小时，1944 年后是每周 4 个小时。[32]

学生们练出一身肌肉，看起来干农活也能派上用场。东京大学的许多工程专业学生都被派到东京、千叶和群马县务农，为可能发生的粮食危机早做准备。[33] 在 1943 年的某一天，有关方面要求第二工程学院上下都去种植蓖麻，用于提取航空发动机润滑油。航空系师生的种植工作很成功，大约有 45 公斤蓖麻籽的收成，满足了当年的实际需求。同时，师生们还在校园内的指定区域养猪，种植了各种蔬菜和豆类，如花生、萝卜、胡萝卜、茄子和西红柿等。[34] 从 1944 年 5 月开始，效仿文科生的做法，理工科生丧失了免征兵役的资格，随后他们开始在政府机构和军火公司工作。[35]

当东京大学工程专业的学生忙于应对食物短缺问题之时，在美军空袭的威胁之下，很多工程科研项目都陷入瘫痪，最为糟糕的是，日本各地的教育工作也都陷入停滞。在大阪大学，因为担心盟军空袭，该校的实体基础设施还有学生都被分散到乡下各地。为了安全起见，各科研实验室实际上都搬迁到了偏远地区。1945 年 6 月的一起燃烧弹袭击，使工程学院剩余的科研设施和设备以及图书馆均遭到了破坏。[36] 由于地理位置的缘故，当时名古屋大学的处境更为凶险。作为这所知名大学的所在地，名古屋市还是日本航空工业的一处重镇，例如爱知飞机制造公司就在此地，当地的三菱重工就更不用说了。当地的这些公司每年生产的发动机占到日本全国总产量的 40% 以上。战时这座城市是盟军攻击的主要目标，曾先后遭受过 63 次攻击。[37] 1945 年 5 月，美军的空袭造成名古屋大学工程学院大楼焚毁。迫于风险，日本军方不得不严令该校师生及教工停止所有教育和科研工作。为了安全起见，师生们用自行车或货车靠人力将科研设备运到 68 处偏远地点。[38] 在此情况之下，名古屋大学很难被算作学习工程学的理想所在。

虽然工程专业的学生失去了扎扎实实学习的机会，不过，他们留下了更有价值的东西。由于当时的政策动员学生从事战争科研和生产方面的工作，所以学生是在后方工作，而非在前线奋战，因此他们面临的生死威胁要小得多。其中的典范莫过于东京大学的学生。从 1926 年到 1945 年这段时间，死亡率最高的学生群体都是被征召上前线的入伍者，例如法律专业的学生是 4.1%、经济学和商科专业的学生各占 4.0%、文学专业的学生占 3.7%。而科学专业的学生（1.8%）、工程专业的学生（1.9%）和科学相关学科的学生（2.3%）在所有成年男性群体中的死亡率最低。[39] 虽然没有明说，但实际上有工程专业教育背景的大学生在战争期间相对安全。

盟军总共对日本首都东京实施了 122 次空袭，东京只好将其研发资源分散到日本各地，诸多正在进行的工程调研任务戛然而止。事实证明，盟军的空中威胁对日本军用航空科研项目破坏力尤其大，因为这些项目大多依靠东京立川市及其周边地区的设施和人力资源，地理分布非常集中。

从 1945 年 2 月 16 日到 8 月 15 日，这座城市共遭受了 13 次空袭，因为它在军事上非常重要，立川飞机公司以及许多军队机构，包括军火库、飞行学校、航空兵工厂和陆军航空研究所均坐落于此。[40] 陆军航空研究所的科研项目实际上陷入了瘫痪。为了安全起见，它的所有 8 个部门全部从立川市或周边地区转移到了日本各地的偏远乡村。原设在东京都福生市的一部一分为三，分别迁往水户市（茨城县）、松本市（长野县）和京都。二部从立川市调往岐阜县高山市，八部从东京调往新潟县。其他部门都被安置在山梨县、长野县、茨城县和埼玉县。虽然陆军航空研究所全力以赴组织人力向乡下疏散，但此举并没能使其完全从盟军空袭造成的威胁中脱困。例如，在盟军飞机的狂轰滥炸之下，位于山梨县甲府市的七部化为一片废墟。日本军方报告得出这样的结论：盟军飞机轰炸造成的威胁如此可怖，令陆军航空研究所的新武器科研项目的推进工作"岌岌可危"。[41]

　　日本陆军和海军的其他研发机构也不得不另觅他址。盟军的猛烈轰炸摧毁了日本陆军第七技术研究所，而该研究所正是包括原子武器在内的高能物理研究中心。人员和设施从东京迁到遥远的城市，包括长野县松本市、静冈县伊东市和金泽市。[42]位于东京目黑区的海军技术研究所疏散的范围更大。1945年5月，在盟军空袭的炮火之下，该所大部分研发设施都损坏殆尽，日本海军不得不在日本全国各地，如静冈县、福岛县、长野县、栃木县和京都县各地的乡下设立了10个分站。直到战争结束后，在新场地的后续科研工作都未能完成。[43]

海军空中力量的技术研发

　　从1943年到1945年，日本海军航空研究所的状况印证着日本军事工程研发能力在走下坡路。至于该研究所研发能力的最终崩溃，只在一定程度上源自1945年盟军空袭造成的可怕影响。1944 年 12 月 30 日，美国太平洋总司令办公室将横须贺市的众多军事设施列为空袭打击重点目标。盟军将这座城市划分为若干部分，各部分都按照军事重要性进行排序，以便日后有针对性地进行战略轰炸。"最有价值的目标是横须贺海军造船厂"，报告如是总结道。"其他目标"包括"主要石油储存区和主要仓库部分"。该报告将日本海军航空研究所的重要级别列为"对日本海军航空队至关重要的科研和实验装置"，不过在盟军编制的优先轰炸目标列表中，它却位居末流，只有医院和原先的高尔夫球场排在其后。报告总结道，日本海军航空研究所和其他研究机构"很可能在盟军空袭摧毁所有目标之后，才会变成该地区有价值的攻击目标（着重强调了这一点）"。[44]

日本海军航空研究所遭受的破坏程度并不算大。在盟军的一次空袭中，炮火摧毁了该所一处风洞实验室的一部分。另一次针对横须贺航空队的空袭摧毁了日本 J8M1 新型喷气式"秋水"火箭战斗机，该款战斗机是根据德国梅塞施密特公司的 ME-163 战斗机仿制而成。[45] 日方建造了很多处防空洞，其中一些位于地下，为的是保护有价值的科研设施免遭空袭炮火摧毁。到了 1945 年 2 月，为了避免发生火灾，日本海军航空研究所将剩余的木质结构建筑夷为平地，把玻璃窗换成了镀锌铁皮窗。[46]与此同时，将材料工程部门的家底分散到各处，更是将物理设施搬迁到偏远地区以备不测。为了将该部门的一部分转移到京都大学，一支先头小队于 1945 年 1 月来到京都大学的校园考察，三个月后，150 名职工抵达此地。[47] 该部门的另一部分则迁到了群马县桐生市，这其中耗费了大量人力：需要用自行车来运蔬菜、柴火和木炭。在乡下，海军工程师和技术人员开垦出 3 英亩（约为 0.01 平方千米）田地用来种植土豆，以备粮荒。[48]

归根结底来说，在盟军的空中威胁还没到来之前，真正削弱日本海军空中力量科研发展的因素出在其内部。1943 年之后更是如此，是日本海军亲手断送了将先进飞机引入前线战场的努力，但这一点恐怕日本海军自己都不晓得。从 1938 年到 1945 年这段时间，怀着不切实际的期望，日本海军共启动了 58 个正式项目，其中包括原型机项目 41 个，飞机改装项目 17 个。被认为真正对日本前线作战有帮助的，充其量也就是其中 10 个产品，仅占项目总数的 17%。被认为对作战多少有些用处的，有 8 个产品，占 14%。而剩余 69% 的项目，可以说都是徒劳无功的。[49] 从这些数据的年度细目可以看出，日本海军工程界遵循的工作时间表不切实际，这意味着每个项目投入的时间都不足。从 1937 年到 1939 年，日本海军每年研发成功或投入使用的飞机只有 3 到 5 款，1940 年达到 8 款。在接下来的两年里，海军审核验收的新款飞机越来越少：1941 年为 6 款，次年为 5 款。到了 1943 年，原型机的研发速度骤然提升，猛增至 14 款。日本海军 1944 年研发出更多新飞机，达 16 款之多，平均每月 1.33 款！此外，1945 年有 6 款原型机已经准备好投入使用。[50]

之所以会这般弄巧成拙，是因为日本海军方面不够重视飞机研发工作中固有的关键问题：存在时滞。产品研发工作异常复杂，并且经验丰富的工程师人手不足，从性能规格的构想到培训后飞机整机的实际部署，整个过程需要耗时 5 年才能完成。规划和明确性能规格的过程需要 8 至 10 个月，然后还需要 10

到 12 个月才能走完剩余的流程，例如对实体模型和风洞模型的检查。换句话说，要造出首个全尺寸原型机至少需要 18 至 24 个月。[51] 盟军是最先发现这一时滞问题可怕后果的有关方之一。盟军航空技术情报小组在 1945 年 11 月所做的评论当中得出如下结论："当日方战略在 1943—1944 年被迫采取守势时，再开始生产专为此等任务设计的飞机为时已晚。"[52]

时滞问题本就严重，更雪上加霜的是，高级工程师和技术人员一直都不够用，在海军和飞机工业中人才尤为短缺。对于那些从事基础理论研究的人员来说，时间太过紧迫，根本不够用，海军在日本海军航空研究所进行的飞机颤振研究也是如此。例如，1942 年以后，高速空气动力学专家松本忠志只好缩减花在每个项目上的时间，因为他至多 6 个月的时间就要给出一份可靠的研究报告，同时还要协助其他项目，而这些项目往往超出了他自身的专业领域范畴。[53] 许多经验丰富的技术人员不断从日本海军航空研究所和飞机工业中被抽调出来征召入伍，这种情况直到 1945 年 2 月日本海军领导层制定了相关对策后才有所缓解。[54] 与此同时，被征召入伍的还有制图员，而想要在短期内把训练做到位仍然非常困难。[55]

事实证明，对海军飞机研发工作更具破坏性的是，其原型机的设计方法对量产的重要性重视不足。在建设空中力量这方面，日本海军在日本海军航空研究所成功开展了其先进的研发项目。严格来说，量产的预算限制或技术要求对该研发项目影响不大。日本海军兼具研发方和最终用户双重身份，研制先进的试验机已是驾轻就熟。不过，这种策略只有在飞机产量需求非常小的情况下才管用。然而，量产能力的重要性却没有得到重视，D4Y"彗星"的海军轰炸机就是其中的典型。这款空气动力先进的十三式舰爆机原计划只要求建造 5 架原型机，根本就没打算量产。[56]

为了推进科研进度，研发与生产之间的矛盾迟迟没有得到解决，结果在随后的项目中矛盾终于爆发。最初，对于P1Y"银河"的十五式爆击机实验项目的设计团队来说，他们根本没有想到这款飞机发明出来后会大规模量产。[57] 鉴于飞机机械结构的复杂性，要想将这种实验性的飞机改造成可批量生产、可批量使用的飞机，可谓是难上加难，一开始看起来就是不可能完成的任务。

例如，三木忠直痴迷于为飞机减重，因此选择了液压控制装置，因为另一种方案是电动操作系统，而这需要许多传动齿轮，会增加飞机重量。[58] 当时决定采用这一设计方案是有风险的。事后看来，这纯属鲁莽之举，因为设计团队全无开发液压控制装置的经验。该团队在这方面的研发工作是从零开始的，从民营企业找来该领域的专家协助，结果研制出的液压控制装置复杂异常。由于这款轻型轰炸机只能使用定制零件，所以需要攻克重重技术难题。为了改装这款飞机实现量产，设计团队重新绘制了所有飞机零件的装配图，以便与当时现成的产品兼容。同时，该团队对液压装置中的诸多复杂组成部分（例如管接头和 V 形填料）进行了研究，并引入了新标准。[59] 日本海军航空研究所的工程师们只能埋头从事此类工作，几乎无暇专注于自己关于新原型机设计的科研工作。[60]

　　更多的技术难题等待着民营飞机制造商攻坚克难，而直到飞机原型机设计完成时，具体负责的制造商都还没被指派到位。中岛飞机公司是被指定的轰炸机独家制造商，事实证明，日本海军航空研究所的所有飞机规划都存在需要用手动方式"改装成"适合这家公司生产能力的情况。海军工程师将原本需要大量焊接工作的飞机改装为用锻造件和组装件相组合，而中岛公司的工人则在生产车间用手工方式或借助铣床改进锻造件。日本海军航空研究所工程师使营镁合金的情况非常多，而这种做法在民营飞机公司中非常罕见。[61] P1Y"银河"飞机被设计为试验机以推进研发工作，而要想将它实现大规模量产依然异常复杂、困难重重。到战争结束时，这款飞机也只造了 1100 架。

　　尽管技术上难度很大，但一直到 1943 年 10 月之前，日本海军航空研究所都保持着相当轻松的氛围。数百名工人每年会参加两次球类运动会（足球、网球、乒乓球和棒球）以及武术比赛（剑术、射箭、柔道和相扑），女职工们则会展示她们的插花技艺。[62] 1941 年，材料工程部的工程师们的时间并不紧迫，开展基础研究用的也是先进的设施，这些设施甚至比大学的科研设施还要好。[63] 这些工程师在 1941 年 12 月日本偷袭美国珍珠港时无不信心满满，兴高采烈。[64] 正是因为他们在 1942 年开展的科研活动，才有了后续许多创造性的想法。他们开展了一系列实验，用于研发橡胶、镍、钼和钴的替代品。他们曾测试用丝绸来代替棉布去制作机器皮带和垫圈，也曾测试用兔毛来代替羊毛。[65]

　　不过，到了 1944 年年底，日本海军航空研究所昔日的乐观氛围已不复存在，开始变得悲观消极乃至绝望。基础研究如此耗时，令军方越来越难以承受。1943 年，材料工程部的新主任放弃了所有基础研究，要求将研究成果立即投入应用。因此，面对可用的物资（例如从东南亚进口的杜拉铝）越来越少的现实情况，工程师们改变了他们的研究目标。在他们研究的众多新项目当中，其中一个项目就是想办法增大所有类型飞机中木质材料的用量。按照要求，木质材料需要至少占到战斗机机身的 10%，占攻击机、轰炸机和侦察机的 20%，占教练机和运输机的 50%。[66] 1945 年 3 月，一款部分木质的飞机满足了这一苛刻的要求。这款飞机的结构简单到了匪夷所思的地步，仅需最少的组装步骤，与日本最大规模量产的 A6M 零式战斗机相比，其组装步骤仅约为后者的十分之一。这款木质飞机的装备简陋至极，只搭载了一样武器，即机腹上挂有悬浮式炸弹，因为没有什么东西是"可以浪费的"。这款飞行器缺乏防御特性，连起落架都可拆卸，供其他飞机重复起降。[67] 这款飞机就像是生着翅膀的木质棺材，它的问世预示着响应保家卫国号召的年轻飞行员终将面对自己的悲惨命运。

神风特别攻击队攻击机技术研发

由于科研能力日益走下坡路，日本海军只能黯然接受新的防御政策。按照设计，配备炸药的载人运载工具要对海上和地面上的敌方目标造成两类伤害，一类是对目标造成的物理伤害；另一类是对现场幸存者造成的心理伤害。与日本陆军相比，日本海军发明的技术更为多样化，例如人驱鱼雷、小型潜艇、蛙人自给式氧气罐，这些都是专为神风特攻队水下行动之用。之所以技术如此多样化，是由于海军职责使然。与陆军不同，日本海军必须保卫日本这个岛国免受盟军的空中攻击、水下攻击和海面上的攻击。在防空方面，这两个军种都迅速将已有的飞机（甚至是速度较慢的双翼教练机）进行改装来用于空中攻击。这个问题不难解决，几乎不需要额外投入时间、精力、资源和进行飞行员培训就能见效。

在日本战争史上，1944 年夏季堪称一道分水岭。在那之前，陆军和海军都目睹了战术层面上的空中和地面自杀式袭击孤立事件。由于无法从敌方领土安全返航，个别日本飞行员可能会不惜同归于尽，自发地驾机攻击敌方目标。在 1941 年之前，日本海军并不将这种自杀式袭击视为重要的战术元素。[68] 最终到底是有意识地决定去困中求生，还是去冒死出击（尽管日本海军默认、鼓励也希望这么做），就要看飞行员自己何去何从。然而当在与盟军的战事中处于守势时，日本海军领导层开始替个人做出决定。于是，自杀式袭击就成为国土防御的可行选择方式。

作为神风敢死队行动的技术架构师，军事工程师群体发挥了不可或缺的作用，这一点从 MXY-7"樱花"特别攻击机就可见一斑。这是全世界唯一一款专为自杀式行动而设计、研发和部署的飞机。这款飞机的设计者日本海军航空研究所所信奉的工作精神并非日本普通百姓所愿。他们的飞机设计不是为了自身利益，也不是独自创造出来的。正如技术史学家所指出的那样，设计是一种社会活动，用意是实现旨在以某种直接方式为个人群体服务的一套切实可行的目标。例如，飞机的性能、大小和布局都直接取决于要执行什么样的特定任务。飞机总设计师首先要将一些定义不明确的要求转化为具体的技术问题，然后再进行总体设计，而后再进行部件设计。[69] 在战争中处于守势时，大胆冒进也许自有其道理。战争期间，和平时期可行的假设可能会站不住脚，而且通常也确是如此。[70] 这样的话，工程师队伍为何会研制这种自杀式技术？他们为何会如此坚持不懈呢？

　　MXY–7"樱花"特别攻击机项目意味着，"军事组织内部要讲规矩"的战争规则已经宣告瓦解，文官对此已经失去控制。这种单座单翼飞机的机械结构简单得令人感到不安。这款小型滑翔机全长 6 米、高 1.2 米、翼展 5 米，附在母机底部一同起飞，升空至约 3000 米高度时与母机分离。升空之后，这款飞机的飞行员就失去了所有的通信手段。从设计来看，这款部分木质的滑翔机并无安全返航的技术特性，例如，它缺乏返航所需的燃料和在水上或地面上着陆的装置。因此，这款飞机起飞后就走上了不归路：机毁人亡为国尽忠。而弹头上的自动防故障功能经过特殊设计，当撞上敌方目标或水面时就会自动引爆。 这款滑翔机不能在夜间使用，而在白天，日本飞行员会驾驶它加速俯冲，撞向海上移动的敌方目标，尤其是航空母舰，整个过程也就大约 15 分钟。如果飞机俯冲而下正中目标，那么其爆炸威力足以击沉一艘航空母舰，至少理论上如此。第一架 MXY–7"樱花"11 型特别攻击机在其具有穿甲能力的机头处装载了1200 公斤炸药，约占飞机满载重量的 60%。[71] 这款"造价较低且构造简单"的飞机堪称"两败俱伤的武器"，至少在盟军的战时报告中是这么认为的。这款飞机在盟军中恶名昭著，绰号为"八嘎"（Baka），这在日语中是"蠢货"的意思。[72]

日本之所以采用这种战争技术，主要是由其海军前线自下而上的举措使然。该项目的发起人是大田正一，一名空降运输队的二等海军中尉。他目睹了厚木航空基地飞行员严重不足的情况，以及南部前线空战惨烈的战况，尤其是在太平洋的拉包尔基地上空。日本想要扭转处于守势的不利局面，看来只有一个方法才有可能奏效，那就是执行空中自杀式袭击任务。大田正一的想法从战术上来看似乎既合理又实用，不过，他虽想落实自己的想法，却既无资历，也无工程知识。随后，他在陆军研究制导导弹，不过根本没用。在他拜访日本航空研究所时，空气动力学专家谷一郎等东京大学的研究人员绘制出图纸，力挺大田正一。自杀式袭击计划得到东京大学方面的技术支持和声援。此后不久，大田正一将他提议的这个计划带到了日本海军航空本部，然后把它提交到日本海军航空研究所的会议上进行讨论。

听闻他介绍关于"活人制导"攻击系统的想法，与会者不禁心生沮丧。三木忠直更是按捺不住暴脾气，怒斥大田正一，大呼这种想法愚蠢至极。三木忠直及其上级最初都拒绝合作，反对这种通过牺牲"（本国飞行员）宝贵的生命来弥补（当时）技术不足"的想法。在三木忠直看来，此想法不啻"对工程尊严的亵渎"。[73] 然而，1944 年 8 月 16 日，海军航空本部正式采纳了该项提议，并下令进行所谓的"marudai"项目。"marudai"是大田正一名字的另一种读法，即"dai"，意为"画在圆圈内"，或者是"maru"——象征性地表明他在项目后续研发中的核心作用。在日本海军航空研究所，山名正夫任整个项目的总设计师。他的下属包括首席设计师三木忠直和提供技术支持的其他高级工程师。[74] 要想克服困难，制造出这种极不仁道的武器，他们不仅面临着重重技术障碍，最重要的是，他们还要过自己良心这一关，因为这款武器将以牺牲自己同胞的生命为代价。日本海军航空研究所的制度文化一贯积极公开鼓励发表不同的见解，认为这些对促进工程技术的发展壮大非常重要。不过，一旦讨论后有了定论，一切就都要遵循定论的指导原则，这样可以有效消除分歧。[75] 到了 8 月底，日本海军航空研究所的工程师们开始研发神风自杀式特别攻击机技术项目。

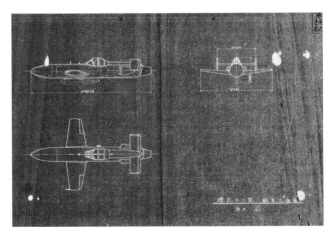

图 3-1　日本 MXY-7 "樱花" 自杀式特别攻击机的设计原图。

　　虽然负责设计这款自杀式特攻机的日本工程师们努力想证明这样做是有道理的，但始终未能如愿。不过，至少从四个因素来看，这些工程师们都过了自己良心这一关。第一点，无论是真实的地理距离还是感知的地理距离，对于横须贺的日本海军航空研究所的工程师而言，都是他们支持本国飞行员执行自杀式任务不可或缺的考虑因素。1944 年夏，大田正一来到日本海军航空研究所，拉近了前线与后方之间心理上的距离。他在会上演讲时满怀悲壮之情，抒发了横须贺前线将士的绝望情绪。由此，日本海军航空研究所的工程师第一次深切感受到了在南太平洋作战的日军所遭遇的困境，在此之前，前线的飞行员与日本国内的科研工程师几乎从未见面。当时，东京的日本航空研究所和横须贺的日本海军航空研究所是安全的避风港，透着一股奇异的虚幻和疏离感。在 1944 年年底美国开始对日本实施战略轰炸行动之前，虽然流血阵亡、破坏加剧是不争的事实，但大家还是选择在一定程度上对现实避而不见。在这种情况下，大田正一本人选择直接向后方的海军工程师求助，请他们给予专业知识方面的支持，以协助自己为陷入重重困境的日本研发自杀式攻击项目。在与大田正一会面之后，三木忠直才意识到前线的军情是如此严峻。

正如三木忠直所供述的那样，他和日本海军航空研究所的其他同事都"反对这个想法，可这是前线的意思"，并且据大田正一说，"倘若不这么做，日本在战争中会毫无胜算"。[76] 由于前线与横须贺日本海军航空研究所之间没有其他直接的通信方式，军事工程师们在大田的恳求之下不禁心生动摇，所以他们在做出决定时并未完全意识到自己不道德的行为会酿成怎样的后果。东京及横须贺特遣小分队在前线执行自杀式任务，支持行动就更容易了，还可以为行动提供特定的视角。

通常来讲，人们如果能感知到距离，可能会缓解或增大执行军事任务时的犹豫程度。但日本人对同胞是否存在个人依恋之情，与战时他们之间的地理位置是否相近，这两者之间的关联几乎并无确凿证据。可以说，地理距离的远近既不会增大，也不会减少工程师们对前线飞行员的个人依恋之情。一旦海军正式推进相关武器的制造，则在东京支持自杀式行动可能就会比在前线更容易，尽管所用的方式不那么个人化，但却更为有效。其中一个例证就是日本海军航空研究所工厂的负责人拒绝生产 MXY-7 "樱花"特别攻击机。与大田正一一起开会的飞机部主任痛斥了他的所做行为，称 MXY-7 "樱花"特别攻击机"并非是后方的海军军官为前线的飞行员订购的，（实际上）而是这位年轻的中尉为了自己的事业发展从前线带来的东西"。[77] 大田正一请求工程师们帮助他研制自杀式攻击武器的呼声开始有了声势。

如果前线和后方之间的地理距离有助于工程师着手开始研发此项目，那么，同样的地理距离也无法使他们直接学习战术上至关重要的课程。前线机场的技术人员和地勤人员可能会观察到，MXY-7 "樱花"特别攻击机的攻击行动不太可能取得成功。挂载"樱花"特别攻击机之后，母机的重量和空气阻力都大大增加，导致攻击机和母机在空中的飞行速度过慢，很容易成为盟军攻击的目标。盟军称为"贝蒂"的三菱 G4M 一式海军攻击机在满载重型载人炸弹时，滑行距离要比平时多出 500 至 600 米。不仅如此，其原本 4700 公里的最大航程也锐减了约 30%。此外，由于阻力增大，其 170 节的巡航速度也降低了

10% 左右。对于自杀式攻击行动而言，远程战斗机护航是先决条件。但到了 1945 年春天，日本已经负担不起用远程战斗机来承担护航任务。[78] 母机上挂载着重型 MXY–7 "樱花" 特别攻击机，在空中只能被动挨打，全无还手之力，成了盟军的活靶子。1945 年 6 月，美国工程师团队对缴获的 MXY–7 "樱花" 特别攻击机进行了研究后，得出了这样的结论："如果从远处出发……（飞机）在飞抵指定位置并有效完成其攻击任务之前，很容易遭受（盟军）战斗机的攻击。" 为了阻止日军的特别攻击机给盟军造成威胁，"摧毁母机至关重要"。[79]

　　日本工程师之所以对自杀式攻击的破坏性在道德层面麻木不仁，第二个因素与他们的职业专长不无关系。对于这些工程师而言，他们寻求解决方案的当务之急更多关乎的是技术层面而非伦理道德层面。要想赢得战争，可量化的具体技术问题远比抽象的道德问题要更容易解决。日本海军航空研究所的工程师团队欠缺解决这一本质上极为复杂的问题所需的教育和经验。考虑到战时任务的紧迫性，对于研发这款飞机的工程师而言，"战时飞机到底该怎么用" 并非他们首要考虑的问题。换句话说，改进战争技术本身就成了目的。战争期间，三木忠直等人都感到有必要就目的和手段之间的关系进行理性考量和务实决定。当三木忠直领导 MXY–7 "樱花" 特别攻击机的设计项目时，他屡屡尽力说服自己：他的职责就是研制出上层要求自己做的东西，而非质疑东西研制出来该如何使用才好。他作为军事工程师，感慨自己不得不接受这种命运的安排。[80] 面对如此庞大的军事组织的发展趋势，像三木忠直这样的工程师确实也无能为力。在执行高度技术性的工作任务时，他在道德上的不安渐渐消失殆尽。

此外，成就感加上战时任务的迫切性，足以使人变得麻木不仁，当面临涉及高速空气动力学项目中最具挑战性的课题时就更是如此。这款滑翔机的速度之快前所未见，可达550节或0.85马赫，与当今商用喷气式飞机的巡航速度几乎不相上下。无论是以该速度试飞的数据，还是任何类型的指导方针，设计团队都无从获得。三木忠直格外担心飞机部件可能会在空中发生颤振。在风洞实验中，工程师们仔细观察了这款滑翔机模型在脱离母机模型时的气动特性。这些场景是用高速相机拍摄的，用于进行周密分析。[81] 飞机设计部门的许多工程师和技术人员，包括解决了 A6M 零式飞机颤振问题的松平精，都在机场测试了这款原型飞机。[82] 日本海军航空研究所的工程师团队成功完成了 MXY–7 "樱花" 特别攻击机从母机脱离的第一次测试，现场的一名工程师 "很高兴"，三木忠直也对结果 "很满意"。[83] 在1944 年 10 月 31 日完成试飞后，"（项目）参与人员开心地握手相庆"。[84] 三木忠直在战争结束 30 年后回忆整个项目时这样说道："研发 MXY–7 "樱花" 特别攻击机是工程师们最快乐的事情。他们已将自杀式飞机这回事抛在脑后，并且夜以继日地工作，在短短两个多月内就成功完成了任务。"[85] 从最终产品可以看出，工程师们在道德方面的疑虑已经泯灭在以任务为导向的思维当中。

由于 MXY–7 "樱花" 特别攻击机项目在战时奉行日本严格的军事保密政策，所以也产生了类似麻木不仁的效果。设计团队的活动范围限制在中心实验楼三层的两个房间内，一间是设计室，另一间是休息室。这两个房间外人严禁入内。[86] 工人们根本不知道自己正在制作的武器到底要做什么用。测试期间，任何人未经授权都不得进入风洞实验室区域，在建筑物的入口，横须贺海军基地专门派出了海军卫兵站岗，可谓警戒森严。风洞实验室附近的所有办公室和工作区域都疏散一空，[87] 任何相关信息都彻底阻断，以防泄密。正如一位昔日的日本海军航空研究所工程师后来回忆的那样，"即便是共事已久的同事"在谈话中也会绝口不提绝密的 MXY-7 "樱花"特别攻击机项目。[88] 相关人等都会自觉自愿地保守军事机密，这在工程界已是约定俗成的规矩。例如，当时一位设计工程师坚持认为该项目绝对不能交给民营企业来做。这位工程师补充说，出于安保和捍卫日本海军声誉的考虑，相关生产工作必须在日本海军航空研究所内部秘密完成。[89]

军事保密工作做得这么好，是日本全国上下和日本海军航空研究所内外同心协力的结果。例如，民众在横须贺市禁止携带相机或拍照，否则就是犯法。海军基地附近的海岸区域，都围在混凝土高墙之内，很少有人知道里面的海军设施到底是个什么样子。[90] 坐落于城中这片封闭区域的日本海军航空研究所仿佛与世隔绝。工厂工人和管理人员都会照例承诺保守秘密，任何关于此地的消息和具体开展的工作，均不得以任何形式对外透露。大院内的大部分建筑也是秘密修建的。根据《军事保密法》和《海军刑法典》，对泄密者严惩不贷。在日本海军航空研究所内严禁摄影，甚至连素描也不允许。[91] 绝密武器 MXY-

7 "樱花"特别攻击机的生产和部署的保密工作极其出色，连日本民众都一无所知。这种人体飞弹最先是美国的《时代》杂志于 1945 年 4 月 30 日报道出来的，接下来的两个月中，各大报刊争相报道。日方报刊的有关报道相对滞后，在征得日本海军方面的批准后，在 3 月 21 日 MXY−7 "樱花"特别攻击机首次执行任务的两个多月之后，日本各大报刊才于 5 月 29 日对此次任务进行了相关报道。[92]

此任务背后还有一个大秘密，令海军高层困惑不安。MXY−7 "樱花"特别攻击机项目的发起者大田正一把自己的秘密拿捏得恰到好处，而这个秘密一旦泄露出去，会令海军领导层寝食难安。1944 年夏季，一位总指挥官在日本海军航空本部听取了大田正一的计划，表示这听起来"像是一个基于（海军之外）大量调查研究后产生的项目"。和海军的许多其他人一样，这位总指挥官也相信大田正一本人是一名技术过硬的飞行员，认为大田决心使用自己建议的机型去亲自执行此等任务，正如他信誓旦旦宣称的那样。总指挥官随后"（认定）大田正一代表了（前线）飞行员的想法，于是决心要实现他提议的计划"。但实际上，大田正一故意有所隐瞒：他并未坦承自己的资历，其实他本人根本没资格开飞机。直到项目正式立项后，他才开始接受飞行员培训，但是未能通过考核。这位总指挥官对此懊悔不已，他曾这样写道："如果早知真相如此，对大田正一提议的工程计划'他定会骂个狗血喷头'。"[93]

工程师自主搜索：尽最大可能提高神风特别攻击队特攻机操作员的生还率

在积极参与 MXY–7"樱花"特别攻击机项目的同时，工程师们的道德感在战争结束之前并未完全泯灭。他们尽可能地去提高特攻机操作员执行神风行动的生还率。最高指挥部下达的命令使得人机之间的界限变得模糊不清：活生生的飞行员居然变成了特攻机的制导系统。因此，为了任务能取得成功，工程师为攻击机配备了钢制装甲以保护飞行员和滑翔机。然而攻击机一旦与母机分离，不管是人还是机器，就再没有机会提出道德问题或做出任何决定。飞机设计团队重新定义了自杀行动的这些假设，并尝试通过赋予相当的自主权来改进飞机的飞行机制。事实上，只有工程师才有机会通过技术知识来做到这一点。

结果是在飞行设计过程中配置了救助机制。1944 年 9 月 21 日，设计团队编制了一份重要部件清单，并指定了各部件的重量，其中包括"重 8 公斤的降落伞"。这些重量计算构成了 MXY–7"樱花"特别攻击机原型机的基础，正如 1944 年 11 月的操作手册中所述，其中包括两项安全辅助功能。第一项安全功能是飞行员座椅后方有一个用于存放便携式背包降落伞的隔间。第二项安全功能是可抛式座舱盖。这种"紧急出口装置"专为空中的简单救援操作而设计：飞行员只需"轻推右侧的控制杆，即可脱开座舱盖"，座舱盖随之会"被气流吹飞"。此外，驾驶舱面板包括一个转弯协调器，飞行员可根据需要用于转弯。[94]这些机械特征结合在一起，使得飞机在理论上和实践上均有可能实现紧急迫降。

之所以能有这些设备，靠的是工程师和军事战术家的群策群力。1944 年 10 月 1 日，来自日本海军航空研究所和日本海军721 航空队（为了执行这一新的攻击任务而在日本后方成立的一支航空队）的代表讨论了几项议题，包括如何将原型机投入实际使用等。[95] 航空队的与会人员密切关注着工程师团队关于救助飞行员的想法，于是在 11 月 3 日要求设计团队对"功能不佳"的 MXY–7 "樱花"特别攻击机的教练机的 19 项功能进行"进一步研究"。其中有一项要求为"将可拆卸舱盖的（控制杆）移到更好的位置"；另一个是"（无论是否配有）降落伞，都要让座椅更舒适"。[96] 两周后，721 航空队向海军工程师们提出了更多要求。在日本海军航空研究所举行的会议上，航空队的与会代表提交了一份清单，列出了"在终检阶段不需要讨论，但从航空队的角度来看需要修改"的事项。一项要求是"使（手动）松开飞机座舱盖的操作更容易"。这些代表继续表示，工程师应该修改"下一个版本的 MXY–7 '樱花'特别攻击机的教练机"，并在继续进行之前"确认安全特性是否好用"。[97]

鉴于这一要求，日本海军航空研究所赶在 1944 年 11 月 28日之前迅速造出了 100 架这款飞机。其中有一架在战时幸存了下来，位于伦敦的英国皇家航空研究院的研究人员都对这架飞机非常好奇。他们的报告指出，这款飞机有如下安全特性："导轨上的发动机罩滑轨安装在两个上部主机身纵梁上，每个导轨的前部由快卸式锁扣固定，因此处于闭合位置的发动机罩可以与导轨一起丢弃。"[98]

　　然而，在 1944 年 12 月，进一步的讨论使得工程师们的努力受挫。鉴于国防的考虑，军方需要量产这款 MXY-7"樱花"11 型特别攻击机，所以该款飞机的改型方案将"因结构复杂需要加以简化的部分"——细化出来，进而明确了可拆卸座舱盖的机械装置。12 月 15 日的会议决定"不再需要"该项安全功能。[99] 随后，据战争期间美国情报小组的报告，"可抛式装置"变得"既不完整也不好用"。[100] 三天后，转弯协调器被从座舱仪表盘上拆除。[101] 在随后的 22 型特攻机中，凡是飞行员在行动中跳伞逃生所需的功能一样都没有。从设计上看，其结构比早期"量产"的 11 型更为简化。[102] 1945 年 1 月 20 日进行的重量计算没有将降落伞的重量考虑进去。[103] 正如 1945 年 5 月的操作手册所述，座舱盖分为三部分，哪一样都丢不得。[104]

　　尽管如此，设计团队依然毫不气馁。三木忠直和其他相关人等在此军事项目中仍可充分行使自主权，继续努力在随后的 43B 型攻击机中安装安全装置。

　　与进行攻击前在空中从母机脱离出来的早期飞机型号不同，43B 型攻击机在俯冲攻击敌方目标之前，可借助 Ne-20 涡轮喷气发动机的动力从地面弹射器腾空而起。1945 年 3 月 9 日，三木忠直计算了飞机的总重量、航程和飞行特性。在接下来的 19 天里，他进行了更详细的重量计算，既不包括降落伞的重量，也没有建议是否有可能安装可拆卸座舱盖。[105] 在接下来的 4 个月里，设计团队考虑采用一种安全着陆的机制，以最大限度增大飞行员生还的概率。该团队随后与爱知飞机制造公司的航空工程师密切合作。4 月 5 日，他们拟出了一份重量计算报告，将最新型特攻机的"教练机版"上重达 8.7 公斤的降落伞计算在内。[106] 之后海军方面与民营公司的工程师之间多次开会，于是在 4 月 26 日，"43B 型原型机的设计规范"应运而生。其"标准设备"包括 8.7 公斤的降落伞和其他两项必需的功能："着陆滑橇"和"紧急（出口）可拆卸座舱盖"。[107] 原型机项目探索了在真正的飞机中安装这些安全装置的可能性。

然而，6 月 23 日，民营公司的飞机工程师和海军飞机工程师在海军航空本部开会，讨论"简化这种最新型号飞机构造"的必要性。与会者关注"可能影响飞机飞行性能和实际用途的技术特征"，其中之一就是"着陆滑橇"。[108] 进一步的研究和试飞在次月未能实现。一直到战争结束，22 型、33 型或 44 型都没有真正投入使用。总的来说，神风特攻机项目的研发过程，既非一致之举，也非事出突然。它标志着工程师团队为提高飞行员的生还可能性而付出的努力和行使的自主权，同时又没有影响为挽救日本战争颓势而采取的这一军事行动。

一直到战争结束，MXY–7"樱花"特别攻击机为海军和陆军的神风特别攻击队工程项目开创了危险的先例。从 1944 年年底开始，日本海军发布了各种项目，旨在为自杀式防御行动开发原型飞机，这令那些用心花时间改装现有飞机的工程师们不禁顿生困惑。[109] 以 MXY–7"樱花"特别攻击机为例，这款飞机在设计和 / 或构造方面的修改前后不下 4 次。1945 年春，日本海军航空研究所的工程师又研发了另一种自杀式滑翔机，专门用来对抗敌方坦克的地面入侵。这款木质滑翔机内装有 100 吨炸药，借助火箭推力从地面起飞。[110] 虽然这款飞机一直没有投入实战，不过日本海军方面启动和 / 或支持了 6 项自杀式飞机项目，而这也进一步削弱了日本海军航空研究所的科研能力。日本陆军飞机工程师至少开展过一项防空自杀技术项目。[111] 日本海军最后一次发动 MXY-7"樱花"特别攻击机自杀攻击是在 1945 年 6 月 22 日，而陆军方面对其雄心勃勃的计划仍锲而不舍，直到战争结束前的最后一刻。1945 年 8 月 9 日，日本陆军 114 师团领命派人驾驶远程双引擎侦察轰炸机 Ki-74 Ⅱ 直奔美国纽约市的摩天大楼，堪比 2001 年的"9·11"恐怖袭击，不过这未能成行。这款轰炸机的全尺寸模型由立川飞机公司研发完成，其原型机于 1945 年 8 月投入使用。[112] 此举在技术和战术上的可行性令人生疑。不过无论如何，幸亏战争及时结束，至少执行此项任务的日本飞行员不用再去白白送死，纽约居民也可能因此逃过了一劫。

作为单向自杀式任务的大杀器，日方希望借助 MXY-7"樱花"特别攻击机，用神风特别攻击队来挫败盟军的进攻。然而，正如 1945 年 3 月 21 日第一次发动攻击所示，整个 MXY-7"樱花"特别攻击机行动最终以失败告终。那天，由 15 架 MXY-7"樱花"特别攻击机、18 架母机和 30 架护航战斗机组成的飞机编队向着正驶往冲绳方向的敌方目标进发，并在空中遭到敌方的火力攻击。途中日方 160 人全体阵亡，未能对盟军造成任何伤害。从同年 3 月 21 日到战争结束，日本海军共在 10 次自杀任务中发射了载人炸弹，击沉了敌方 3 艘驱逐舰，重创了 8 艘驱逐舰，同时造成己方 715 名日本飞行员阵亡。[113]

事实证明，不仅是这些 MXY-7"樱花"特别攻击机作战任务，连整个空中自杀行动都是徒劳无功的。它们对敌方目标造成的物理伤害极为有限。在菲律宾、冲绳、硫磺岛及其附近区域的海战中，为执行单程自杀式任务，日本陆军共计部署了1185 架飞机，海军方面部署了 1295 架飞机。虽然出动了这么多架飞机，却只有 244 名飞行员圆满完成了任务，造成 358 艘盟军船只受损，损坏程度各异。毕竟，日本自杀式攻击行动的整体命中率只有 16.5%。[114] 在 1944—1945 年，虽然日本方面沾沾自喜，不过缺乏任何可核实的数据来佐证该行动是最合情合理的。最终，此行动对盟军造成的伤害与其说是身体层面上的，不如说更多是心理层面上的。最后的俯冲式攻击纯属个人的疯狂之举，其行动本身则被视为难以捉摸的敌方有组织的行为。[115]

比起战争期间对敌方造成的伤害，MXY-7"樱花"特别攻击机项目在 1945 年后对日本自身造成的心理创伤要更大。战时的这段经历，令当时直接参与其中的人员在战后依然心中不安，其中许多人甚至到死内心都一直在苦苦挣扎。1945 年 8 月18 日，该项目的始作俑者大田正一在留下一封简短的遗书后，就驾着他的飞机消失在茫茫的太平洋中。然而可笑的是，他随后被从海上救起，并改名换姓又苟活了近 50 年，于 1994 年去世。1948 年 7 月，MXY-7"樱花"特别攻击机行动的一位指挥官奔向疾驰的火车，跳轨自杀。在日本海军航空本部负责订购MXY-7"樱花"特别攻击机项目的一位工作人员侥幸活了下来，但一直都活得很痛苦，至少 37 年来都是如此。用他的话来说，"每次痛苦的战时回忆浮上心头，他都竭力不去想……（并且）但凡与战争有关的出版物，他能不看就尽量不去看"。[116]

研发载人攻击机的工程师们一直在苦苦思索该技术的意义和重要性，这令他们痛苦不堪，因为这些技术终究没能帮助日本反败为胜。据说，山名正夫称当初自己担任主管的 MXY-7 "樱花"特别攻击机项目是"工程师的奇耻大辱"，至死都绝口不提他对这段往事的记忆。[117] 三木忠直认为，"为了不使海军航空工程师乃至日本战时工程界蒙羞，不将研发自杀式特攻机记入日本航空工程历史的做法是正确的"。[118]

到 1945 年 8 月 15 日战争结束时，历时数年的战事留下了一份重要的遗产，其中就涉及日本海军航空研究所。1945 年 11 月 23 日，盟军观察员团队视察了日本海军航空研究所战时在高速空气动力学方面所开展的研究。他们的报告总结道："看来，日方在高速飞行理论方面的科研水平丝毫不落下风。"该报告接着指出："他们实际上尚未将自身的理论付诸飞行试验，以证明理论是否正确。不过，这并非科研没有进展所致。之所以迟迟未投入使用，主要是因为发电厂的发展水平落后，还有用于高速、高空飞行的飞机机身尚不成熟。"视察组将日本海军航空研究所与美国俄亥俄州的赖特机场（Wright Field）相提并论，称之为"主要研究机构"，并建议将一个 30 厘米的小型风洞实验室运往美国，因为其"叶片设计特别值得关注"。[119]

弗兰克·威廉姆斯（Frank Williams）中校对从日本向美国转移技术持有类似的观点。他从位于俄亥俄州乡下的赖特机场的航空物资指挥中心（Air Material Command Center）动身抵达日本后，发现"很难找到日本的相关科研报告，（因为这些报告）已于 1945 年 8 月 15 日左右奉天皇密诏全部销毁"。在考察了航空研发的"大部分阶段"后，他得出的结论认为，"他们（日本人）远远落后于我们"。与盟军其他的观察报告一样，他的研究报告也认为"（日本的）风洞实验室远胜于美国大学的同类学术研发装置。（所以这样的风洞实验装置）应该运往美国，而非拆掉了事。（日本的这些装置）对美国政府和大学实验室都有用"。[120] 横须贺至少还有另一处高速风洞实验室引起了一位德国工程师的极大兴趣。这位工程师在战后移居美国并为盟军效力，负责为盟军视察日本海军航空研究所。随后，1949 年，"马赫数范围为 0.7 至 1.34 的跨音速风洞实验室"在横须贺被拆除后，运往了美国田纳西州阿诺德空军基地（Arnold Air Force Base）的飞行测试场地。三年后，该产品已成为"成熟的设计"并对外开放，"任何能够操作它的美国教育机构都可以申请使用"。[121]

此外，也是更重要的一点，战时日本留下了一笔宝贵遗产，即有成千上万的工程师被动员起来对抗盟军。毕竟，谁都没有料到战争会如此惨烈，持续时间会如此之久。尤其是在 1943 年之后，日本的工程学教育的战时动员中毫无规划，延迟不前，并且军事机构的研发工作也陷入瘫痪。仓促间临时大规模培养工程专业学生之举，并不能解决日本海军航空研究所内外短缺经验丰富的高级军事工程师的窘境。1945 年 8 月 15 日，日本宣布无条件投降，这个身受重创的国家留下的宝贵资产就是战时的工程人才，其中绝大多数人才都留在了日本国内，为日本的战后重建做出了贡献。

第四章
将战时经验用于战后日本重建，1945—1952 年

1945 年 8 月 15 日中午，裕仁天皇宣布日本无条件投降，第二次世界大战就此结束。在这段预先录制好、时长四分钟的无线电广播中，他自称为日本幸存者的守护者。"我非常担心那些在战时受伤、受苦甚至丧命的国民。"他这样说道，嗓音尖锐刺耳。他依然要求日本举国上下"忍不能忍之忍，承不能承之重……（因为他会）为日本国民的未来与和平开辟道路"。[1] 数百万听众都感觉到天皇的这番话心情沉痛至极，甚至感觉空洞无味，最终只能绝望无奈地接受现实。

这一历史性的广播内容对于木村秀政等日本航空工程师来说可绝非好消息。在占领日本领土后，美国占领当局彻底叫停了日本在飞机工程领域的所有研发工作，因为该领域的科研涉及军事用途。日本航空研究所的高级研究员木村秀政不仅丢了工作，而且声望不再，精神几近崩溃。该机构解散后，他靠在典当行出售相机、高尔夫球杆和家具勉强糊口。眼见他郁郁寡欢的模样，他母亲非常担心儿子会想不开自杀。他说自己当时备受膀胱不适的折磨，"痛得泪水直流"，每隔几分钟就忍不住要去厕所，后来精神科医生确诊这是精神压力过大所致。[2]

美军占领当局实施这一政策之后，像木村这样供过于求的工程师们反应各异，航空领域的工程师们更是如此。虽然相关人等的个人经历各不相同，不过他们的职业转变过程形成了当时可观察到的日本国内人员流动模式。其中有些人彻底放弃了自己的科研主业。一些人成为个体劳动者。许多人转型开始了职业的第二春，在民用部门担任工程师，散布于造船、电子、农业、渔业和汽车等各行各业。由此产生的影响是深远的。军事工程师们纷纷职业转型，令索尼、佳能、丰田、日产、本田和三菱汽车等行业巨头受益匪浅。可以说，日本之所以能从战败国发展成为高科技强国，这些工程师功不可没。

日本的这种国内人口迁徙，是"冷战"时期广阔的历史和国际大势的组成部分。战后的日本，在 1945 年至 1952 年没有发生任何大规模的"人才流失"，之所以会如此，将其与德国进行多方面的比较，便可见分晓。这种人口迁徙模式，无论是正例还是反例，都凸显出亚太地区的地缘政治特性（即澳大利亚、中国、苏联和美国之间势力的博弈）、法律和经济障碍，以及社会文化期望——所有这些在美国当局占领日本期间都阻碍了军事工程师群体发生移民外流。因此，日本战时储备的人才才得以留在日本国内，这种情况有利于日本战后经济的恢复和发展壮大。

日本军事工程师转型服务民用领域

1945 年 8 月，战争刚一结束，日本成千上万的军事科学家和工程师就遭到了日本全社会的唾弃，起码暂时是这种情况，因为他们未能帮助日军取得战争的胜利，日本上上下下都认为他们对日本的战败、受苦和蒙羞负有不可推卸的责任。相关权威人士声称，日本之所以战败，就是因为技术和工业实力不敌对手。日本的战败在很大程度上导致这些前军事工程师在新兴的和平社会中变成可有可无，甚至成为可能根本不被需要的群体。日本战后这些年是倡导民主社会的时期。在这种战败文化中，某些人将科学技术视为军国主义和极端民族主义意识形态的傀儡，结果导致日本战时科研机构名誉扫地。[3]

日本战败，大学科研人员所受的伤害尤其大，他们都深感之前的一切努力都变得徒劳无功。1945 年夏季，他们不仅突然失去了战时的科研目标，而且连工作都丢了。在接下来的几个月里，由于日本重工业急剧衰退，他们的科研工作几乎难以为继。[4]战时科研项目的两大金主也不知所踪。在当时，解散的不仅是日本军队，各大财团也未能幸免。由于无法再借助民族主义言论获得支持，科研工作者在某些情况下缺乏实际手段来开展研发工作。1945 年 8 月，日本的战时研究设施均被充作战争赔偿，由盟军占领当局直接监督，后被责令关停。只有在获得有关当局审批的情况下，大学研究人员才能启动或恢复任何有创造性的科研项目，而且不得与军事应用有关。整个审批过程异常缓慢。此外，当时日本全国上下的物质资源都极其匮乏。纸张严重短缺，结果导致学术期刊发表的数量和频次都大幅减少。纸张的战时库存仅一年就用尽，之后的短缺现象更为严重。各种科学协会都是个人自愿参加的，只能靠会员费勉强维持，其缺纸少钱的窘境令人担忧。[5]

学者们的生活穷困潦倒，在受过教育的劳动者中已经沦为收入最低的阶层。在通货膨胀的背景之下，小学新任教员的月薪为 200 日元，而女子学校或中学毕业生的月薪为 300 到 400 日元。即便是日本各帝国大学的正教授，工资也没有太大区别，月薪 200 到 400 日元不等。不过，即便如此低的薪资，也足以令助理教授及科研助理们羡慕不已，当时助理教授的月薪为 120 至 130 日元，而科研助理的月薪仅有 80 日元。这些教授属于公务员编制，对他们来说，兼职赚外快不合法。此外，科研助理因为没有著作，所以没有版税收入。[6] 与在工厂上班的工程师不同，科学和工程领域的科研工作者没法在通货膨胀时要求加薪，但罢工对他们来说可不是好主意。据媒体报道，科研工作者"享有一定生活水准"的权利依然"不稳固"。[7]

一些科研工作者将他们战时的科研成果投入实际应用，成功适应了新的环境。例如，东京大学的一名研究人员利用刚解散不久的日本航空研究所的风洞实验室设施，根据自己在战时的空气动力学研究，开发出了一片防风林。[8] 知名物理学家仁科芳雄曾在日本陆军带头研发核武器，他对植物施加辐射，以检测其合成代谢过程。在京都大学，一支由生物学家、工业化学家和理论物理学家组成的团队，其中包括德高望重的物理学家荒胜文策，共同研究辐射对高产农产品造成的影响。他们的研发成果有效改善了作物品种、食品加工和消毒杀菌的情况。

颇具讽刺意味的是，一些军用武器居然成为和平时期的灵感之源。京都大学的教授研究了超高频无线电波对植物发芽、生长和不育的影响，而超高频无线电波正是战争中死亡射线（即 X 射线）电子武器的基础。[9]日本海军技术研究所（NTRI）化学实验室的一位负责人继续从事战时他在高分子化学领域的研究。在京都大学，他使用日本和纸、鱼胶、夕阳木槿和魔芋果冻作为原材料进行研究。他对这些材料了如指掌，因为他曾在海军中使用过它们，为气球炸弹研制过既轻便又耐用的表面材料，这种武器在战争的最后几个月令美国西海岸的军队胆战心惊。从 1951 年开始，他在三菱人造丝公司进行了相关研究。[10]

对于在就业市场上找工作的前海军工程师们来说，造船业是切实可行的选择。据有关估计，截至 1944 年，共有 287 799 名工厂工人和 45 922 名工程师效力于该行业，他们生产了总排水量高达 173 万吨的商船。他们的工厂遭到空袭，不过许多设施仍处于可用状态。到1946年，战后航运业开始初现复苏迹象，在日本海军的五大军火库有三所划归民营企业之后就更是如此。在盟军占领日本初期，临时禁令解除后，数以千计的前海军工程师们重启了他们作为造船专家的职业生涯。福田忠就是这样一位来自海军兵工厂的工程师。他利用战时的经验，在战后造船业广泛推广电焊的使用。还有一名前海军工程师曾在战时领导过巨型战列舰大和号的建造项目。在那些由凭直觉搞科研的技术人员所主导的领域，他引入了自己在战时获得的知识，即块组装法。这是一种现代造船方法，通过将不同尺寸的各种预制部分组装焊接在一起，从而形成一个框架。[11]

在从战争到和平的社会转型过程中，涌现出了新的企业，例如与军队有渊源的商业巨头索尼公司。索尼公司创始人盛田昭夫本是日本海军航空研究所的一名电气工程师，当时他第一次遇到了自己毕生的商业伙伴井深大。井深大当时也是一名工程师，在一家商业公司为飞机开发直流放大器。对于他们及其他军事工程师来说，地处偏远的温泉旅馆在战时提供了安静的所在，适合在此就热追踪导弹等武器技术进行集思广益。每逢这种场合，与会者常会带上葡萄酒，盛田昭夫和井深大常会边谈边喝，能聊上一整夜。所幸战后他们没有失联。约 20 名前海军工程师在战后加入了他们的团队，其中包括后来的索尼公司第四任总裁岩间和夫。有多位前海军的核心工程师参与协助创建索尼公司，其中包括一位在战时协助开发三菱 A6M 零式战斗机的工程师。索尼公司依靠自身在电气工程领域的各种战时人脉资源，成功实现了战后的技术研发。[12]

　　日本光学行业也从战后社会的和平红利中受益匪浅。例如，曾效力于海军兵工厂、参与研发过鱼雷的前海军工程师铃川浩，在佳能公司开发出了多款相机。在他看来，鱼雷和照相机之间有许多相似之处，因为两者都需要高精度的处理技术和自动控制器。他在 1948 年加入佳能公司设计部后，确立了相机研发以及生产制造的基本流程。他在 1953 年研发成功的 Canon Ⅳ Sb 型号相机在业界取得了巨大的商业成功。[13]

　　在某种程度上，日本整个光学产业都堪称是战争的产物。该产业借助 1937 年日本全面侵华战争爆发后日本政府的特别采购发展起来，并在 20 世纪 50 年代及之后继续发展壮大。日立和富士胶片一度堪称业界翘楚，这两家公司都曾在战时为日本军方采购过光学设备。奥林巴斯公司又是另一例证。其前身是高千穗光学公司（高千穗制作所），最初专门生产显微镜和某些照相机。

在国家下达了战争动员令后，该公司接受了日本陆军科学研究所的技术指导，开发出了双筒望远镜和其他光学设备。[14]

日本战时的科技发展，对本国农业的发展也大有裨益。其中，水稻种植机械便是典型一例。一名前陆军工程师将机枪自动送弹装置的原理应用于战后的农业机械，结果使水稻的产量大幅提升。正如机枪从子弹带装填子弹，然后自动向外发射一样，插秧机也是先自动选中稻种，然后将其插入稻田之中。[15]

日本战后的渔业发展也得益于本国工程师的战时科研经验。例如，和平时期探鱼器的技术源自战时用于潜艇战的声呐雷达技术。在日本海军技术研究所以及后来的舞鹤海军兵工厂内，一位海军工程师对回声测深仪进行了研究，这是一种用于测量海床深度并探寻海上安全路线的装置。由于其可能涉及军事应用，所以在盟军占领期间暂时禁止了水下音频设备的科研工作。1949 年 12 月禁令解除后，这位前海军工程师的新型声呐装置证明了其在捕鱼方面的价值。它可以检测到鱼群的位置，有助于为日本战后人口增加富含蛋白质食物的供应。[16]

在战时技术向和平用途技术的转化中，医学也从中受益良多。一位前陆军研究员曾致力于设计制造电视和红外线电视，而这有效地缩小了战时设备与和平时期所使用的医疗器械之间的鸿沟。他在战后获得医学学位后，成功研发出一系列配备电视屏幕的医疗设备，包括心电图仪、示波器和医疗程序照相机。他之前的军事工程师的同事们也继续从事着他们的战时科研工作，并为商业电视的发展做出了贡献。[17]

军事技术的民用化最集中体现在日常实用技术的物质表现

形式上。例如，战后不久就出现的汤勺，其实是用报废的子弹壳做成的。胶鞋的原料，最初是从报废的战时军用飞机上回收的橡胶轮胎。战后的三菱自行车是由一位航空工程师发明的，使用了一种轻便耐用的金属合金杜拉铝，这种合金曾专门用于飞机制造。也有些想法非常不靠谱，例如异想天开想要把军用坦克改装成移动房屋，赚足了公众和媒体的好奇心。直到战后，许多坦克连用都没用过，只能被报废回收、公开拍卖或翻新改造以供日常使用。松油是一种通过战时动员收集的资源，旨在弥补日本飞机燃料严重不足的问题。松油是提取 α‑蒎烯的原料，而 α‑蒎烯是一种用于制造战后农业强效杀虫剂的化合物。[18] 战争结束后，正是以这种方式从根本上将战时的军用技术转为了民用。

去军事化和航空工程师

在盟军接管后，日本不再保留强大的空中力量，驻日盟军总司令（SCAP）随即发布了一系列指令，以实现其首要占领目标：去军事化。正如其 1945 年 9 月 2 日的第 1 号指令所体现的那样，首要任务是留存日本所有的研发设施及技术资料。盟军当局很快叫停了与军事应用直接相关的所有科研领域，其中原子能、雷达开发和航空位居前列。9 月 8 日，驻日盟军总司令开始严禁日本人从事航空方面的任何教学、研发及飞机生产活动，以及与飞机相关的任何活动。该项政策执行得不折不扣，丝毫不讲情面，且一直持续到 1952 年 4 月，从根本上改变了战后日本的技术格局。

　　驻日盟军总司令之所以能够成功地实现日本去军事化，在一定程度上是因为把重点放在了航空工程师身上，终结了他们的航空职业生涯，从而改变了他们的职业发展之路。因此，起初这些工程师很难找到工作。据估算，1946 年春季有 10 万名工程师及技术人员失业，其中很多人就是航空工程师。[19] 工程师土井武夫就是其中的一个典型。他是 16 款军用飞机的总设计师，其中包括 Ki–45 二式复座战斗机（川崎屠龙战斗机）、Ki–100 五式战斗机和 Ki–66 三式战斗机。这位东京大学航空学系的高才生曾在职业介绍所求职过一段时间，当时他一边在求职者的队伍中排队等待，一边阅读英文报纸。一开始，他靠制作木质手推车和货车勉强糊口。然而，1948 年出台的通货紧缩经济倡议，即"道奇计划"（Dodge Line），结果使他甚至连这种临时工作都没有了。[20]

　　前航空工程师明明曾为日本的战时科研尽心竭力，却饱受社会各界诟病，这必然会逼着他们去探索"新"领域。其中一位名为渡边三郎的海军航空工程师决定自谋生路。他利用自己在战时掌握的技术，制造农业设备用于提取烹调用的植物油。[21] 为了在战后维持生计，三菱 A6M 零式战斗机的首席设计师堀越二郎致力于制造割草机、脱粒机和冰箱等机器或工具。[22] 中川良一曾是中岛飞机公司著名的 18 缸飞机发动机"荣誉"（Homare）的首席设计师，他也是靠类似的方式谋生。他发明创造了电动面包制作机、自行车打气筒、渔船发动机、剧院用电影放映机、农业机械用柴油机，还有缝纫机等。[23] 中岛飞机公司解散后，像中川良一这样的求职者不计其数。之前效力于该公司的一些飞机工程师拿到了盟军占领当局的采购订单，用杜拉铝制作棺材。事实证明，这种轻便、耐用的贵重金属对于制作容器很有用。美国军方把阵亡将士的遗体放入杜拉铝制成的棺材里，装上飞机运归故土。[24]

在爱好和平的社会当中，工程师们当初为军事用途苦心积累的航空学知识似乎找不到用武之地，糸川英夫的情况就是证明。这位东京大学的教授曾在中岛飞机公司开发过 Ki-43 陆军隼式战斗机和 Ki-44 陆军二式战斗机。战争结束时，他身患严重的神经官能症，饱受折磨。起初他去看了医生，然后这位医生竟帮他在东京大学医学部谋了份差事。他的新工作是缝合术后患者的组织，尽管他本人并无合法的行医执照。但他很快发明了一款医疗设备，可以用机械方式评估病人的麻醉效果。这一医学突破面世之后，之前麻醉师的普遍做法宣告结束：在此发明之前，必须要有一名外科助理站在床边反复呼唤患者的姓名，直到被麻醉的受试者再也不发声回应才行。[25]

在商业运作中，从汽车行业可以看出一些国家在战争结束前后进行的技术转换有哪些重要模式。大战将至之际，一些欧洲国家较好地利用了本国强大的汽车工业。以意大利为例，该国的菲亚特公司在第一次世界大战和第二次世界大战期间都为车辆和飞机生产发动机。而在英国，劳斯莱斯有限公司在第二次世界大战期间为汽车和军用飞机制造了强大的发动机，其中就包括传奇的超级马林"喷火"战斗机（Supermarine Spitfire）。梅赛德斯－奔驰公司作为汽车和飞机发动机的制造商，战时曾为德国做出过类似的贡献。这些欧洲国家都有在 1945 年之前转化汽车和飞机发动机技术的历史，其中的工程知识在行业之间是可以进行双向流动的。

　　由于日本在 1945 年之前并无类似的历史，所以在盟军全面禁止日本开展飞机业务后，此举对日本汽车工业的影响比欧洲的任何此类事件都要更全面，也更突然。盟军在日本施行的政策异常严苛，不复存在的航空工业单向流失出大量失业的航空工程师，他们大量涌入了仍处于萌芽阶段的汽车行业。[26] 在此过程中，前飞机工程师为汽车设计流程带来了必要的实用性。例如，丰田汽车公司通过曾在立川飞机公司担任高级航空工程师的长谷川龙雄，就深刻地体验到了这一点。他原先是日本陆军 Ki-94 高空截击机的设计师，1946 年底从立川公司加入丰田公司的约 200 名工程师中就有他。令他惊讶的是，先前的汽车工程师圈子长期以来一直坚持相对原始的工程设计技术，认为没必要计算所使用的物理部件的强度，且缺乏在设计阶段计算汽车众多部件负载所需的方法或标准。长谷川龙雄引入了一种设计公共汽车和卡车的新方法，即在他设计的丰田 BW 型公共汽车中使用了单壳体车身结构，[27] 这种结构可将所有负荷分散到车侧面、车顶和车的地板上，最初用于 20 世纪 30 年代的德国飞机。他领导的设计团队后来启动了一系列项目，旨在制造"更小、更快且更好"的汽车。其中一项发明是 Sports 800 型跑车，这是一款轻型双座跑车，由于采用了单壳体车身结构，因此具有符合空气动力学原理的简洁椭圆形外形。很快，长谷川龙雄的设计经验结出了硕果，造就了多款第一代商业成功的汽车车型，例如普利卡（Publica）、赛利卡（Celica）、卡琳娜

（Carina）和卡罗拉（Corolla）。[28]

    中岛航空公司的解散，也在某种程度上成就了日本汽车产业的发展。多名前中岛公司的工程师加入了富士重工，即如今的斯巴鲁公司的母公司，其中就有原为日本海军C6N"彩云"舰载侦察机的设计师百濑晋六。在他的新工作中，他将战时控制皮重的经验融入自己的汽车设计项目当中。斯巴鲁360型汽车就是这一工艺流程的产物，也是20世纪60年代日本最受欢迎的双门乘用车之一。该车虽尺寸紧凑、重量轻且配备小型360cc发动机，不过因为采用单壳体车身结构，所以驾驶者在其中有足够的内部活动空间。该车型在设计上很有特点，被人们戏称为"瓢虫"。这款车价格适中，被视为"面向老百姓的汽车"，可大规模量产，取得了非凡的商业成功。从1958年到1970年，该款车都非常畅销，长盛不衰。[29]

    同样，中岛飞机公司被强制解散，也使本田公司有机会建立起自身的研发基础设施。从1945年夏季开始，大量航空发动机开发人员从陆军和中岛飞机公司涌入本田这家初创公司。其中就包括东京大学机械工程系的毕业生工藤慈士，Ne130涡轮喷气发动机能研发成功，他功不可没。正如其中一位前中岛工程师所说的那样，他们面临的一大困难在于，要确定在设计汽车发动机时"（他们该）将自己的工程专业知识水平降低到何种程度为好"。工藤慈士后来成为本田研发公司的第一任董事，许多用于摩托车、乘用车、赛车和飞机的高级发动机都出自这家公司。[30]

    同样，日产汽车公司也将前中岛公司的工程师招入麾下，使他们能够将自己的工程造诣传承下去。战后，眼见工作没有着落，许多前中岛公司的飞机工程师转投富士精密工业公司，该公司于 1966 年并入日产公司。其中有一位工程师是战时 18 缸发动机"荣誉"的首席设计师中川良一。在日产公司，一名助理工程师接受了他的指导，学习如何为取得商业成功的乘用车系列"天际线（Skylin）"开发各种汽车部件。中川良一回忆说："我在战后的大部分经历都是基于我在（战争期间）研发飞机时积累的想法和经验。"[31] 与其他工业部门的工程师相比，中川良一等前航空工程师对科技创新"无比较真"。对于这些工程师而言，能开发出敏捷的先进战机，能在空中、地面或海上摧毁敌方目标，比什么都重要。在受过他指导的助理工程师看来，中川良一"一丝不苟且细致入微，为的是确保整个装置中的所有组件都能够严丝合缝"。此外，这种工程风格也是"战前飞机工程师给战后日本汽车工业上的最重要的一课"。[32]

　　在所有的日本汽车公司中，三菱汽车公司从战前航空工程师的领导力技能中获益最大。之所以会这样，是因为在盟军占领日本期间，无论三菱公司的实力如何折损，它自己的核心工程师团队都得到了妥善保护。其中一个突出的例子与 A6M 零式战斗机项目的设计团队有关。首席设计师堀越二郎被调到三菱的一家子公司，该子公司在母公司解散后独立经营。[33] 辅佐堀越二郎设计 A6M 零式战斗机项目的得力助手曾根嘉年在 1945 年后供职于三菱的另一家子公司。在这家公司里，他在客运列车传动装置研发方面发挥了至关重要的作用。日本战时首相东条英机的次子东条辉雄是研发 A6M 零式战斗机项目的主要成员，他换到了三菱公司位于川崎的一家工厂工作。出身于三菱公司的工程师很少有找不到工作的。陆军 Ki–46 型侦察机（百式司令侦察机）和陆军 Ki–83 型战斗机的总设计师久保富夫战后在三菱汽车水岛制造厂研制出了机动三轮车。三菱公司的一些风洞技术人员转到三菱公司位于长崎的一家造船实验室工作。这种三菱公司工程师内部调动工作的做法一直持续到盟军的航空研发禁令结束为止。到了 1961 年，上述所有工程师都被聘回三菱电机名古屋制作所，恢复了战时的工作岗位。不久之后，一些工程师在航空领域之外开拓出了一片新天地。在 20 世纪 70 年代和 80 年代，久保富夫于 1973 —1979 年、曾根嘉年于 1979 —1981 年、东条辉雄于 1981 —1983 年相继担任三菱汽车公司的社长。[34]

留住战时储备的人才

在"冷战"的国际大背景之下，如果把这些个案放在一起来看，足以说明在盟军占领日本时期，前日本军事工程师队伍并未发生系统性的大规模"人才流失"。航空专业就是个典型案例，当然也有极个别的反例，在东京大学航空系的学生名录中即可找到依据。该系成立于 1918 年，堪称该领域精英专业教育的巅峰。起初，日本的航空工程师几乎都是靠这一个系培养出来的。20世纪 30 年代中期之前，全日本仅有东京大学这一个系提供该专业课程。该系的一系列学生名录列出了 1923 年以后所有毕业生的姓名、职业发展历程和联系方式。根据 1973 年的名录，该系在战争结束时共计培养了 435 名毕业生，其中只有 2 人（1 人在 1940 年，另 1 人在 1942 年）在日本以外（均在美国）发展。换言之，东京大学航空系 99.5% 的校友毕业后都留在了日本工作。[35]

　　日本工程师这个群体之所以没有出现大规模人才流失的现象，有个人、组织、国家乃至国际层面上的诸多因素在发挥作用。例如，可用德国的情况加以比较。德国和日本的工程界有着相似的命运。1945 年之前，德日两国都积极奉行领土扩张政策，将其攻占的外国土地上的人力资源和自然资源为己所用。两国在战败后的盟军占领期间，都丧失了工业和科研能力，以及在可能存在军事用途的技术领域的独立自主性。盟军强行解散了德国和日本的战时飞机工业，这两个国家的飞机工程人才培养和科研开发工作都宣告停止。就日本而言，该国相对缺乏主要的人才外流模式，正例和反例都有，且两者都表明，地缘政治、经济和法律障碍，以及社会文化规范，都对阻碍日本工程师移民发挥了重要的作用。总的来说，日本工程师移民的机会远比他们的德国同行要小，日本工程师的移民现象也远不如战后德国工程师移民那么普遍。相比事后解释其发生方式及原因，要想弄清事情为何没有发生和其中有哪些玄机，显然难度要大得多。不过，通过探寻后一个问题，就可以从新的视角来审视前一个问题。

　　回想起来，地理位置因素对解释日本工程师的移民情况能有所帮助，当然仅限于一定程度。社会学家凭着经验，已经注意到移民人数与迁移目的地的距离之间存在很强的反向关系：简单说来，要迁移的距离越远，移民的人数就越少。[36] 盟军占领北海道之后，日本的邻国就成为日本人移民活动的理想之地。

日本之前占领过中国东北，成立过"伪满洲国"（1945年后苏联曾短暂占领过该地区），曾吸引了不少来自日本的年轻工业家和农民来此工作生活，20世纪30年代这种情况尤其普遍。[37] 1945年夏季之后，中国的国民党和共产党为争夺国家的控制权爆发了内战，直到1949年10月中华人民共和国成立。如果不是苏联的缘故，当初大量的日本工程师和技术人员就可能留在了中国。尽管如此，曾生活在此地的一些日本工程师和技术人员也为苏联和中国的战后建设做出了贡献。[38]

由于中国内战的原因，很难确定在中国到底共有多少日本工程师和技术人员。不过，通过一些记录可见端倪。据美国方面估计，到1946年年底的时候，仍有超过9万名日本人留在中国（包括台湾和东北）。当然，他们当中并非所有人都是熟练工人或技术人员，实际上，其中许多人是家属。大约就在这段时间，国民党政府开展了类似的人口普查，普查的结果发现日本技术人员（不包括共产党控制下的日本技术人员）的人数略高于1.4万人。在日本战败投降后，国民党政权没收了日资企业，收编了日本在华的人才。这一战略举措取得了一定的成效。日本技术人员所掌握的专业知识对于中国战后的发展是非常必要的，如果这些日本人才离开中国，可能就会导致某些工作或技术转让中断。1945年以后，所有日本技术人员中大约有四分之一留在中国各地的工厂工作，其中一些人是行政人员或经济学家。技术工人通常在中国的医院、学校和政府机构任职，许多人继续从事专业工作，分布在各行各业，包括纺织、铁路、医疗和采矿等行业。[39]

1945年夏季之后，日本自身的地理构造及其岛屿的分布状况并不利于其前军事工程师移民到国外。从历史上看，日本人曾迁移到大洋彼岸的遥远国度，例如北美（墨西哥、加拿大和美国，尤其是夏威夷和美国西海岸），加勒比海，南美，澳大利亚和新西兰。不过，相比德国这种步行就能走陆路出国门的情况，日本人要想离开日本群岛奔赴国外，所面临的身心挑战都要大得多。音乐剧电影《音乐之声》中所讲述的移民情况相对要轻松得多，片中奥地利的一大家子人和他们的家庭女教师一起通过步行，就可以走到当时政治上保持中立的邻国瑞士，这种情况在日本是想都不敢想的。像克劳迪斯·多尼尔（Claudius Dornier）那样有过丰富人生转型的经历，对于日本军事工程师而言几乎是不可能的。这位航空工程师于 1884 年出生于德国，1947 年移居瑞士工作，1954 年盟军解除德国航空业禁令后重回祖国，后于 1969 年在瑞士去世。他之所以能在德国和瑞士之间来去自由，关键在于两国在地理上接壤。从全世界 1850 年到 1950 年的移民数量占人口增长的百分比来看，西欧国家的移民率：英国（75%）、意大利（47%）、德国（24%）、丹麦（22%）和法国（6%），都远远超过了日本（1%）。[40] 国际地缘政治进一步加剧了情况的复杂性。日本与德国的情况不同，后者在地理上被盟军各国夹在当中。德国附近的占领国，例如英国、法国和苏联，经常在美国的眼皮子底下费尽心思地招募德国专家帮助本国进行战后发展。而对于日本而言，其他国家根本插不上手，因为美国占领当局独占了日本列岛。即便有日本人想移民到其他国家，移民到附近国家也很少算是理想之选，这在一定程度上是由日本的殖民历史所致。一位前日本陆军工程师就亲身体验到了这一点。他战时的工作是在"伪满洲国"开发致命的生化武器，而臭名昭著的日本陆军731部队执行的也是这项任务。战争结束时，他错过了被遣返回国的机会，1945年夏季之后，他流浪于中国各地，最后在香港定居下来。他不敢泄露自己的战时经历，余生的几十年里一直隐姓埋名。[41] 除了中国（也许还有苏联），也只有美国才有能力吸纳人数如此众多的军事工程师。不过，美国占领当局制定了"官方指示"，其中包含有关用美国军用飞机运送日本国民的具体要求，规定"不得将日本国民送出日本境外"，除非"事出突然，必须要完成紧急职业事务"。[42]

1945年后的美国移民潮在很大程度上与历史先例有关，不过这些先例对德国人有利，对日本人不利。大批德国工程师移民美国的情况并不鲜见。1919年第一次世界大战结束后，航空相关领域的几位著名德国学者移民定居美国。根据《凡尔赛条约》，德国空军被解散，并且禁止德国生产和进口新飞机，于是许多德国航空科学家只好到国外另谋出路。对于美国而言，正好可以趁此机会利用德国专家的专业技术，增强本国军事实力，同时还有助于实现使德国去军事化的目的。

从历史上看，美国当时下定决心要追赶上欧洲在空气动力学方面的科技水平，因此对在某些领域有真才实学的外国战时技术人才敞开了大门。例如，广受赞誉的德国空气动力学家迈克尔·马克斯·芒克（Michael Max Munk）主导了对机翼部分周围的气流进行的首次系统测量，也就是后来所说的哥廷根剖面（Göttingen profiles）。他于1920年应邀赴美，受雇于美国国家航空咨询委员会。在总部，他的方法从理论上来看对预测机翼升力和力矩非常有用。此后不久，他先后任职于不同的商业公司，例如西屋电气公司（Westinghouse）、勃朗 – 鲍威利有限公司（Brown Boveri）和亚历山大飞机公司（Alexander Airplane Company）。他还在位于华盛顿特区的美国天主教大学（Catholic University of America）教过书。[43] 有了像他这样敢为人先的先行者，1945 年后德国工程师移民美国所遭遇到的文化和政治阻力自然就没那么大了。

　　早期德国移民在移民目标国生活，有助于将有关国外各种机会的信息进行传播，鼓励第二次世界大战后德国"人才外流"，而日本方面没有这样的早期移民，所以第二次世界大战后日本人的移民活动免不了会受阻。通常来说，若能获得相关的信息，例如移民流出国和移民流入国之间的工资差异、流入国的政治经济状况，以及移民政策方面有哪些限制，可能会影响到该国海外移民社区的规模和吸引力。如果移民者在目标国中有熟人，也会对移民活动起关键的作用。海外同胞关系网会吸引情况相似的国内同胞前来移民，从而导致出现连锁移民情况。已经移民过去的，会吸引更多他们在日本国内的同胞移民。大众媒体和其他信息流渠道也会显著影响移民活动的数量和目的地。[44] 在此框架之内，第一次世界大战后的德国工程师和科学家可以通过正式及非正式的人际关系网向他们母国的工程圈提供信息，因而可减少 1945 年后移民活动的不确定性。而这对于日本技术人员和科学家来说，是可望而不可即的事情。1945 年前，除了极少数例外的情况，美国或其他地方根本就没有这样的日本移民社区。[45]

　　为了推动本国飞机工程领域的发展，美国有充分的理由把关注点投向德国而非日本。当时，美国的战时情报机构注意到德国的科学技术非常发达，计划在欧洲战争结束后就利用这些技术资源来对付日本。值得注意的是，在火箭和导弹、合成燃料、喷气发动机和高速空气动力学等方面，当时美国的科研水平都不如德国。对于美国来说，战时或战争即将结束之际招募德国科学家和获取专业技术的任务紧迫，而该任务一直持续到20世纪50年代。美国打着国家安全的幌子，行军事机密之事，后续展开的"阴天行动"（Operation Overcast）、"曲别针计划"（Paperclip），以及之后取而代之的"63计划"（Project 63），均大获成功。韦纳·冯·布劳恩（Werner von Braun）的事迹就是其中的典范。他是德国 V–2 火箭的首席航空航天工程师，战后在美国负责研发弹道导弹，最终成就了阿波罗13号太空计划。另一个例子则是阿道夫·布斯曼（Adolf Busemann），他是战时德国高速空气动力学领域的领军人物。战后，他搬到了美国国家航空咨询委员会的兰利实验室（Langley laborato），并在"冷战"初期协助研发出了用于高速飞行的后掠翼。[46]

　　这两名军事工程师只是战后不久移居美国的 2000 余名德国专家中的一小部分。从 1948 年到 1952 年，美国空军共计招募了 1044 名德国科学家和工程师，约占总人数 2627 人的 40%。美国陆军招募了 866 名德国专家（约占 33%），其次是海军（招募了 425 名德国专家，约占 16%）和商务部（招募了 260 名德国专家，约占 10%）。从长远来看，美国积极招揽德国专家的努力结出了硕果。从 1945 年到 1952 年，约有 90% 的德国专家永居美国。[47] 就德国的情况而言，美国军方这只看不见的手在"国外人才移民到美国"和"技术转移到美国"这些过程中发挥了关键的作用。

然而,虽然盟军占领了日本,美国却没有打算把日本科学家和工程师弄到美国。在这方面生出大胆想法的人是来自澳大利亚的准将约翰·奥布赖恩(John O'Brien),他是盟军占领当局科技部门的第一任负责人。1945 年 11 月甫一到任,他就在盟军占领的日本建立了用于监督和管理科学技术的系统。他非常热衷于构想日本战争赔偿问题,由此提出了大胆的倡议:他的目标是将日本的战时资产,即先进的科研项目,以及著名科学家和工程师的全家,都从日本永久转移到盟军各国。该赔偿计划的动机很简单,就是要扼杀日本重启战端的潜力。[48]

不过,奥布赖恩准将的提议没多久就夭折了。他的长官,即曾在太平洋战役中与道格拉斯·麦克阿瑟将军共事的威廉·F. 马奎特(William F. Marquat)少将拒绝了这项提议。这至少出于两点考虑。第一点,奥布赖恩并非美国人,而是澳大利亚人,他只不过管理着盟军占领当局的一个部门而已。美国人主导的这一官僚机构等级森严,他在其中根本就没有政治话语权。他在此既无薪水可领,也无资格可享受为驻东京的美国工作人员提供的各项服务。第二点,澳大利亚和美国对日本战争赔偿的重视程度不同。奥布赖恩准将当时在澳大利亚军队中服役领军饷,并担任澳大利亚调查团团长,一心想要追究各种战争赔偿问题。回想起来,这是完全可以理解的。许多澳大利亚人都对日本军队心存忌惮,担心日本军队会入侵他们的家园,就像日本在菲律宾所做的那样。正因为他们有这样的担心,所以才有了澳大利亚科学使团（Australian Scientific Mission）出使日本。该代表团的目的是到日本视察并要求获得最理想的战争赔偿。然而，美国军队对日本战争赔偿的兴致不高，这在一定程度上是因为日本战时的科研水平并未给他们带来深刻的印象。[49]

虽然还不太清楚美国在这方面的具体情况，不过，似乎只有极少数的日本工程师能够为美国方面提供其在"冷战"中有用的专业技术。[50]有件事就足以说明这一点，其中涉及至少十余名日本前陆军工程师。他们战时的任务包括伪造外国纸币和各种文件，例如伪造中国共产党以及朝鲜和苏联军队签发的身份证件等。到了1950年春天，他们在横须贺的美军基地谋到了差事，用自己战时积累的专业知识为美国在东亚的"冷战"策略效力。1952年4月盟军结束了对日本的占领，为这批日本人移居国外敞开了大门。为了继续开展他们的地下行动，其工作地点从日本横须贺搬到了美国旧金山。从1952年6月起，他们住在郊区的民用公寓大楼里，房租由一家保密的美国政府机构支付。1960年该项目组解散，9名成员返回日本，2位成员留在了美国西海岸。其中一名成员与他的日本妻儿入籍美国，搬到华盛顿特区，在接下来的20年里一直为一家美国政府机构效力。[51]

除了这个看似特殊的案例外，由于美国国内对日本国民采取文化抵制，因而未能为跨太平洋的美日信息流动或人员流动创造良性或起到支持作用的环境。美国的种族歧视程度丝毫不减。正如历史学家约翰·W. 道尔所表明的那样，战时针对日本人的种族歧视比针对德国人的种族主义尤甚，无论是在程度上还是在性质上都是如此。[52]这种歧视有其法律和历史基础。约

翰逊 – 里德法案（*Johnson-Reed Act*）于 1924 年出台，旨在限制每年来自特定国家 / 地区的移民数量。按照此配额制度的规定，德国移民的数量固定在每年 25 957 人，同时有效地限制了日本人移民美国。根据该法律，名义上每年可移民者美国的日本移民者配额仅为 100 人。不过，在此限制性配额制度中，使用了"没资格获得公民身份的外国人"这样委婉的字眼，将"亚裔"列为种族类别，在 1952 年 6 月前一直将日本移民者排除在外。[53] 美国 1952 年的《移民与国籍法》（*The Immigration and Nationality Act*）终于解除了对日本移民者的禁令。这项新法律比之前的要宽宏大量，分配给日本的年度配额为 185 人，而 1953 年后每年从德国移民美国的人数平均为 2.45 万。[54]

　　同样，日本战时民众愤慨的情绪在 1945 年至 1952 年有所减弱。这其中有一个潜在因素在起作用：日本人纷纷从日本的前殖民地被遣返，这加剧了日本国内本就严重的粮食短缺问题。为了同时解决人口和粮食问题，新当选的众议院议员中曾根康弘在 1949 年坚称日本应恢复其移民政策，以解决每年大约 160 万的大量人口外流。这个想法反映出了日本社会对移民美国的渴望。据《朝日新闻》1951 年 11 月举行的民意调查显示，28% 的受访者愿意移民，这一比例高于计划生育的倡导者（24%）和两者都赞成的倡导者（14%）。在这 28% 的受访者中，支持移民的男性多于女性，城市人口多于农村人口。此外，受访者认为最理想的移民目的地是巴西（21%），其次是美国（18%）。[55] 日本的反美情绪挥之不去，日本前高级军事工程师的态度尤为强烈，毕竟这些工程师战时的工作就是在军事技术上对抗美国。两名匿名受访者表示，在盟军占领期间甚至占领结束后，如果让自己移民到之前的敌国生活，不仅"难以想象"，而且"想起来都不堪忍受"。

在盟军占领期间，日本人如果想乘船出国，至少都会遇到两大障碍。第一大障碍是经济方面的困难。普通日本民众既不能合法获得硬通货，也没有足够的财力为自己的离境提供支持。通常来说，人员迁徙的经济、时间或精力成本越高，发生迁移的可能性就越小。对于那些移民后在国外工作没着落，无亲友可投靠的人而言，迁移成本可能会比任何可以想象的工资收益都要高。去往目标国家的路途越遥远，可以动用的资源就越少，例如财务和其他类型的必要援助就更是如此。[56] 在战后的日本，1949 年 4 月的汇率固定在 360 日元兑换 1 美元，跨国出行费用高得吓人。即使是在 1952 年 4 月盟军占领结束之后，将日元兑换成美元依然难上加难。[57]

对于想出国的日本人来说，还有另一大障碍：日本国内的法律限制。在盟军占领日本初期，日本人无法获得护照和签证，除非他们在海外有亲戚，可以帮忙提供书面的担保宣誓书。美国的移民控制方式主要是靠发放签证。任何想要去美国的日本申请人，都必须签署一份声明，郑重承诺他们不是共产党员。此外，他们还必须采集指纹，并需要进行强制性健康体检。申请人只要出现结核病等易传染的流行病症状，就会被拒签。到了 1949 年之后，日本政府赞助的出国留学项目才多了起来，例如日本占领区的政府援助和救济项目，以及富布赖特项目。不过，这些项目的遴选程序依然非常严格，致使许多日本科学家或工程师都无缘到海外发展。[58]

　　在破除这些经济和法律障碍方面，性别发挥了间接但却重要的作用。最有可能移民到美国的普通日本公民并非男性前军事工程师，而是与美国军人成婚的年轻日本新娘或新郎。到第二次世界大战时，国家边界管制取代了地理距离、费用支出和当地机构等其他因素，成为阻碍人员跨国流动的主要障碍。亲属关系和个人人脉关系也是决定某些人是否可以举家移民的最重要因素之一。由于第二次世界大战的缘故，大量美军被派往位于欧洲和亚洲的军事基地，日本人若是与这些美国军人结婚，就形成了夫妻关系。因此，这些日本新娘和新郎就有了强烈的移民动机。与美国公民订了婚或结了婚，日本人就经常可以与他们的家眷一起进入移民目标国，不再受美国分配给不同国家的固定移民配额影响。例如，在盟军占领时期，有 8381 名日本女性与美国军人结成夫妻。从 1946 年到 1965 年，每年移民美国的女性人数都远远超过男性移民人数，部分原因就是战后出现"战争新娘"或"战争新郎"的缘故。[59]

　　在所有日本男性中，凡是能以书面形式发表其理论研究成果的著名科学家，最有可能获得出国移民的三个先决条件：资金、护照和签证。大学研究人员比较容易突破重重障碍，如果他们在国外有人脉，那就更好办了。从诺贝尔物理学奖获得者汤川秀树的情况就能够看出这种趋势。通过个人关系收到美国大学和研究机构邀请的日本科学家不多，他就是其中之一。在理论物理学家尤利乌斯·罗伯特·奥本海默（Julius Robert Oppenheimer）的帮助之下，汤川秀树先是留在了普林斯顿高等研究院，后又加入哥伦比亚大学物理系。通常，希望出国的日本专家会直接写信给相关领域的研究人员，想办法在国外谋份差事。然后他们的邀请方将保证承担日本研究人员的旅费和生活费用。在解决这些障碍后，265 名日本学者曾在 1949—1950 年暂居美国。[60]

除了人际关系之外，社会文化期望可能会有助于或阻碍日本工程师移民国外。例如，日本的第一位女物理学家汤浅年子通过她的个人关系移民到了法国，这在一定程度上是因为她在寻求一种能够满足自己科研需求的实验室研究文化。[61]日本工程师这个群体在追求职业方面可能比德国同行做得更极致，不过他们在日本也面临更多的文化限制，这在一定程度上是因为家族对他们的期望，这也与出生顺序相关。[62]日本城市家庭中排行靠后的男性似乎比农村家庭中的长子更有机会移民。日本这个国家崇尚孝道文化，长子（尤其是独生子）显然更有可能留在年迈的父母身边照顾他们，而排行靠后的儿子则相对不太受家庭期望的影响。与年幼的兄弟姐妹相比，被社会文化要求的重担就落在了长子的肩头，通常法律也是这么规定了一家之主的义务，要照顾的对象不仅有他自己的家庭，还有他的父母，通常还包括他的岳父岳母。撇开领养的例子不谈，日本直到 1947 年 5 月才将长子继承制写入法律，在日本，长子往往会继承家庭的实体资产并继承家族的姓氏、企业和其他职责。例如，在受访的 18 名已调查清楚家庭背景的前军事工程师中，有 9 名是长子，13 名是家族这一辈中最大的男孩。有时宗教也会发挥关键作用。期待长子担负的一项主要职责是在经济上供奉他们的大乘佛教寺庙，并定期亲自到供奉着他们祖先灵位的寺庙去祭奠。对于家族寺庙的重要宗教纪念日，长子作为祖先的法定继承人发挥着关键的作用。在之前的案例中，除了一个涉及基督新教家庭的个例外，所有受访的前军事工程师都出生在城市家庭，并在 20 世纪 50 年代以不同的方式面对这个问题。当时，他们的空间流动性仍然受到本国文化的制约。

工程师的地域流动性通常视年龄而定。截至 1945 年，日本经验丰富的高级军事工程师的年龄基本上都是三十出头到四十出头之间。一般这个年龄段的人都已经结婚生子，家庭的重点都放在了养育孩子上，通常还要照料年迈的父母。这个年龄段至少比 1946 年至 1952 年移民到美国的所有男性的中位年龄（介于 25.0 至 29.9 岁）大几岁。[63] 到了国外，这些家庭的情况可能会变得复杂。对于战时工程师而言，阅读用英语、法语或德语等外语撰写的报告和期刊可以说是家常便饭，不过，要用英语进行日常对话则完全就是另一回事了。前军事工程师通常缺乏在国外长期生活的经验。事实上，在战争结束之前，这些受访者甚至都没有出过国。举家移民国外，就需要用外语进行日常交流，而这对于许多家庭的一家之主来说都并不是轻而易举的事情。

有一个反例足以解释这一文化现象。此案例涉及小山晃，他是一名前陆军工程师，在家里兄弟中排行靠后，不用承担成为一家之主的重任。他的专长是在第二次世界大战期间制造假币，尤其是中国的假币。1952 年，他在 27 岁那年应邀移民美国。和许多类似的人一样，当他背井离乡，以少数族裔的身份抵达美国后，他与所有亲朋好友都断了联系。经常乘船回归故土显然是奢望，他不仅身体上吃不消，经济上也负担不起。[64] 日本国内各种各样的难题只能等着他的妻儿去解决，他们后来也赴美投奔他，并加入了美国国籍。相比文化和日常生活问题，法律障碍要容易克服得多，因为前两者包括了语言、社会习俗、食物和儿童教育，事无巨细，都要劳心费力。[65]

从 1945 年到 1952 年，日本军事工程师的移民规模远不如战后德国工程师的移民那么显眼。除了提到的反例，东亚地区的"冷战"地缘政治也促使日本工程师留在自己的祖国。与此同时，那些想出国的日本人面临着巨大的经济压力和法律障碍。因为社会文化的缘故，他们很难移民到海外。由于缺乏移民的手段和途径，前军事工程师们只好留在本国，并在国内改换到民用部门工作。也幸亏他们没有加入 1945 年后的移民潮，使得他们在战时积累的专业知识可以只在日本传播。他们的职业转型给日本的经济发展带来了诸多好处，在造船、电子、农业、渔业，尤其是汽车工业中都是显而易见的。到 1952 年 4 月盟军占领结束时，前军事工程师们已经不再有移民的动机，因为他们已经在日本国内成功转型，在工作岗位上站稳了脚跟。日本国有铁道（JNR，简称日本国铁）这家政府机构创造性地对战时人力资源进行了整合。尽管这个过程从一开始就充满争议，但在随后几十年的高铁[①] 服务业发展过程中，最终却以迂回曲折的方式结出了硕果。

---

① 高速铁路，简称高铁，是指设计标准等级高、可供列车安全、高速行驶的铁路系统。高铁在不同国家、不同时代以及不同的科研学术领域，其定义会有所不同。——编者注

第五章

战后日本国铁的前军事工程师，
1945—1955 年

"在赢得战争的过程中，胜利者很可能认为自己在各个方面都比战败者更胜一筹，不仅在物质条件上，在智力、种族和文化上也是如此。"瑞士流亡者、同时也是加州理工学院喷气推进专家弗里茨·茨维基博士如是警告说。他是在 1945 年 11 月对日本进行了为期三周的访问之后做此评论的。他关于日本战时技术的报告显然没有受到美国战时刻板成见的影响。在谈到"智力潜力和内在技术技能"时，他写道："德国人令人印象非常深刻，（并且）日本人也比人们通常认为的更令人印象深刻。"在谈到日本产品在仿制外国涡轮喷气发动机和增压器方面"表现异常出色"的时候，他这样说道："日本在火箭推进导弹方面的设想和试验工作比美国起步更早……日本安装超音速风洞实验室的时间比美国建造类似设备足足早了几年。"[1]

第二次世界大战结束后，数以千计年富力强的日本军事工程师进入国有铁道机构工作，其中就包括那些靠专业技术给占领当局留下深刻印象的工程师。美军占领期间（1945—1952 年）的研发工作对于日本来说反倒是因祸得福。只有在那些年里，各工程团队才有可能做到相互融合，这为前军事工程师与专业的铁路工程师的成功协作奠定了基础，更为战后日本高铁的研发奠定了基础。为了阐明这些观点，我们先来看一看日本战败后整个社会和铁道行业充斥的失败文化。在战后重建的岁月里，借助无数前军事工程师的科研成果，日本国铁为数百万对战争和死亡感到厌倦的乘客提供了更安全、更舒适的火车出行体验。这些工程师开始重塑他们的研究领域、工程社区、日本国铁，甚至还在一定程度上重塑了日本社会。

第二次世界大战后的日本国铁

1945 年 8 月 15 日战争结束时，日本大部分公共铁路设施都急需维修。这些铁路设施不仅受损严重，而且范围极广，足足有 682 处主轨道断裂和 361 处侧轨断裂。此外还有多达 85 座隧道和桥梁、465 座车站和其他建筑都状况堪忧。战争期间，日本城市地区遭受的空中轰炸和炮火攻击尤其严重，全国 50 处地方有 100 座桥梁毁于炮火。蒸汽机车和电力机车的严重受损率分别多达大约 15% 和 13%。客运列车和货运列车的情况也很糟糕。由于车辆过度使用，加上战时车辆的制造标准较低，火车的安全隐患极大。1947 年，在日本总计 1.8 万节火车车厢当中，真正能用的只有 47%。但与此同时，回农村老家的复员军人和被疏散的学龄儿童都需要乘坐火车返乡。[2]

日本作为战败国，物质资源匮乏，修复修缮工作虽然迫切，但一时半会儿也无法全部得到满足。建造房屋所需的木材也供不应求。例如，为修复受损的枕木，日本国铁在 1946 年需要大约 3470 万立方英尺的木材（约合 98.26 万立方米），但实际只得到了一半。[3] 钢材更是无从获得。据相关估计，每年至少需要15 万吨异型钢材来修理基础设施和机车，不过 1946 年日本国铁仅拿到了 4.6 万吨异型钢材，仅占所需数量的 30% 左右。直到 1950 年以后，日本国铁才获得了铁路建设所需的最低限度的钢材部件。[4] 此外，煤炭作为铁道行业的主要动力来源，其短缺问题严重阻碍了物流的发展。由于空袭和鱼雷造成的严重破坏，海上运输在战争结束时基本上已经陷入瘫痪。1946 年 9 月，日本在全国范围内开始了一场声势浩大的煤炭节约运动，但到了1946 年 12 月，日本全国客运量还是减少了 16%。[5]

在战败的社会中，铁路运输服务业糟糕的硬件条件引起了新闻界的关注。1945 年夏季之后，盟军占领当局用新审查制度取代了军国主义政权对战时媒体的严格审查，从而重新界定了媒体。在这一年以后，媒体不再是为战争服务的工具，像"誓死效忠天皇陛下"这类在战时煽风点火、民族主义浓厚、令人回味的主题已经不复存在。当时，媒体表达了许多普通消费者和平民百姓的观点，清楚无误地表述"和平"和"共存"等令人振奋的主题。日本付出如此大的代价，才从险些灭顶的战争中幸存下来。因此，当时日本社会对生死问题极其敏感。这种战败文化的发展反映出 1945 年 8 月之后日本个人和集体价值观开始被重新定位。

日本媒体开始报道危及乘客生命的日常铁路运输服务业。战时，即便有媒体报道这类事故，报道的范围也不会太广。1945 年 12 月发生了一起此类事故。当时，东京的一列通勤火车

异常拥挤，导致一名被母亲背在背上的婴儿活活窒息而死。当
日本警方指控这位母亲犯有过失杀人罪时，铁路运输服务业的
安全问题也成为社会焦点问题，引起了读者的热议。普通民众
纷纷就此事撰文发在《朝日新闻》这样的大报上，并引发了一
场重要的公众对话，参与者包括一名女记者、一名男学生、一
名母亲和其他人。迫于公众施加的巨大压力，警方很快撤销了
指控。[6]

　　战后整个日本社会都期望能安全舒适地乘火车出行，结果
许多火车都让人大失所望，在城市地区的情况更是糟糕。1946
年，每节车厢的满载率达到 140%，而在日本主要城市线路的高
峰时段，每节车厢的平均满载率往往会激增至 400%，一节车厢
足足装有 300 名乘客，而法定的载客量上限仅为 70 人。[7] 日本
民众对铁路运输服务业怨声载道。到了 1948 年年底，日本大部
分列车车厢已经达到或超过了 30 年的平均规定使用年限。这些
车厢是木材和钢材结构，很不牢固，车里的座椅光秃秃的，固
定用的螺钉已经松动，噪声越来越大，车厢味道难闻至极，就
像进了"养猪场"一样。此外，紧急出口也不好用，车顶还漏
水，窗户也打不开，弄得车厢内光线昏暗，透气性极差。[8]

　　数百万日本普通民众早已厌倦了战争，战争结束后他们欢
呼相庆，因为从此再也不用笼罩在死亡的阴霾当中。不过他们
很快发现，与日常生活息息相关的铁路运输服务业仍然是威胁
他们生命安全的重大隐患。木质火车车厢容易失火，相当危险。
例如，1945 年 11 月，香烟引发的大火迅速失控，最终六辆包含
木质结构的汽车都被烧成了灰烬。熊熊大火导致了 65 名乘客受

伤，8 人丧生。[9] 木质结构的火车车厢同样很不结实，也非常危险。1946 年 6 月，一辆挤满乘客的通勤列车在东京一处弯道行驶，巨大的离心力将多名乘客从一扇破损的木质车门甩出，跌落到桥下的河里，造成 5 名乘客死亡。[10] 当时，列车碰撞和出轨这类事故在日本可谓是司空见惯。1947 年 2 月，一列火车在一处大弯道下陡坡时，车尾的四节木质车厢脱出车身，坠入悬崖。这一重大事故共造成 495 名乘客受伤，184 人死亡，日本举国上下为之震惊。[11] 日本各大报刊纷纷刊文，打出"前所未有之灾难"和"伤亡千余人"这类醒目的标题，提醒读者对日常铁路运输服务业中的潜在危险千万不可掉以轻心。[12] 新闻界纷纷刊文报道这场悲剧，令日本铁路运输服务业的高风险性暴露无遗。"车门脱落，超载的火车出轨。坠崖事故屡屡发生。"一家报纸撰文如是嘲讽道。[13] 还有多篇社论谴责日本铁路公司的领导层，要求铁路公司群策群力，想办法解决这一问题。[14] 1949 年，盟军占领当局的民用运输部，即日本所有铁路运营的主管部门，意识到民众对乘坐这种易碎易燃的木质轨道车可能遇到危险感到失望，坚持要求停用这些列车。[15]

　　1949 年夏季日本接连发生了一系列致命事故，使得民众对铁路运输业的不安全程度已达到新高。某日，日本国铁总裁神秘失踪，后来在一段铁轨上发现了他的碎尸。他在一段时间内大规模裁员 9.5 万名铁路职工，于是卷入了激烈的劳资纠纷，一时间难以收场。包括他的离奇死亡，要么是自杀，要么是他杀，不过自杀的可能性更大一些。此时，针对铁路运输业的赤裸裸恐怖攻击还尚未开始。同年 7 月，一列无人驾驶的列车冲过东京的一座车站，撞入一个居民区，造成 6 名市民死亡，另有大约 20 人受伤。如此重大的事故前所未有，引得媒体广泛报道。《朝日新闻》的报道重点放在了现场一名异常激动的男子身上。此人怒斥日本国铁近期实施的大规模裁员政策，以及在铁路运输中使用"大有问题的"木质 63 型车厢。[16] 事故发生后不久，日本警方以蓄意破坏罪的名义逮捕了十余名日本共产党员。据报道，在接下来的一个月里，工会中几名心怀不满的日本国铁职工破坏了一条铁轨，导致一辆载有 630 名乘客的列车脱轨，造成多人伤亡。[17] 调查人员和媒体在现场目击了损坏严重的车厢，这些车厢部分是木质的。这些死亡事件颇具政治影响力，因此也引起了民用交通部门的警觉。8 月 19 日，有关当局要求日本国铁上报所有旨在破坏盟军占领当局占领期间发生的"恶性事故"。[18]

　　1945 年到 1952 年盟军占领时期，迫于来自日本左翼日益增大的社会政治压力，日本国铁担负起了艰巨而紧迫的任务，即想办法为数百万本国乘客提供更安全的铁路运输服务。盟军最高司令甫一抵达，就批准了一系列自由工会政策，用于改善劳动者的工资福利水平和工作条件。因此，左派势力日益壮大，影响力也越来越大，尤其是在日本国铁等国有服务部门。1946年 3 月成立的日本国铁工人工会改变了日本国铁职工的规模和组成结构。根据工会与日本国铁领导层于 1947 年 2 月达成的协议，职工享受 8 小时工作制、每周休假 1 天、每年有 20 天个人带薪休假、5 天公共假期，女职工还有月经假。这些新标准减少了现有劳动力的总工作时长，为了弥补由此减少的工作时间，职工总数增加了近 20%。[19]

在日本这个战败国，日本国铁的劳动力数量保持不断增长。数以千计的复员军人和被遣返者从曾被日本占领的中国台湾、朝鲜半岛和"伪满洲国"回到日本。到了 1946 年年底，日本国铁的 16.4 万名前雇员已重返各自的工作岗位。日本国铁吸收了 1 万名战后从解散的南满铁路和朝鲜铁路离开的其他工人。日本国铁职工总数翻了一番，从 1939 年的 30 万人到 1948 年猛增至 60 万人。[20]

前军事工程师去了哪里？日本国有铁道和日本铁道技术研究所，1945—1952 年

战争结束实际上对日本国铁来说是好事。和平时期的领导层加强了核心工程队伍建设，对来自日本陆军和海军的受过高等教育的工程师虚位以待。1950 年 8 月的雇员名录显示，至少有 267 名具有学士学位的新雇员在战后加入了日本国铁，其中大多数具有军事工程师背景。具体来说至少有 181 名工程师，占到 67%。（见表 5–1）[21]

大量前军事工程师在战后进入国铁工作，实则两者战时就早有渊源。日本国铁的管理层之所以这么做，在一定程度上是觉得他们有义务招收前军事工程师。管理层在 1945 年年初就提前预料到日本的战败迫在眉睫，他们赶在战争结束前就召开会议，讨论日本国铁和日本运输省迫在眉睫的待办事项，例如如何运送数百万的日本遣返者。当时主持政府铁路运营工作的是

一位名为堀木健次（1898—1974 年）的官员，战时当过运输通信省铁路局局长，后来成为参议院议员，20 世纪 50 年代担任厚生劳动省委员。在 1945 年 8 月 15 日的一次早会上，堀木健次强调，日本国铁的职责不仅要招募从亚洲各地（包括中国东北和中国台湾）回到日本的铁路工程师，还要招募日本本土的战时军事工程师。[22] 裕仁天皇宣布日本战败投降后，堀木健次这方面的善意努力构成了日本国铁招募战略的支柱。如果是在战后的德国，这样的结果是不可能出现的，因为盟军各国分管了德国，它们各管各的。而在日本，盟军保留了 1945 年前的政府体制，间接地管理铁道部门。日本运输通信省在驻日盟军总司令总指挥部的监督下经营铁路。[23]

表 5-1　日本国铁 267 名职工的战时背景

战时背景	职工人数
陆军	48
海军	95
日本中央航空研究所	24
其他（飞机相关）	14
应征者	24
南满铁路	35
朝鲜铁路	14
其他（铁路相关）	13
合计	267

　　当时，大多数前军事工程师对于日本国铁原有的管理结构来说就是"外人"，在东京总部通常都没有机会晋升。截至 1950年，在日本国铁 267 位拥有学士学位的新职工中，只有 17 名工程师留在日本国铁东京总部工作，其余的工程师都在总部之外的各地工作。他们的工作地点是在日本国铁的附属机构、铁路工厂或位于偏远地区的铁道局。[24] 让工程师们分布在日本全国各地，对工作的单位和职员都大有好处。由此，当地工厂获得了军事工程师在维修和保养方面的专业知识。而对于职员来说，比起城区中心地区，偏远地区的粮食短缺现象并没有那么严重，住房条件相对也要好一些。新潟、仙台和门司等周边地区的铁道局有能力聘用大量前军事工程师，让他们能够养家糊口。[25]

　　将"战时储备的人才"招募到日本国铁，对于日本铁道技术研究所（RTRI）来说是重大利好，而该研究所正是将日本战时技术转为民用的核心要害部门。从历史上来看，日本国铁当时的科研机构只此一家。日本铁道技术研究所始创于 1907 年，起初是一个实验站，有 38 名成员，主要负责测试水泥、砖块和火山灰等材料。日本铁道技术研究所 1927 年搬至东京滨松町，于1942 年 3 月正式获得研究所的名称，整个第二次世界大战期间大约有 400 人在此工作。此时，他们已经参与了各式各样的研发项目。研究体系曾一度包括大约 40 个实验室，每个实验室都专门研究某个技术制品的关键环节。例如，其中一个实验室的科研重点全部放在研发不同类型车辆的车身结构上，即研究蒸汽机车、电动火车、货车、特种公用事业车和轿车等各种车辆。从体制和财政拨款来看，1949 年 6 月，日本铁道技术研究所正式成为日本运输省下属新成立的日本国铁的附属科研机构。[26]

在盟军占领期间，日本铁道技术研究所实际上招募了特别多的战时军事工程师。从 1944 年到 1947 年，数以百计的军事工程师加入该研究所，所里的职工总数从 380 人增至 1557 人，足足翻了三番。不过，这种大规模扩张好景不长。盟军占领当局从包括日本铁道技术研究所在内的公共服务部门清除了数千名"军国主义者"和"极端民族主义者"，理由是这些人曾为日本侵略战争卖过命。在这种巨大的社会政治压力之下，仅 1949 年日本铁道技术研究所就减员 821 人，占职工总数的 55%。例如，传奇巨型战列舰大和号的首席设计师福田启二就迫不得已离开日本铁道技术研究所，另谋出路。1949 年至 1951 年曾担任日本国铁总裁的加贺山之雄曾试图留住日本铁道技术研究所的这些科研中坚力量，可惜徒劳无功。当时日本国铁的运营处于亏损状态，面临的经济压力越来越大。日本科学委员会曾讨论过为了减轻财政负担，是否有可能将日本铁道技术研究所进行私有化。1949 年 6 月，吉田茂首相提议将其研发活动和职工规模大幅削减 30%。1950 年 4 月，111 名职工和 7 个实验室从日本铁道技术研究所搬到新成立的交通技术研究中心。到了 1951年，日本铁道技术研究所的职工总数降至 512 人。之后数年，职工人数增长缓慢。[27] 尽管研究所职工人数之后起起伏伏，但仍有不少受过高等教育的前军事工程师一直留在了日本铁道技术研究所，是所里的中坚力量。1950 年时，研究所有 549 名职工，其中 125 名新入职员工拥有工程或自然科学专业的学士学位。在这些新加入的职工中，海军工程师是最大的来源群体，有 37

人。第二大来源群体是大学应届毕业生，有 29 人。还有 28 人之前一直是铁道行业的职工，其中包括一位来自南满铁路的工程师和一位来自朝鲜铁路的工程师。共有 64 人在战时曾是军事工程师，在新入职的职工中占有相当大的比重，他们当中的大多数人都有飞机相关的工作背景（见表 5-2）。[28]

表 5-2 125 名拥有学士学位的新入职职工在战时的背景

战时背景	职工人数
海军	37
陆军	13
日本中央航空研究所（CARI）	11
其他（飞机相关）	3
南满铁路	1
朝鲜铁路	1
其他（铁路相关）	26
大学教职员	4
应届大学毕业生	29
合计	125

表 5-2 说明了在战后初期的知识转移过程中机构及个人关系的重要性。表中的日本中央航空研究所的工程师从该机构转到日本铁道技术研究所工作。这两家研究所在战时彼此就很熟悉，因为有一些行政人员同时为这两家研究所服务。当日本中央航空研究所于 1945 年 8 月 15 日关闭时，日本运输省成为其

主管单位，管理这家已经不复存在的机构，一并还管理日本铁道技术研究所。1945 年 9 月 1 日，官方任命这两家机构由同一个人负责，这进一步加强了两者之间的联系。因为这层关系，到了 1946 年 4 月，有 1220 名职工（占已解散的日本中央航空研究所的 1526 名职工的 80%）将工作换到了日本铁道技术研究所。[29] 从理论上来看，这次人事调动还算顺利。1945 年 12 月 30 日之前，某些航空工程师还隶属于日本中央航空研究所，次日就加入了日本铁道技术研究所。[30] 日本铁道技术研究所还可以将战时积累下来的知识储备纳为己用，这包括从海军那里拿到的 2200 本书，以及来自日本中央航空研究所的 1000 本书和 2000 份期刊。[31] 战时积累的经验和知识终于在战后找到了用武之地。

有形资产比人力资源更不容易转移，因为这是盟军占领当局折抵战后赔款的主要标的。战后 7 个月，善于投机的日本铁道技术研究所管理层拟订了一项扩建计划，计划将前日本中央航空研究所占用的建筑物以及 229 英亩土地划给自己用。然而，现实情况与他们所想的大相径庭。占领当局对此类战争赔偿的标的心存戒备，只批准了日本铁道技术研究所使用原计划一半的建筑物和 100 英亩的土地，研究所未能完全得偿所愿。对此，日本铁道技术研究所的管理层虽感沮丧，却毫不气馁，于 1948 年 9 月提出了一份更全面的五年计划，拟将各种科研设施整合在一起。但由于盟军占领当局的民用运输部门从中作梗，该计划于 1950 年夭折。[32]

在其他时期，战争结束为日本铁道技术研究所创造了优势条件，该研究所决心从日本全国各地收集各种机械设备及设施。1937 年至 1945 年这段时间，研究所的管理层只搞到了 24 台机器。不过，从 1945 年到 1953 年，他们弄到了 211 台机器，相当于平均每年 26 台。许多有形资产逃过了用作战争赔偿的命运，辗转到了日本铁道技术研究所。例如，日本铁道技术研究所从已解散的日本陆军搞到了第二陆军铁路团的储存设施，从陆军物资库那里拿到了不少房产。经过一定的改造之后，战时设施成为铁路测试实验室的组成部分，供工程师用于测试铁轨、土壤和混凝土数据。当时，有整整一层楼和 1429 英亩的土地可供日本铁道技术研究所使用。[33]

日本海军宣告解散，更是给研究所带来了更多的意外之喜。例如，日本铁道技术研究所的管理层获准使用盟军总部和日本运输省的巨型测试仪。当时全日本只此一台设备，战争期间用于检查船体、机车和飞机部件的疲劳强度。1952 年，这台重达 25 吨的设备从海军技术研究所的原址被拆卸后分批运送，战时非常先进的雷达技术也是在此研发出来的。日本铁道技术研究所不遗余力地在全日本搜罗海军设施，海军兵工厂试验站就是其中的典型案例。这座试验站距离东京约 1200 公里，距离曾被原子弹摧毁的广岛市仅 24 公里。日本铁道技术研究所在获准使用这处试验站之后，就开始代表盟军占领当局临时管理这处位置偏远的资产，管理内容包括工厂、财产和土地。从 1946 年 4 月开始，日本铁道技术研究所的工程师使用这些设施，对轨道车、桥梁、铁轨和其他大型结构进行实验。1952 年日本逃脱了战争赔款，1955 年挣脱了财政部的束缚，之后日本铁道技术研究所也获得了所有相关的测试设施，新增占地 9.5 英亩的单层建筑和 14 英亩的地块。[34]

日本铁道技术研究所内外积怨愈深

战时科研设施和工程师并入日本铁道技术研究所之后，致使工程界产生严重分裂，此举看起来对相关各方都没什么好处。在日本国铁和日本铁道技术研究所内部，前军事工程师既是"新来者"，又是"局外人"。对于航空工程师而言，无论战时他们在军队中如何"出类拔萃"，和平时期到了铁路上工作后也难免风光不再。有时，铁路工程师甚至会公然表现出对前军事工程师有敌意。例如，在日本铁道技术研究所的一次工作面试中，面试官居然将一名曾在日本海军航空研究所工作的工程师称为"国贼"，即叛国者，只因为这位工程师战时曾在军队中服役。后来，虽然日本铁道技术研究所邀请这位工程师加入，但他还是按捺不住满腔恨意，拒绝了这份工作。[35] 不少铁路工程师都一脸轻蔑地将前军事工程师们称作"进驻军"，即占领军的意思。[36]

缘何要让这些"外人"加入日本铁道技术研究所，起初研究所原有的铁路工程师们还搞不清状况。至少在一段时间内，这些前军事工程师既没有必要的科研设备可用，战后初期也没有什么紧迫的工作要他们去做。他们一有时间就在后院割草和种土豆，就是为了能够扛过日本战后那些年的粮食荒。即便工作如此清闲，他们照样有权免费乘坐日本国铁的火车出行。这些前军事工程师去日本铁道技术研究所上班路上单程就要花上两三个小时，到了单位不过就是干干农活，全靠研究所养着。[37] 一位铁路工程师怒斥这种"新的研发体制"，他发泄不满的话最终传到了研究所之外：

一些新来者在铁路工程领域毫无经验，只因扛着工程师的名头，就受邀加入（日本铁道技术研究所）。有些方面就更过头了。那些工程师组成科研中心，根据陆军或海军的风格对既有体系进行定制化调整，而这样的发展有悖于铁路工程的传统精神和历史传承。（日本铁道技术研究所的）发展缺乏一致性，并且各部门的增员毫无章法，结果造成各个实验室大同小异，实在令人汗颜……研究所扩大规模，看似是研发体系愈发壮大，实则变得既肤浅又脆弱……这是因为在研究所身居高位的那些人就是一帮机会主义分子，对前军事工程师颇为青睐，他们扩大研究所规模的举动既急于求成，又反复无常。结果政策实施后，除了开设了新的实验室，耗费巨资完善了科研设施，助长了歧视某些研究人员的歪风邪气之外，几乎可以说是毫无建树。[38]

这篇毫不留情的文章发表在一份技术期刊上，在铁路界流传甚广。甚至在日本运输省内部，这种批评意见也不绝于耳。曾有人在运输省的内刊上撰文感慨道："虽然日本铁道技术研究所有 1500 名研发人员（主要由前军事工程师组成）和庞大的研发体系，可他们对日本国铁运营业务所做的贡献微乎其微。"[39]

日本铁道技术研究所内外关系紧张，积怨已久。据说这在一定程度上是因为研究所管理层更偏袒的是战时军事工程师，而非战时铁路工程师。管理层实际上任命了 14 名前军事工程师来担任重要的实验室领导职务。虽然领导层从未明说过这样的人事任命有何道理，不过实际上日本国铁当时的劳资关系非常紧张，这样的安排对国铁而言是利大于弊的。当时日本社会人心初定，左翼势力虎视眈眈，就连道格拉斯·麦克阿瑟（Douglas MacArthur）将军也不敢对此掉以轻心。1948 年 7 月，麦克阿瑟将军指示日本首相芦田均严禁公务员群体参加罢工，其中就包括国营铁路职工。虽然日本国铁职工保留了集体谈判的权利，[40] 不过日本铁道技术研究所显然受社会政治动荡的影响不大。一些公认的左派工程师的意见响应者寥寥无几。那 14 位实验室负责人之前都曾在日本军中担任要职，因此他们更倚重右派而非左派，这对日本国铁内部的左翼运动也是一种制衡。

截至 1950 年，日本铁道技术研究所共有 30 位实验室负责人，分为战时军事工程师和战时铁路工程师这两派。与战时军事工程师相比，战时铁路工程师总体而言受教育程度较低，不过他们在铁道行业的从业经验要丰富得多。除了一位来自战时南满铁路的铁路工程师外，战时铁路工程师这一派有 15 名实验室负责人，他们早在 1937 年之前就已加入日本国铁。到 1950 年的时候，每一位实验室负责人都已在各自的技术领域积累了至少 13 年的经验。担任领导岗位的职工有一半是工匠出身，他们没有学士学位，是靠长期稳定的在职学习掌握了有关技能。因为薪酬制度看的是资历深浅，所以在所有 30 名实验室负责人当中，拥有大学学历的战时铁路工程师的薪酬最高。其中有两位实验室负责人毕业于东京大学，他们的年薪可达 17.4 万日元，比薪水第二高的前海军航空工程师的薪水要高出 21%。[41]

另一派由 14 名前军事工程师组成，更加"精英化"。他们都是从前海军、前陆军或前日本中央航空研究所调过来的，在战争结束后的头几年加入日本铁道技术研究所工作。这一派包括 10

名前海军工程师、2 名前陆军工程师，以及 2 名前日本中央航空
研究所的工程师。其中，前海军工程师的薪水最高，前日本中央
航空研究所的工程师收入垫底。截至 1950 年，这 14 位实验室负
责人在铁路界的工作经验都还尚浅，而弥补这一缺陷要靠他们受
过的精英教育。他们都获得了各前帝国大学的工程学或自然科学
的学士学位，其中有一半人毕业于东京大学（见表 5–3）。[42]

　　从 14 位前军事工程师的年龄，就可以看出他们的战时经历
有许多共同点。其中，年纪最大的工程师出生于 1908 年 3 月，
年纪最轻的工程师出生于 1916 年 1 月。1950 年那年，他们的年
龄在 34 到 42 岁。他们最晚都在 1938 年之前就加入了军事科研
机构，在 1937 年 7 月之后的日本全面侵华战争，还有 1941 年
12 月之后的太平洋战争期间，他们都在各自的研究领域积累了
相当丰富的经验。这些高级科研人员在战争结束前都领导过项
目组。面对战时铁路工程师的排挤，这些受过高等教育且经验
丰富的前军事工程师发起了一系列抵抗活动，其中一些是无声
的抗议，借此反对铁路工程师阵营在日本铁道技术研究所搞因
循守旧、论资排辈那一套。

表 5–3　截至 1950 年日本铁道技术研究所实验室负责人的战时背景

战时背景	实验室负责人数量
日本国铁	15
海军	10
陆军	2
日本中央航空研究所	2
南满铁路	1

日本国铁前军事工程师

随着前军事工程师在日本铁道技术研究所内的地位越来越高，引发的争议也越来越多。不过到了 1952 年，事实证明他们对于日本国铁来说确实是不可或缺的。当时日本火车事故频发，这让前军事工程师在日本国铁内部有了用武之地。到了 1955 年，这些相对于铁路工程师来说的"新手"已经解决了许多难题，博得了同行的专业认可，在日本国铁确立了自己的地位。他们的优势在于战时积累的工程知识。当时日本国铁有一个重大的技术难题，与颤振有关，而这种现象会危及所有乘坐火车出行的乘客的生命安全。其中，机车车辆颤振实验室的情况最具代表性，特别能说明前军事工程师是如何挑战论资排辈的铁路工程师的。前海军工程师松平精是其中的杰出人物，他于 20 世纪 60 年代初期开发出了新干线轨道车运行装置的空气悬架系统。自从 1945 年秋天加入日本铁道技术研究所起，他就以温和的方式公开质疑日本铁道技术研究所内论资排辈的等级制度。这位海洋工程学学士生于 1910 年，时年 35 岁。他所学的专业很有希望在战后社会大展拳脚。这得益于在东京大学苦学多年，他精通多种语言，能够熟练阅读用日语、英语、德语、法语发表的有关海洋工程、航空和铁路工程方面的论文，从中获取信息。在日本铁道技术研究所，他积极招募战时服务于日本海军航空研究所的前海军工程师。松平精在 1951 年前的科研团队中包括至少 6 名前海军工程师和 2 名前陆军工程师。不过，随着机车车辆颤振实验室的工作人员越来越多，实验室分成了两派：前战时军事工程师派和战时铁路工程师派。[43]

松平精是前战时军事工程师这一派的首领，而实验室另一派的首领是位前辈。仓治武藏于 1923 年加入日本国铁，比松平精足足年长 11 岁。[44] 这位机车车辆颤振领域的专家于 1940 年从日本东北大学获得了博士学位，他的专业知识在战时曾对日本海军技术研究所做出了相当大的贡献。在日本铁道技术研究所，他指导过至少 6 名战时铁路工程师的工作，并与后者共同主导了该领域的早期研发工作。[45] 截至 1945 年，他已积累了 22 年的从业经验，而松平精在这一行还完全没有能拿得出手的业绩，二人的情况形成了鲜明的对比。

当时，日本铁道技术研究所内盛行论资排辈的那一套。当松平精在实验室第一次向大家做自我介绍的时候，仓治武藏一副居高临下的姿态，说这位新同事肯定读过自己关于颤振现象的论文。见对方如此迷之自信，松平精并不买账。用松平精的话来说，他在实验室看到的情况"简直令人大吃一惊"。他发现该实验室极度缺乏关于铁路车辆高速行驶时的动力学有用研究。[46] 松平精向来以温文尔雅著称，从未公开反对过这位前辈，至少他在一开始没有这么做。他悄然婉拒了高级研究员的职位，开始潜心自己的研究。早在 1946 年 4 月，松平精的科研团队就开发出了一个用于研究转向车辆颤振的数学模型。[47] 与此同时，在日本国铁总部的正式要求下，另一派的科研团队也在继续开展类似的科研项目。这两个科研团队担负着共同的使命，都是要解决机车车辆的颤振问题，而这正是长途旅行中引发乘客身体不适和危及其安全的主要原因。不过，这两个团队之间几乎从没有进行过技术信息交流。[48]

　　松平精的团队之所以如此底气十足，是因为日本国铁的领导层支持这位前海军工程师钻研解决铁路运输中出现的颤振难题。例如，从 1946 年 12 月到 1949 年 4 月这段时间，来自整个铁道行业的众多工程师齐聚一堂，共商如何解决高速行驶装置的颤振难题。[49] 研究会议共有 6 场，第一场会议是在温泉旅馆轻松的气氛中举行的，与会者中共有 26 名工程师，其中包括松平精在内的 11 位发言嘉宾都是战时航空工程师。[50] 此举具有战略意义。会议组织者岛秀雄特意让这些前航空工程师在首场会议上发言。之后的会议邀请了包括仓治武藏在内的更多战时铁路工程师来探讨颤振问题。[51]

　　当时正值日本与颤振相关的火车事故频发之际，松平精以技术问题解决者之姿态，在工程界愈发崭露头角。转折点是 1947 年 7 月那起伤亡惨重的火车脱轨事故。仓治武藏因为资历老的缘故，官方指派他来主管事故调查事宜，而松平精则奉命在现场提供支持。[52] 仓治武藏处理火车颤振事故依然主要是靠经验，侧重于从交通运输的物理基础设施方面来找问题。现场绝大多数调查人员得出的结论认为，从战争时代沿用下来的铁道线路已经破旧不堪，夏季高温造成钢轨膨胀，弯曲变形，因而引发了火车颤振和交通事故，不过事后看来，这种想法大错特错。

　　松平精不认同那些受传统思维束缚的铁路工程师的看法，对日本国铁运输局派出的事故现场调查员的看法更是不敢苟同。[53] 也正因为他入行尚浅，所以不存在先入为主的思维定式，敢于对日本国铁内部普遍认同的假设提出质疑。结果具有开创性意义。这位前海军工程师将事故原因归咎于铁路车厢的自激颤振，而非铁路基础设施的问题。正如他断定的那样，飞机和火车上显现出的颤振本质上是相同的。在更高的速度下，火车的某些部分颤振得更厉害——正如飞机的颤振一样——并且会变得不稳定。唯一的区别在于能量来源不同：导致飞机发生颤振的因素是空气，而引起火车车厢颤振的原因是其直接接触铁轨。之所以有这种想法，要归功于松平精在日本海军航空研究所的工作经历。他正是于 1940 年在该研究所成功解决了导致 A6M 零式战斗机在空中解体的颤振问题（请见第二章）。

　　事实证明，松平精的直觉是对的。他把在受控实验室环境中再现情景作为自己进行后续研究的核心事项。日本铁道技术研究所内，在满脸好奇的前战时铁路工程师们的注视下，松平精以低廉的成本反复演示了轨道车辆会出现的自激颤振。为了证明他关于 1947 年那起脱轨事故原因的理论，松平精研发出了一款实验模型来测试机车车辆的颤振。测试所用的火车车厢按 1∶10 的比例建造，测试结果表明，其在时速大约 50 公里时会出现颤振现象。[54] 松平精在海军服役那些年就开始使用这种方法了，当时他是为了查看风洞实验室中模型飞机的物理运动情况。他的研究数据表明，火车车厢的横向颤振具有自激颤振的属性，因此证明了这种现象所固有的危险性。凭借这项研究，他很快一跃成为该领域的技术权威。1948 年 4 月，日本铁道技术研究所举办了一场为期两天的研讨会，讨论铁路运输服务业中的 20 项主要技术议题。关于火车车厢颤振这一议题的发言嘉宾正是松平精，而非仓治武藏。当天，松平精足足讲了 40 分钟之久。[55]

1949 年 3 月仓治武藏一退休，松平精就开始实施另一项任务，即以更公开的方式重新定义科研领域。随着以仓治武藏为首的管理者下台，在松平精的领导之下，战时军事工程师和战时铁路工程师之间再也没有派系之别。不久之后，他变得更加直言不讳，公开指出仓治武藏的公式中有不准确之处，并说清楚了关于转向架颤振的基本问题。[56] 在其职业生涯中，仓治武藏曾搞过一系列数学方程式，用于理解轨道列车的颤振机制，不过那些方程式实在太复杂。1952 年，松平精与其他 14 名研究人员一起对仓治武藏的数学方程式加以修改和简化，以便实现更广泛的实际应用。[57] 到了 1953 年，通过一系列测试，在时速 65 公里的情况下，经他改进的火车车厢，横向颤振幅度只有传统车厢的一半。经他改进的火车车厢可以在 85 公里的时速下安全行驶。[58] 到盟军占领时代结束时，前海军航空工程师松平精已经令铁路工程界的颤振研究领域面目一新。

物体的颤振，无论是在移动中还是在其他情况下，都是一个普遍存在的难题，需要利用专业知识来帮助解决。日本海军技术研究所的一位战时造船工程师研究了码头的颤振特征，他对混凝土桥梁支座颤振的理论研究在日本国铁内部发挥了很大的作用。他的战时同事桥本幸一对全国桥梁的结构和颤振情况进行了物理检查。[59] 一些前军事工程师，包括日本中央航空研究所的一名在战时负责研究飞机部件颤振和金属疲劳问题的专家，在日本铁道技术研究所里研究了钢轨的颤振和技术疲劳之间的关系。[60] 战时工程师们为高速铁路研制运行装置和基础设施，使铁路运输服务业成为日本最早完成军用技术转为民用化的科研领域之一。

材料工程、声学和无线通信领域的前军事工程师，1945－1955 年

在日本国铁内部，战时技术转民用的做法在其他几个研究领域也取得了成功。其中最可说明问题的研究领域是材料工程，该领域是 20 世纪 50 年代和 60 年代大获成功的新干线项目的重要组成部分。1945 年之前，由于日本国铁缺乏足够的人力和物力资源，铁路所用钢材的科研工作停滞不前。与此同时，日本军方却在该领域表现出色。[61] 改变这一格局的是，战后前航空工程师纷纷加入日本国铁，例如日本铁道技术研究所铸钢实验室的负责人佐藤忠男就在其中。这位东京大学冶金系的毕业生出生于 1908 年，战时就职于日本海军航空研究所。[62] 他是海军高级研究员，专门研究金属疲劳问题，其研究课题涉及非常先进的试验机项目，其中一个项目是为了弄清楚为何早期的 A6M 零式战斗机会突然在半空中解体。[63] 为了检查金属疲劳，他还对实验轰炸机的副翼进行了负载测试，该轰炸机投入使用后代号为 P1Y"银河"。[64] 日本第一台燃气涡轮发动机 Ne-20 研制出耐热钢，佐藤忠男的战时研究在其中发挥了相当大的作用。[65] 他的研究项目表明，重复载荷会对金属造成破坏性影响，其研究构成了军用飞机设计的重要组成部分。[66] 他在战后不久加入了日本铁道技术研究所，帮助日本国铁解决了许多与事故相关的难题。例如，

他检查了受损坏轴承的金相照片，并在 1950 年观察到金属在高压下异常过热的各种情况。他关于金属合金的研究对随后几年的高铁发展至关重要。[67]

战时研发防腐木材的努力也很快在战后取得了成效。1945年夏季之后，日本国铁需要更耐用的木材用于维修服务，一位前海军工程师的战时研究提供了一种解决方案。他毕业于东京大学林业系，职业生涯始于在日本海军航空研究所，在那里负责研发木质军用飞机，在这方面付出过巨大的努力。由于日本的金属资源进口量减少，尤其是像铝这样的轻而坚固的金属，迫使日本海军下功夫研究木质飞行器的潜力。在这种情况下，这位工程师研发出了耐用的层压木。[68]他在战时的发明创造包括用机械方式将一层层的木板压成木质螺旋桨、[69]轰炸机和 D3Y1型教练机，即日本海军九九式轰炸机的木质版。[70]他还创立了制造木质螺旋桨的品控标准。[71]他在战时的努力成败参半，但都对战后日本国铁开发木质枕木至关重要，因为从战时用到战后的受损枕木容易引起脱轨。1946 年，这位工程师组织了有关科研项目，旨在改进这种枕木的耐用性。[72]随后，他在测试了各种各样的木材后警告称，当时一直广泛使用的九州松树并不如之前所想的那般耐用。[73]次年，他开发了一种用复合木黏合在一起的枕木。[74]1953 年，他根据自己的战时经验，用高频和低频电波对枕木进行了防腐处理。在枕木用电热烘干，然后浸泡在冷用杂酚油中，胶合过程得到改善。[75]

日本铁道技术研究所的声学领域也受益于大量前海军工程师的加入。事实证明，测量实验室负责人的潜心努力起到了至关重要的作用。他拥有东京大学物理学学位，于 1930 年加入日本铁道技术研究所。他的工作任务包括测量在城区运行的火车的噪声水平，而这样的噪声在 20 世纪 30 年代初期令整个日本社会引发了不适感。在随后的战争期间，这位声学专家不仅为日本铁道技术研究所工作，也效力于日本海军技术研究所，这就为两个机构之间建立了联系的纽带。他的专业知识在海军机构的声学部门展露出巨大的潜力，该部门将其部分研究成果用于最大限度地减少日本军舰的噪声，以防止军舰被盟军发现。战后不久，他在日本铁道技术研究所的实验室招收了曾在已解散的日本海军技术研究所工作的工程师。他的实验室还使用了以前战时在海军中使用的各种噪声计。在他的领导下，铁路工程师和前海军工程师测量了公共汽车、电气列车、火车车厢、餐车、卧铺车和机车的噪声水平。[76]

与声学的情况类似，日本国铁的无线通信技术在 1945 年之前几乎没有进展。虽然铁路工程师也对该领域进行过探索，但他们的工作基本上仍处于实验阶段。在 20 世纪 30 年代，铁路工程师测试过用于运行列车之间通信的无线电话，不过收效甚微，因为其有效使用距离只有 1 公里。1932 年，日本国铁研发出了一种具有超短 30 兆带宽的无线电话，不过该设备的实际效用严重受限。[77] 发现这一点后，日本军方在坦克和飞机上安装了各种类型的无线电话。相较于日本陆军，日本海军在开发无线电通信方面总体处于领先地位。虽然日本军方在无线通信方面表现出色，但它在民用领域的使用充其量只能算是个零头，部分原因是战时日军高层担心潜在的敌人可能会通过未编码的通信系统窃听有关国家安全事务的信息，例如日本国内的军事后勤情况等。

日本战败投降，前海军工程师只好另谋高就，因而引发了该领域的变革。其中最重要的是由电气工程师篠原康主导的日本铁道技术研究所无线通信实验室。篠原康生于 1916 年，毕业于京都大学物理系，曾在日本海军技术研究所参与雷达系统的开发。[78] 日本战败投降对他和该领域的科研来说都是好事，因为许多有关无线通信受控波长的规定也随之结束。在日本铁道技术研究所，篠原康将他研究的部分精力放在中频波长上，以便更好地在运行的火车之间进行通信。[79] 在 1946—1947 年，日本铁道技术研究所有计划在东海道本线开发中频无线通信。不过事实证明，噪声太大且令人生厌。[80] 篠原康毫不气馁，带领一个实验室团队进行研究，团队中就包括该实验室的下一任负责人，也是一位从解散的日本海军航空研究所过来的工程师。[81] 这位下一任负责人在接任了研究和实验室的领导权后，专注于研发日本国铁用于无线通信的微波设备。1950 年，他研发出一套无线通信系统，该系统可在本州和北海道之间 80 公里的津轻海峡使用 4000 兆周电波。[82] 在该项目中用到了磁控管，即一种先前在日本海军技术研究所开发的电真空管，可用于产生高压微波能和装备战时雷达。事实证明，磁控管是有效的。凭借该技术，日本无线通信领域取得了进步，得以首次使用超高频电路进行通信。[83]

要想解决 1945 年后日本国铁的所有技术问题，单靠日本战时的科研成果还远远不够。而且，在某些情况下，有些战时技术甚至都不会带来商业回报。日本铁道技术研究所的喷气发动机研发工作就足以说明这一点。这种飞机推进方法在战时确实很有前景，不过在盟军占领日本之后，下令叫停日本的飞机工业，导致这种飞机推进方法前途不保。一些战时工程师曾为中岛"橘花"特别攻击机（德国 Messerschmitt 262 飞机的日本仿制版）研发 Ne-20 轴流式涡轮喷气发动机，后被安置到日本铁道技术研究所工作。该研究所还从日本中央航空研究所继承了空气压缩机和燃烧测试仪等研究设施，用于研发日本中央航空研究所的飞机发动机。[84] 在前日本海军航空研究所的战时专家看来，将喷气发动机用在火车头上实在是个很诱人的想法，因为这种发动机即便在燃料质量不高，甚至缺水的情况下，能照常运行。尽管如此，日本铁道技术研究所随后的研发工作在 1950年 4 月完全停止，科研设施转移到了新成立的运输技术研究中心。[85] 从实际效果来看，喷气发动机领域的科研项目几乎对日本国铁没有实用价值，因为日本国铁当时已实现了火车运营的电气化。

　　技术转让部分成功的个案在战后的日本比比皆是。一个代表性案例涉及材料工程领域，其中如何开发出更复杂、更耐用的金属仍是关键的研究课题。战争期间，一位军事工程师进行过多项化学实验，例如将硅元素添加到飞机发动机的轻合金上。[86] 他于 1945 年加入日本铁道技术研究所，着手从事一系列研究项目，以创建更好的接触带。接触带是受电弓的一部分，用于接触电车线来收集电力。这是日本国铁的一项紧迫任务。接触带中的碳金属镀层经常断裂，造成架空电线断开，从而引发严重的安全问题。这位工程师研制出了更稳定的青铜金属合金来改进接触带，不过事实证明，这种合金并没有他设想的那般耐用。[87]

只要更深入探寻这个尚算成功的项目，可能就足以说明为何像上述的一些前军事工程师未能在 1955 年之前将他们多年的研究成果付诸实践。那位生于 1918 年的京都大学毕业生于 1940 年加入了日本中央航空研究所，当时研究所才刚起步，创立仅一年。他和战争期间的数百名其他研究人员的情况类似：尽管曾在技术期刊上发表过文章，但在 1941 年 12 月日本偷袭美国珍珠港之前那几年他也只不过是初级研究员，无论在日本陆军还是海军都缺乏真正的经验。随着战事的推进，日本中央航空研究所的前途愈发暗淡。特别是从 1944 年年底开始，该所的许多科研人员都缺乏足够的科研物资，难以有效地开展物理实验。

战争结束后，他在日本铁道技术研究所工作时，工资在 200 多名前军事工程师中垫底。[88] 对于前军事工程师来说十分重要的是，他们是在什么时候加入的研究机构（到底是在 1937 年之前还是之后），以及他们加入的是哪家研究机构。

前军事工程师在和平时期培养了一个新的利基市场。加入日本国铁之后，他们在重建饱受战争践踏的日本铁路基础设施方面挥了至关重要的作用。在此研发过程当中，日本铁道技术研究所居于核心地位。工程师们成功地解决了技术问题，进军了威胁数百万普通公民生命的火车事故所造成的空白科研领域。前军事工程师将他们的技术专长用于研发第二次世界大战后的新领域，例如移动和固定设施的颤振、材料工程、声学和无线通信。在盟军占领期间，工程师们开始在日本铁道技术研究所和日本国铁重新探索自己的科研领域。

　　日本作为战败国，战时技术转为民用的基本社会技术结构在战争结束后的十年内基本完成。回想起来，这些条件可谓非常理想。在盟军占领时期，无论是意识形态还是宗教差异都没有造成日本铁道技术研究所产生分裂。例如，该研究所内并不存在工会的那种激进主义。从松平精的实验室可以看出战后工程学界的可塑性。虽然他的实验室最初分为战时军事工程师和战时铁路工程师这两派，但到 1952 年时两派已经走得很近了。不过需要指出的是，日本铁道技术研究所中不同派别之间的紧张局势虽有所缓解，但并未消失。从 20 世纪 50 年代中期开始，高速铁路的研发几乎是日本铁道技术研究所凭一己之力尽力推动的，这在很大程度上要归功于战时军事工程师们的努力。他们通过一系列悄无声息的抵制活动，从根本上改变了日本国铁的组织文化。

第六章

战后铁道行业中前军事工程师的抵制活动，1945—1957年

　　1957年9月21日至28日，日本铁道行业在距离东京约50公里至60公里的平冢市和藤泽市之间进行了一系列高速铁路试运行。这是日本国有铁道（JNR）和私营铁路公司小田急的联合项目。运行实验涉及最先进的铁路技术，体现在所谓的小田急"浪漫"特快3000型列车中。它在设计和构造方面简直可以称得上是架无翼飞机。其试运行大获成功，令100多名观摩者眼花缭乱。这一年的9月25日，列车以130公里/小时的最高时速平稳行驶。据日本的一家全国性日报报道，首次试运行表明该列车"成功的可能性很大"。次日，列车成功刷新了窄轨高速列车的世界纪录，其时速高达143公里。正如《朝日新闻》中所写的那样，伴随着这道"黎明之光"，"我们的超级特快列车终于梦想成真"。在试运行的最后一天，这款"又新又强"的高铁再一次刷新了世界纪录，最高时速达到了145公里。[1]

　　这一技术之所以能取得成功，离不开日本国家、地区、地方和实验室各方的权利关系，而这些关系在日本无条件向盟军投降后发生了巨大的变化。在盟军占领期间和占领之后，横须贺市和度假胜地箱根的许多当地居民都对社会从战争向和平转

变表示欢迎，有些人甚至从基层发起了支持运动。日本关东地区社会文化价值观的重新定位正是以一种迂回的方式，催生出了创新的非军用技术，正如小田急"浪漫"特快电车的高铁项目所体现的那样。此外，日本彻底重组了铁道行业中的工程社区。战时铁路工程师和战时军事工程师之间的文化紧张关系由来已久，且根深蒂固，日本铁道技术研究所的情况堪称范例。因为每个团队都竭力追求自己的研发目标，导致两个高铁项目同时进行且相互竞争，完全不是战后日本既定愿景所期待的那样。

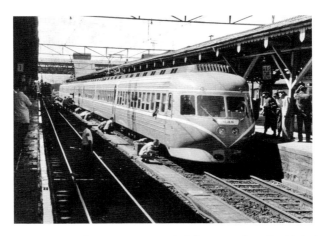

图 6-1 小田急"浪漫"特快 3000 型列车全貌。1957 年 9 月，该车成功创下时速 145 公里的世界纪录后，工程师正仔细检查车辆情况。此照片由日本东京小田急电铁公司提供。

1945 年 8 月至 1952 年 4 月，对横须贺市去军事化

在盟军占领期间，日本社会对和平期望的重点集中在战时

海军设施和工程师资源丰富的横须贺市。当时全日本去军事化最下功夫的地方可能莫过于横须贺市、广岛县的吴市、长崎县的佐世保市和京都府的舞鹤市。在 1945 年夏季之前，这四座城市都是军事重镇，拥有大量军事用途的有形资产。例如，军用土地面积为 25 160 英亩，占日本全国军用土地面积（804 954 英亩）的 3.1%。不过，日本战败投降后，这四座城市的面貌发生了巨变。到 1976 年，为了战后的工业发展，工厂、仓库、学校、公园占用了曾经属于军方的土地，以容纳战后增加的人口。² 在这四座城市中，横须贺市所经历的去军事化转变最为彻底。1945 年至 1976 年，土地军用转民用项目涉及土地 1533 英亩，共 199 项，高出吴市的 1129 英亩（170 个项目）、佐世保市的 780 英亩（144 个项目）和舞鹤市的 950 英亩（109 个项目）。³

美国占领军抵达当地后，整个横须贺市立即被解除了武装。1945 年 8 月 28 日，第一批美军抵达厚木航空基地，随后驱逐舰舰队也抵达横须贺海岸附近。8 月 30 日，1.3 万名美国海军陆战队员在军港上岸，4000 人的美国陆军航空队抵达追滨和田浦地区，而这些地方都是日本海军航空力量的据点。⁴ 这座城市弥漫着被占领的感觉，城里静得泛着诡异。占领军向市中心的推进并未遇到抵抗，因为就在前一天，即 8 月 29 日，横须贺市政府禁止当地居民袭击行进中的美军，命令市民们都留在室内不得外出。⁵ 占领当局迅速关闭并没收了军事设施，检查了日军准备好的财产清单，并解除了这座城市的武装。机器设备已从建筑物中搬走征用，据称枪支、大炮和子弹都被丢到了海里，鱼雷和深水炸弹都在开阔地区被引爆。追滨机场的飞机统统被解除武装，先是拆除螺旋桨，然后被放火烧毁。功能齐备的长门号战列舰被解除武装，1946 年 7 月在比基尼环礁附近被用作核爆试验的靶舰。[6]

值得注意的是，在战争结束后，横须贺这座日本军事化程度最高的城市几乎是自发地迅速适应了随之而来的和平时期。当地居民奉行"要善于适应环境"的策略，这对他们自己和占领当局而言可谓是两全之策。他们的计划非常大胆，即吸引私营企业在之前军方占领的土地上开展生产经营，这对双方来说都是有意义的。对于一心想要让日本去军事化和实现民主化的占领当局来说，这在政治上是合乎逻辑的。同时，该计划对横须贺市当地居民来说经济意义巨大，他们希望将以前的军事资产用于这座城市的战后复兴。

日本战败投降后仅一个月，军用转民用的倡导者就发起了一项自下而上的倡议。9 月 15 日，包括市长在内，由 30 名成员组成的横须贺市复兴委员会成立，共商城市振兴之策。三个月后，在召开了大大小小的会议之后，人们制定出了横须贺市复兴计划，这标志着该市努力将前军事设施转化为经济创收的手段。该计划分为七个部分，其中有五个部分都要求将前军用财产转为民用。该计划提出了这座城市的复兴方案，强调需要发展和平时期的工业、商业、港口、旅游设施、教育机构、住宅区和交通设施。例如，人们计划将横须贺海军兵工厂用于商业造船以及食品加工和生产罐头食品。计划将日本海军航空研究所用于为建筑行业研制建筑材料。昔日的军事高等院校，例如陆军炮兵学校和海军水雷研究中心，将变身为学院和其他教育及科研机构。横须贺海军医院计划改造为一座国际旅游酒店。陆军练兵场和海军练兵场等前军事用地将改造成棒球场、网球场和高尔夫球场等休闲运动公园。[7]

这一改造计划不可谓不大胆，因为它其实变相要求将所有这些前军事设施都划归给横须贺市。这样的财产转移首先需要盟军占领当局发布征用令，然后还要获得日本中央政府的批准。[8] 在日本战败后的几个月内，横须贺市宣布了它对和平的承诺。这相当于该市对占领当局无声的消极抵抗，同时也是心照不宣地要求盟军早日停止占领。横须贺市此举看起来是利大于弊。

城市复兴计划还代表对该市社会问题的紧急解决方案。1945 年 10 月 25 日，日本厚生省次官向横须贺市发出通告，强调了将防空洞改建为战难者和遣返者收容所的重要性。日本中央政府暂时允许地方公共组织、住房管理部门、出租房屋协会和战争损害援助团体免费使用前军事设施和土地。[9] 这种为了公众利益的快速转变为接下来几年的工作树立了榜样。

除了社会需求之外，经济上的切实需要也许比任何打着民主与和平旗号的、难以捉摸的热情都更重要。当地居民旨在保护他们已有的资产用于恢复城市收入，即保护土地、房产、厂房和设备，这些资产在战时受损相对较轻。在整个战争期间，横须贺市只遭受过两次直接攻击。与吴市（有 1252 英亩受影响）和佐世保市（有 438 英亩受影响）相比，横须贺市相对没有遭受过太大的空袭破坏。[10] 1942 年 4 月 18 日，由詹姆斯·杜立特尔（James Doolittle）中校率领的空袭仅造成横须贺市一处码头正在维修中的一艘潜艇的发电机室损坏。之后，横须贺市经历了三年的风平浪静，美国后于 1945 年 7 月 18 日再次对此地发动了空袭，遭受重创的仅有停泊在海军码头上的长门号战列舰、海军军火库的设施和市区的一些地方。[11] 许多当地居民百思不得其解，搞不明白为何横须贺这座城市的军事化程度如此之高，居然没有招致盟军猛烈的空袭。时至如今，一直有传言称是美军故意放横须贺市一马，为的是借助当地的海军设施来维持美国战后在亚洲的军事实力。[12]

前日本军方有大量军用物资在战时留存了下来，几乎没有受损。截至 1945 年 8 月 15 日，已解散海军的资产包括海军驻地总部、日本海军航空研究所、九所教育机构、两所医院、一所监狱和横须贺海军兵工厂及其下属的五家研发实验室。[13] 日本陆军和海军占地总面积约为 4636 英亩，全部立即被盟军占领当局接管。[14] 包括东京、广岛和长崎在内的大部分城市都被燃烧弹或核弹夷为平地，相比之下，横须贺市遭受的物资损失和平民伤亡都要小得多。似乎也正因为如此，当地居民对盟军占领军的抵触也要小得多。

横须贺市从战争到和平的转变过程，留在该市的数千名前军事工程师看得清清楚楚。那些对占领军心存惧意者，干脆搬到偏远地区的亲戚家去住。[15] 日本军队解散之后，在日本军事化程度最高的城市及其周边地区的大量适龄劳动人口再无容身之地。这些被迫移居外地的人群中包括最初来自偏远地区的志愿女兵和工厂工人。[16] 8 月 26 日，横须贺海军兵工厂除了 150 名职工外，其他人都丢了工作。[17] 日本城市被盟军占领后，最好找工作的人不是前军事工程师，而是心灵手巧的杂工，因为他们可以帮忙搭建住所。[18] 而在那些不需要的人才当中，就包括居住在附近镰仓市的山名正夫等前航空工程师。他在战时曾担任学术职务，在东京大学航空系讲授飞机机身结构课程。他同时还设计了 D4Y "彗星"俯冲轰炸机，在日本海军航空研究所负责开发 P1Y "银河"双引擎俯冲轰炸机，以及火箭推进神风特别攻击队 MXY–7 "樱花"特别攻击机。战争结束后不久，他回到家乡厚木，靠务农养家糊口，以解当时粮食严重短缺之急。[19] 战前，横须贺市吸引了大量像山名正夫这样的劳动年龄人口，但其人口从 1944 年 2 月的 298 132 人到 1945 年 11 月骤减为 202 038 人，18 个月内下降了 30%。[20] 这座城市在人口、军队和工业各方面都元气大伤，而这些都是昔日这座城市赖以依靠的主要收入来源。[21]

当时这座城市的经济极不景气，许多留在此地的军事工程师都提心吊胆地过日子。这是三木忠直的切身体验。他是与山名正夫一起组成了海军研发工作的核心骨干成员。他毕业于东京大学海军工程系，于 1932 年至 1945 年在日本海军航空研究所担任高级航空工程师，由此开启了他的战时职业生涯。他的团队一直致力于根据高速空气动力学的理论和已为经验所证明的知识，来设计非常先进的试验机。他在战时的研发成果包括升级了早期型号的传奇 A6M 零式战斗机、协助设计 D4Y "彗星"俯冲轰炸机、设计 P1Y "银河"双引擎俯冲轰炸机和神风特别攻击队的 MXY–7 "樱花"特别攻击机。在 1944—1945 年这段时间，所有这些作为国土防御的一部分工作，被部署在单向自杀任务当中。当他在 1945 年 8 月 15 日得知了日本战败的消息，意味着他的海军生涯就此结束，也标志着他开始对占领军心存惧意。

日本战败投降彻底改变了三木忠直的日常生活。他不再像之前那样迫于战事任务紧迫为研制海军飞机忙得不可开交，他也因此有了宝贵的空闲时间，虽然他并不觉得这样很好。平日里，他会带着女儿去附近的河边玩耍。待在家的时候，他只要一看到不明底细的访客，心里就忍不住慌得厉害，担心占领军会把自己带走。他有这样的担心绝非空穴来风，战争结束后的三个月内，盟军的航空技术情报小组就把他战时的同事们访了个遍，其中就包括谷一郎和松平精。[22] 盟军占领当局对三木忠直产生了浓厚的兴趣。考察团这样写道："日本的设计和开发还不错，不过还算不上出众，（并且）除了'樱花'特别攻击机之外，没有任何革命性或令人惊叹的地方。"报告如是总结道："从日本的做法和经验中可以学到很多东西，如果有时间和耐心去询问具体负责的军官和技术人员的话，效果就更好了。"[23] 然而比起内心对占领军的恐惧，三木忠直心里更过不去的坎儿是他对战争的强烈负罪感，他对自己作为主要负责人制造了自杀式载人炸弹这件事深感悔恨。垂头丧气的他索性按风俗剃了个光头，不过此举丝毫没有能缓解他的痛苦。战争结束后的两个月，他在个人备忘录中撰文抒发自己的罪恶感，内容如下：

我写（此文）之时，不禁想到了那么多青春俊朗的爱国者纷繁的感受，正是他们（在执行神风特攻任务时）像樱花飘落般殒命。幸存的家人自然免不了会为逝者伤怀。战争对谁都没有好处。我们这些战争的幸存者，幸运也好，不幸也罢，我们要对得起（神风特别攻击队飞行员）的崇高牺牲，再苦再难也要勇闯前路，全心全意地投身家园重建的大业。因此，我们的（终极）目标就是永远解除武装，实现美好的大和日本，这才是和谐的东方文化的体现。[24]

三木忠直在被信仰基督教的妻子的提议打动之后，沮丧情绪一扫而空。随后，他受洗并正式加入日本铁道技术研究所，此时恰逢他的 36 岁生日，即 1945 年 12 月 15 日。此日标志着他的精神转变，并在某种程度上体现出日本从战争时期到和平时期的技术转变。

他所在的横须贺市也反映出了这种转变。当地居民开始招商吸引民营企业，例如民营轨道车制造商。尽管 1945 年夏日本战败投降暂时打断了当地百姓的生活，不过随着该市提供更多的工作岗位，他们的生活又恢复如常。1946 年 2 月，横须贺军港改造委员会成立，用以调查军事设施转为民用的范围和前景。为响应地方倡议，同年 7 月，日本财务省制订了《横须贺主要军事设施改造计划》，根据各地区的优势，分配了具体任务。例如，横须贺海军港区将转型为商业港口、工业用地和教育机构。拥有渔港的久里滨区将成为渔业及教育设施的所在地。当时，高山等地区将成为教育设施的所在地，还会兴建若干用于农业发展的住房。该市共成功吸引来 144 家商业企业。[25]

到了 1947 年，横须贺市的复兴举措已全面启动。占领当局不再征用日本海军航空研究所在战争期间所使用的一些地块。

到了 1951 年 9 月，这家战时机构的原址上已经建起了 22 家商业企业，这些企业兴建了 169 座建筑物，雇用了 1799 名工人，办公场所占地约 72 英亩。[26] 同样的，富士汽车公司搬进了横须贺海军航空队战时的办公楼。从 1948 年 8 月开始，富士汽车公司为美军组装零件并修理卡车、吉普车和拖车。此外，在朝鲜战争期间（1950—1953 年），该公司雇用了多达 7000 名工人以满足其严格的生产要求。[27]

横须贺市的一系列举措得到了新组建的国会的重视。在 4 月 17 日的日本参议院选举中，250 个席位中的 92 个席位是被一家附属机构掌控的。这个政治派别强烈支持将日本的前军事财产由中央政府划拨给当地的居民和商业企业。在 1947 年 12 月 7 日的参议院会议上，当地要求降低转让售价的请求在参议院财务委员会获得全票通过。根据请愿书，日本厚生部（即健康福利部）旨在通过出售以前的军事资产来"增加国家收入"，但出价实在"太高，绝不可能有人买"。除非降价出售，否则如此高昂的价格将对横须贺市的当地社区开展的关于支持、教育和复原方面的工作产生深远的负面影响。[28]

1950 年，国会平缓地敦促内阁考虑一项进一步去军事化的法案。激烈讨论的焦点是在《前海军港口城市转换法》上。正如其第一条所述，它的目的是"将横须贺市、吴市、佐世保市和舞鹤市等（曾经高度军事化的）城市转变为和平时期服务于工业的港口城市，并为构建'爱好和平的日本'这一理想做出贡献"。[29] 据日本参议院的一位倡导者称："根据日本当时新实行的《和平宪法》，政府要尽可能地多支持这四个城市的民众，这一点至关重要。"他还补充说："当地居民强烈希望政府能郑重做出和平的承诺，决心从新城市中根除以往的军事存在，并寻求作为和平时期的工业港口城市实现复兴。"[30] 很快，日本众议院对该法案进行了辩论。一位支持者言之凿凿地说，这四个城市的当地居民"正在忍受失业之苦，非常悲惨"。他接着说，"他们比日本其他国民对战争更深恶痛绝"。他们"无论如何都要维护和平的想法"是公民决议的核心，法案也由此而生。[31] 虽然共产党持反对意见，但这种看法与其他相近的看法得到了自由党、社会党和民主党的一致拥护，为国家层面的立法扫清了障碍。[32]

随后，横须贺市、佐世保市、舞鹤市和吴市被合法改造为和平城市。1950 年 6 月 4 日，该法律以极高的投票率在横须贺市获得了 91% 的选民的支持，其他三个城市的结果也极为类似。[33] 通过由此产生的立法，当地政府负责将以前的军事财产转为和平用途。这部于 6 月 28 日颁布生效的新法律对横须贺市及其他三个城市的转型可谓功不可没。日本举国上下都有这样一种感觉，即在盟军占领结束之后，日本正在奋勇向前发展。

日本铁道技术研究所机车车辆结构实验室工程组

横须贺市市民几乎自下而上的转型过程可以用前海军工程师三木忠直的经历作为代表。1957 年的时候，他在改变铁道行业原有的研发文化方面发挥了关键作用。1945 年 12 月，他加入了日本铁道技术研究所，即日本国铁唯一的研发机构，负责领导机车车辆结构实验室的工作。1956 年 2 月，日本铁道技术研究所是该领域最大的实验室，拥有 23 名研究人员。[34] 从 1950 年左右开始，日本铁道技术研究所致力于小田急"浪漫"特快电车和新干线的流线型轻型轨道车辆的研制，这两款车分别于 1957 年和 1963 年成功创下高速世界纪录。然而这却导致日本铁道技术研究所与日本国铁总部之间关系紧张，进而很快波及了整个日本铁道行业。三木忠直负责的实验室就是一个力证，足以说明两个工程圈子如何在高速铁路运输技术的研发过程中悄然发生碰撞，很值得注意。

在不断升温的紧张局势之下，在机车车辆结构实验室工作的前航空工程师异常集中。他们的带头人三木忠直也是一名航空设计工程师，他基于自己海军服役期间积累的知识和经验，独立自主地设计研制轨道车。他是许多在该实验室开始新职业的前飞机工程师之一。1950 年，三木忠直有 14 名研究助理，他们中的大多数人曾在战争期间设计过陆军、海军或民用飞机。许多人在加入日本铁道技术研究所之前并不认识，显然，大家加入三木忠直的实验室并非靠相互举荐。在接下来的三年里，很巧合的是，更多的前飞机工程师加入了他的团队。到了 1950 年，这里绝大多数（73%）的员工都拥有航空学背景，[35] 见表 6-1。

三木忠直虽然在铁路工程领域算是新人，但他在实验室里的权威不容置疑。他之所以会如此说一不二，主要靠的是他的教育背景、年龄，最重要的是他以前的军衔。他毕业于东京大学，1950 年那年，他 41 岁，在实验室里最年长。与其他许多人不同，他曾是一名负责技术的海军少佐，在日本铁道技术研究所的所有前军事工程师中军阶最高。三木忠直在战时是海军飞

表 6-1 1950 年时日本铁道技术研究所机车车辆结构实验室的人员背景

姓氏	毕业院校（所学专业）	进入日本铁道技术研究所工作的时间	战时效力单位	战时工作职位描述
三木	东京大学（海军工程）	1945 年	日本海军航空研究所	飞机设计
赤家	工业专科学校（机械工程）	1946 年	日本海军航空研究所	飞机设计
系永	未知	1946 年	日本中央航空研究所	飞机设计
高林	工业专科学校（航空学）	1946 年	日本中央航空研究所	飞机设计
小野	京都大学（物理学）	1945 年	陆军航空研究所	飞机设计
长谷川	日本东北大学（航空学）	1946 年	陆军航空研究所	飞机设计
西村	未知	未知	日本陆军技术研究所	未知
松本	未知	未知	日本陆军技术研究所	未知
中村	东京大学（航空学）	1946 年	中岛飞机公司	飞机设计
中村	东京大学（机械工程）	1945 年	大阪陆军兵工厂	金属疲劳分析
水岛	未知	未知	未知	未知
田中	未知	1947 年	学生	未知

姓氏	毕业院校（所学专业）	进入日本铁道技术研究所工作的时间	战时效力单位	战时工作职位描述
中江	工业学院（机械工程）	1949 年	学生	未知
林忠	东京大学（机械工程）	1945 年	学生	未知
吉峰	东京大学（机械工程）	1940 年	日本铁道技术研究所	结构强度试验

机工程师，参与过 P1Y "银河"轰炸机等项目，这足以令其他前飞机工程师都心生敬畏。他的领导力如此之强，还受益于军事文化，而他的团队中至少有 9 名前军事研究人员都接触过这种文化。这是一种崇尚严格、简朴和等级关系的文化。实验室的其他工作人员虽然没有军事背景，但他们都很好地融入了实验室文化。见表中所示，其中至少有 4 人刚刚从各自就读的高等学府毕业，他们都是可塑性极强的人才。此外，三木忠直的个性很强。他身材瘦削，体格羸弱，虽算不上威风凛凛，却脾气暴躁，偏执霸道。哪怕有一丁点不合他的心意，他就会大喊大叫，同事们需要想办法去适应他的脾气。

前航空工程师群体一枝独秀，在实验室中鹤立鸡群。其中一位杰出者于 1940 年毕业于东京大学机械工程系，他也是战后唯一加入日本铁道技术研究所的研究员。他是研究所学历最高的人之一，不过因为研究所内论资排辈，他无缘实验室负责人的岗位。他比三木忠直小 9 岁，专长是进行物理测试和评估轨道车的结构强度。[36] 与实验室所有前航空工程师形成鲜明对比的是，他完全缺乏高速空气动力学领域的知识或经验。他和三木忠直一样，悄然而坚决地走着自己的路。他专注于自己的事业，对轨道车进行了一系列测试。空气动力学专家三木忠直对他的工作保持不干涉的态度，这种状况一直持续到三木忠直 1963 年从日本铁道技术研究所退休。

类似的紧张局势在三木忠直所领导的实验室和日本国铁总部之间积蓄已久。在日本国铁，机械工程部门在战前一直负责设计、建造和维修轨道车和机车。该部门细分为多个部分，各部分都对明确定义的任务负全责。经过一系列的组织重组，该部门于 1952 年 8 月调整为由四个工段组成：工厂工段、机车工段、修理工段和机车车辆工段。[37] 机车车辆工段的工程师在对日本铁道技术研究所考察后，从事设计轨道车和 / 或批准最终产品的特殊任务。[38] 这种等级关系仍然存在，部分原因是日本铁道技术研究所在经济上要依靠日本国铁总部。以 1956 年为例，日本铁道技术研究所处理了 1625 个项目，其中 77% 是日本国铁总部委派给它的。[39]

机车车辆工段的工程人员至少在两个方面与三木忠直的前飞机工程师团队有本质的区别。首先，直到 1950 年，日本国铁总部工程师的总体学历水平要低于三木忠直的实验室团队。当时的职工名录显示，设计部 12 名高级工程师中只有 1 人拥有大学学历。工匠心态是当时的主流。其次，机车车辆工段的技术人员完全缺乏空气动力学方面的专业知识，因此对即将到来的高速铁路时代准备不足。当然，也有一个例外，他是一位 1946 年毕业于东京大学航空学系的工程师。但在他入职不久后，这位工程师被正式从总部调到三木忠直负责的实验室，这就意味着总部的实验室曾一度没有一位受过大学教育的轨道车设计师。[40]

日本国铁总部的工程文化

尽管这种人才状况在 1950 年后有所改变，不过这也反映出了日本铁道行业的工程文化，该文化提倡出国留学以改进轨道车设计，日本国铁和民营企业制造商经常派他们的工程师到美国和西欧长期考察。这种成本高昂且受控的技术转让对于追赶西方的技术很有用，不过，随着技术差距日益缩小，这种做法就不适用了。然而从历史上看，这种技术转移战略在开发轻型全钢轨道车方面已证明是成功的。

　　在战后技术转为民用的战略实施之前，轻型全钢轨道车在木质结构占主导地位的日本公共铁路中很少见。[41] 公共铁路领域之所以坚持使用木质结构，至少出于技术、文化和社会等多方面原因。首先，木材相当耐用且轻便。这种材料适用于乘用车，因为木质结构对铁路基础设施造成的载荷最小。例如，因为木质结构轨道车的重量轻，所以铁路和桥梁的使用寿命会更长。其次，因为木质结构在既有的铁路行业的大部分地区占主导地位，随着时间的推移，基本上没有其他结构可以真正替代它。铁路运输服务在 1868 年明治维新后不久就开始了，不过之后的几十年里几乎没有什么变化。日本铁路运输服务中的第一辆轨道车是从英国进口的部分木质轨道车。到了 1900 年世纪之交，客运轨道车无论是长度还是重量都增加了一倍多，而车厢的设计却多年来一直未变。[42] 再次，日本是个多山的国家，木材随处可见。因此，木质轨道车的制造成本相对较低。而且木材易于成型、延展性强，便于工匠制作用于进风和通风的凸形屋顶（这种建筑风格到 20 世纪 30 年代逐渐为拱形屋顶所取代）。[43] 最后，许多乘客更喜欢木质材料而非钢质材料。钢质轨道车往往会吸收和散发更多的热量，而在没有空调的炎热夏季或寒冷的冬季，钢质轨道车就不是特别适用。[44]

　　战后，大多数木质轨道车已经不成样子，需要紧急维修。

火车车厢缺乏结构完整性，且强度不足，这对乘客来说就意味着生命安全得不到保障。1945 年，数以百万计的乘客需要乘坐战时留存下来的火车出行，那些车厢通常没有玻璃窗，并且座椅上也没有软垫，车内采光也很不好。[45] 坐车的时候，木地板和车顶老是吱吱作响，这是因为钉子松动，很难再将所有部件都紧固在一起。下雨时，甚至车顶还经常往下滴水。[46] 乘客们对坐火车出行怨声载道，因为车厢又脏又难闻，简直与猪圈没什么两样。[47] 与此同时，必要的人员或维修资金不足的问题也迟迟未决。事实上，大部分在战后运营的旅客列车车厢（共 5949 节）都产于 20 世纪 10 年代和 20 世纪 20 年代。[48]

由于战争的缘故，日本无法从国外引入工程知识，只有在 1945 年之后，日本的铁道行业才能自由地获取此类信息。该行业严重依赖和平时期的国际框架，在该框架中有用的技术信息，尤其是来自西欧的信息能够安全流动。欧亚大陆是正式和非正式的跨国技术活跃交流的沃土，它也是洲际商业铁路运输业的大本营。例如在 1954 年，法国、比利时、荷兰、卢森堡、联邦德国（西德）、瑞士和意大利等欧洲诸国合作开发了一种代号为"欧洲国际特快列车"（Trans Europ Express）的新型跨境铁路运输服务。该项目旨在提供一种豪华的高速出行体验，旅程穿越欧洲大陆，中途无须更换火车头，也无须在穿越国界时停留。[49] 这么庞大的国际项目，以及由此带来的知识传播，对于地理位置相对封闭的日本来说并不适用。在这种环境下，日本的铁道行业需要制定战略。因此，日本国铁和制造商纷纷派人从国外收集技术信息，同时致力于在日本与西欧及北美之间发展铁道行业的技术合作。

不过，并非日本铁道行业的所有参与者都能负担得起如此昂贵的技术转让费用。事实上，只有日本国铁总部和少数几家赢利颇丰的民营企业才能承受所有必要的费用。由于缺乏从国外引进技术的资金，日本铁道技术研究所动员自己的工程师尽可能多地收集与外国铁路系统有关的所有信息。在日本被盟军代管期间，他们的努力几乎徒劳无功，因为很多信息虽然本质上是非技术性的，但却非常稀缺。其中一位日本工程师下定决心要更多地了解世界铁路运输服务的情况，他在 1947 年的日记中是这样描述他自己为之所付出的努力：

（为了获得任何有用的信息）（每月）我不得不赶去（离我很远的东京）银座区一两次，只为了弄清楚（所需要的期刊）会在什么时候首次发售。在期刊发售前一天，我准备了两份饭盒（次日的早餐和午餐各一份）。期刊发售当天，我凌晨 4 点就离家去赶开往银座的首班火车。一路上我的心都怦怦跳得厉害。我从乐町站下车猛冲到卖杂志的地方，在等候的排队人群的队尾占到位置后我整个人才能放松下来。然后我听到早上 7:30、8:00 的时钟响起，直到早上 9:30。好吧，我凌晨 3:30 起床，足足等了 6 个小时才买到了一份美国的《生活》杂志。[50]

日本国铁利用该领域的国际趋势研发其首款全钢轻型列车。在 1947 年的国际铁路大会上，制造轻型轨道车是包括日本在内的与会国讨论的几大重要议题之一。东道国瑞士大力倡导使用轻型机车车辆，因为此举具有经济效益。可以理解的是，一些陡峭多山的国家非常重视轻型机车，因为结构重量越轻，就意味着铁道运输耗费的能源和成本越低。将轻型电动轨道车投入使用，可节省的总成本非常可观。这引起了当时正处于亏损状态的日本国铁的高度关注，日本国铁的工程师也在积极关注着西方先进技术的动向。

日本国铁工程部机车车辆部有一位工程师毕业于东京大学机械工程系，他于 1942 年进入日本国铁工作，在战争期间短暂服役后开启了他作为轨道车研发人员的职业生涯。日本国铁曾派他到西欧考察了一年，研究学习制造轻型轨道车的技术。在瑞士期间，他曾在一张明信片中兴高采烈地写道："四个月后，我终于能够拿到有关全钢轻型轨道车负载测试的数据和报告了。瑞士轨道车的结构与飞机（机身）的结构惊人的相似。"这一发现令他备受鼓舞。这也为日本铁道技术研究所赢得了尊重，当时日本铁道技术研究所在轨道车上进行了一系列物理负载测试，这些测试结果"丝毫不逊色于在瑞士所做的同类测试"。回到日本后，他详细介绍了瑞士、德国、法国、意大利和美国的铁道行业动态及轻型轨道车的发展情况。[51]

从国外积极引进技术，迅速成为日本轻型全钢轨道车的两大设计特征。其中一个设计特征是单壳体车身结构在日本火车车厢中得到了广泛应用。引入这种设计，标志着设计风格明显偏离了之前日本轨道车中一直盛行的传统造屋式建筑风格。在实施这项新应用之前，车顶并未被视为整个结构完整性的重要组成部分，当时只是认为它不过是为了保护乘客免受阳光照射或恶劣天气影响。从国外引进了单壳体车身结构之后，车顶新增了另一项实用功能。到了 1955 年，车厢中已不再需要中央支柱。

另一个设计特征是研制出了新型应变仪。应变仪战时用于评估飞机螺旋桨或分析潜艇螺钉的状态，1945 年后应变仪在铁路工程中找到了自己的用武之地。日本铁道技术研究所的一名工程师具有战时研发军用飞机的背景，他对从美国进口的各类应变仪详加研究，并于 1949 年开发出了一款多用途应变仪。[52] 战后铁路界从这项创新中受益匪浅。该款应变仪推出之后，成为执行与乘客车厢开发相关的各种负载测试（弯曲、扭曲和压缩）的标准功能。凭借这样的分析工具，计算结构强度再也不是什么难事，[53] 而工程师也能够广泛且成功地将单壳体车身结构引入日本的轨道车设计中。

这些技术构成了战后几年所有新开发的钢制轨道车的基础。1955 年推出的 naha−10 型车厢就是这种成功的例证。该产品基于瑞典开发的轻型钢制轨道车，并得益于技术转让。这款车厢从地板到车顶都是钢质的，但比当时大批量生产的同类车型 suha-43 轻了 31%。[54] 在日本国铁轨道车辆从木质材料转换为钢材的过程中，由于战后的技术转让，木质材料过时了。1955 年，日本成为全世界首个在全国范围内完成这种技术转型的国家。[55]

铁道行业前航空工程师发起的抵制活动

到了 20 世纪 50 年代中期，日本国铁的研发重点是重量问题。开发轻型车辆存在的许多技术难点都与重量分析有关。关键问题在于，如何能在不牺牲强度和安全性的情况下尽可能地减轻结构重量。先进的应力分析和材料强度测试在战后的铁道行业中都不可或缺。在复合材料引入该领域之前，将木质材料设计转换为钢材设计，固然会增加车身结构的强度，同时也会增加重量，进而会对铁路运输中的物理基础设施（例如轨道和桥梁）的强度和耐久性造成损害。鉴于这一技术参数不容马虎，最大限度地减轻列车车厢的结构重量就成为轨道车设计项目的重中之重。在所有的结构重量中，车厢的上半部占比最大，也是设计工程师需要考虑的重点。平均而言，车身上半部和内部设备约占车厢总重量的40%，传动装置约占 30%，其余部分约占 30%。[56]

日本铁道技术研究所收集到的所有数据，构成了日本国铁总部研发新型钢轨车的设计基础。例如，为了不辜负日本国铁的期望，三木忠直在日本铁道技术研究所的实验室集中人力搞科研。任务包括开发用于铁路车辆的振动测量仪，弹簧振动和传动装置转向架的基础研究，检查运行的轨道车对轨道的物理影响，开发一种轻型车厢，以及改善车厢和电动轨道车的通风。[57] 1946 年 9月，三木忠直研究了轨道车车体的结构和强度、应力分布以及焊接金属部件的疲劳等问题。他花费了大量时间测试了各种各样的大量车辆，包括汽车、大型拖车、moha-80 型轨道车、moha-63 型轨道车以及一些在事故现场损坏的车厢。[58] 三木忠直和其他前航空工程师素以出众的数学技能而闻名。日本铁道技术研究所于 1962 年得到了日本第一台巨型电子计算机 Bendix G20，[59] 而在此之前，便携式钢制虎牌计算器一直是他们首选的计算工具，尽管它用起来既费时又费力。

除了计算数字外，精心控制轨道车的重量对于前航空设计工程师来说也是再熟悉不过的事情了。飞机的结构重量越轻，它就能飞得越快、越远、越高。所有安全的飞机设计，都离不开可靠的理论研究和经验数据。像三木忠直这样的前飞机工程师已经证明，他们能在重量范围内不折不扣地处理三维高度的复杂物理问题。他们在飞机设计工程方面积累的丰富知识，对于在同样严格的重量限制下开发轨道车是不可或缺的。因此，三木忠直和其他前航空工程师因为能对材料强度实施高级应力分析和测试而享有盛誉。20 世纪 50 年代，钢质轨道车的自支撑单壳体车身结构，源自 1945 年之前他们在结构分析和飞机设计方面专业知识的积累。到战争结束时，技术知识已经内化为工程师能力的一部分。在开发轻型单壳体全钢车厢时，日本国铁或许是因为骄傲自大，从而忽略了充分利用国内战时在航空工程技术方面的积淀。

此外，事实证明，战时飞机开发所用的工艺在战后铁道行业都颇有价值。到了战后，之前用于飞机的点焊技术才应用于轨道车。在此之前，轨道车流行使用房屋建造技术——通常是用铆钉或钉子来保持客运车厢的结构完整性。从海外引入新技术之后，钢板的冗余交叉和不必要的部分就没有存在的价值了。这样一来，在不牺牲轨道车结构完整性的情况下，立即可减重 10% 到 15%。[60] 此外，为了进一步减重，战时飞机使用的瓦楞钢板也用于铺设战后轨道车的地板。这种类型的钢板曾一直用于覆盖飞机主翼的表面，直到有一些详尽的研究指出阻力主要是由于表面粗糙所致，才停止使用这种材料。随着飞行速度增加，且需要细致入微的维护，所以就用瓦楞钢板来支撑着机翼的内部结构。[61] 这种用于增加结构强度的战时技术在战后新开发的领域中再次找到了用武之地。

日本国铁总部在国外搜集有用的信息，而日本铁道技术研究所三木忠直实验室的前航空工程师则主要是在内部寻找有关信息。毕竟，对于这些前军事工程师而言，他们能够根据自己在本国的战时知识和经验，对许多设计问题在技术上加以改进。事实上，除了一名同事到法国考察之外，三木的同事没有其他人出国。在当时的情况下，三木堪称其中的领军人物。在1945年之前甚至之后，他将自己定位为"设计师"而非"科研人员"，他单枪匹马地研制出了一系列流线型轨道车，独自对抗日本国铁中的各方科研势力。三木忠直积极主动、独立自主、果断地寻求机会，充分利用他战时在设计复杂的空气动力学轻型飞机方面积累的经验。他在研发方面的奇思妙想，既源于他的战时经历，也源于他战后的挫败感。他曾在日本铁道技术研究所工作过数年，担任总部的人工计算员，负责研制他认为不必要的过时的轨道车。根据他自己后来的说法，他"正在思考自己（在设计上）的事"。这种自我认同就算本无他意，后来事实都证明此举对日本国铁先前的权力结构起到了颠覆性作用，因为从以往的历史来看，处于外围的日本铁道技术研究所与车辆设计沾不上边。三木忠直的性格极强，而一系列的抵制活动也源于此，这些抵制活动在他负责的实验室里得到了其他前航空工程师的大力拥护，因为他们也同样倍感沮丧。对他们来说，技术就是力量，是改变日本国铁先前存在的中心—外围等级结构的一种手段。这势必意味着高铁项目中会存在一定程度的内部摩擦，矛盾自然是免不了的。

　　三木忠直做事有激情、有干劲，不过他需要资源来支持他的高铁项目。他的倡议得到 1941 年 3 月颁布的一项法规的支持，该规则有效地允许日本铁道技术研究所可接受官方或民间的请求，并可在不影响总部分配工作的情况下自行选择科研项目。[62] 在这个框架内，设计轨道车于三木忠直而言，无论日本中央的设计部门如何，都需要商业领域的助力，而他的设计只能摆脱日本国铁势力范围的控制才能取得成效。1951 年至 1957 年，三木曾两次领头提出反对国铁内部的等级制度旧习，这标志着日本国铁内部出现了分歧，也反映出战败后已成功完成重建的各轨道车制造公司之间也已经出现了分歧。

前航空工程师的第一次抵制活动

　　1950 年年初，当三木忠直的实验室开始研发单轨车时，第一次主要反对意见形成了。该工程项目之所以能取得成功，是借鉴了 20 世纪 30 年代德国在这方面的发展成果。三木忠直对齐柏林飞艇念念不忘，如痴如醉。在那十年间，这款纳粹实验产品的开发与飞机及汽车行业的新突破齐头并进。人们看着流线型的轨道车，就不禁会想起齐柏林飞艇。根据齐柏林飞艇研制的齐柏林列车于 1931 年 6 月创造了高速世界纪录。这辆经过空气动力学改进的列车配备了宝马发动机（600 马力），后部有四叶木质螺旋桨，曾以 230 公里的时速在汉堡和柏林之间飞驰了 98 分钟之久。[63] 当时在日本铁路部门或飞机工业中几乎没有关于这款列车的技术信息，它的成功显得十分神秘莫测。三木忠直和日本铁道技术研究所的其他前飞机工程师可以看到相关的文字和图片，不过，他们对其内部机制仍不得要领。

好奇使然，三木忠直充分利用了这个具有实验性的德国项目。按他的想法，齐柏林列车的螺旋桨和发动机可以以 200 公里的时速，在单轨轨道上牵引轨道车行驶 2.75 小时，即可从东京一直开到大阪，共计 550 公里。他计算了齐柏林列车的结构重量、阻力、必要的马力和预计性能，这一整套流程他在战争期间研发军用飞机时就再熟悉不过了。三木忠直将其战时所学用于他此时的项目。随后他开始准备制作产品蓝图和 1/30 比例的模型，绘图员是他以前的同事，也曾是航空工程师，并曾在整个战争期间的日本海军航空研究所内协助过三木忠直的工作。三木忠直使用了海军以前在战争期间配发的记事本，他感觉用这种记事本来计算自己设计中的相关数字会很顺手。

利用四项德国技术资源，他的"轨道飞机"计划在悬挂式单轨铁路系统中逐渐成形。他对美国、日本和德国的飞机发动机加以比较，然后选择了戴姆勒－奔驰公司的 560 马力航空发动机。动力装置采用直径为 2.6 米的螺旋桨，理论上它可以以 250 公里至 270 公里的最高时速拉动轻型流线型轨道车。车上可搭载 63 名乘客（后来减少为 46 名）和 4 名乘务组成员。车长 20 米，宽 2.5 米，整体结构重 12 吨。[64] 该项目至少从理论上来看大有希望。《每日新闻》等日本主要全国性报刊很快将这一想法诉诸报端。《日本经济新闻》刊登了一篇引起轰动的文章的标题是：《空中子弹头列车的新计划——东京到大阪只需两个半小时》。[65]

　　在意想不到的环境之下，这一理论取得了一定的成功。虽然日本国铁因为这一想法看起来不切实际而未给予重视，不过，日本铁道技术研究所却因此获得了实实在在的好处。民营企业西武铁道株式会社的总裁读了这篇文章，与该计划的技术实用性相比，令这位总裁印象更深刻的是其喜人的前景。他表示有兴趣在丰岛园游乐园内将该产品用作儿童游乐工具。这个项目有几个方面令三木忠直备受激励。首先，他的工作量因此倍增，不过这是他自己的设计项目，不受日本国铁中央总部的控制。其次，该项目证实了他坚定不移地要将技术用于和平事业而非军事用途的决心。随后，他的实验室负责与包括日立公司在内的商业公司一起开发车辆和基础设施。"飞行轨道车"作为东京丰岛园游乐园的游乐设施被引入园中。1951 年 4 月的时候，该轨道车的长度从 20 米减少到了 9 米，最高运行速度从 270 公里 / 小时减至 10 公里 / 小时。虽然这辆悬浮轨道车没有机会将 63 名乘客从东京运送到大阪，不过它确实在半径 30 米的圆形轨道上搭载了 20 名儿童。它的动力源用的不是德国的飞机发动机，而是一个可驱动齿轮的 220 伏电动机。虽然其机头的螺旋桨不起实际作用，没有任何机械功能，不过它的风格很吸引人。该轨道车的重量很轻，这在很大程度上要归功于三木忠直根据战时飞机工程知识实施的一系列严格的结构研究。为了最大限度减少发生脱轨的危险，该轨道车配备了三个安全装置。[66] 这种基于战时技术的轨道车非常受欢迎，堪称和平的象征。

　　这一成功标志着类似项目的开始，所有这些都巩固了日本铁道技术研究所与日本国铁权力结构之外的私营铁路公司小田急电铁公司内之间的联系。到了 1953 年年中的时候，关于儿童"可爱的飞行小轨道车"的传闻在小田急电铁公司内迅速传播。其负责人随后请求日本铁道技术研究所协助在不同的游乐园中复制三木忠直的想法。由此产生的产品由三木忠直设计，由日立公司制造，在尺寸、动力、悬架系统和承载能力方面与他早期设计的车辆基本相同。经过一系列实地考察，"流线型的单壳体车身结构"的轨道车可在环绕棒球场、半径为 140 米的圆形单轨轨道上搭载 20 名儿童。[67] 1955 年，三木忠直帮助东京后乐园设计了一款过山车。[68]

图 6-2　1951 年东京丰岛园游乐园中的"飞行轨道车"。这款儿童游戏轨道车的车身结构利用了战时技术。

在三木忠直看来，儿童游戏轨道车体现出了军国主义的消亡与和平的重要性。此外，这些战时军事技术和战败的产物，缓解了发明者们的悲痛，三木忠直和他的同事们由此得到了宣泄的渠道。游乐园里满是孩子们天真烂漫的笑声，肯定了三木忠直对建设和平文化与社会的庄严承诺。他对当时日本重走军事化之路的做法深表遗憾。海军在他所在的横须贺市稳步复兴。1950年6月朝鲜战争爆发，扩大了日本海上保安厅作为美国在亚洲逐渐升级的"冷战"中铁杆盟友的地位。1952年4月，《旧金山和平条约》有效地将日本置于48个和平共处的国家联盟之列，具有讽刺意味的是，日本由此重新拥有了武装力量。同时，日本成立了海上警备队，并在新成立的日本防卫厅之下演化为日本海上自卫队。1952年4月，盟军占领结束，解除了日本对航空工业的官方禁令。在这种背景下，复兴的海军需要三木忠直这样掌握战时专业知识的人才。不过，他严词拒绝了战时同事请他重返"国防"研发领域的邀约。三木忠直推断，任何飞机都可以用于战争，任何汽车都可以改装成军用坦克，而只有轨道车不能改装用于战争，因此可以体现和平和永远放弃战争的精神。[69]

　　在战败文化中，他并不是唯一致力于维持和平主义平民生活的人。日本前海军航空工程师在战后不久成立了一家自愿协会，从该协会的成员名单中的许多前海军航空工程师的职业转变就可见一斑。1969年的名册中列出了129名注册者的姓名、地址和工作地点。虽然这些信息仅是数千名战时航空工程师的缩影而已，但却能折射出他们在那一年所做出的职业选择。根据这些信息，绝大多数（共80名成员，约占总人数的62%）留在了各种商业公司的工程部门，这些公司生产农业机械、精密工具、玻璃或铝等产品。他们中的一些人还曾在建筑和铣削行业工作。第二大群体有 17 名成员，约占总人数的 13%，已经在与航空相关的商业公司重启了他们的职业生涯。另有 15 名成员已成为大学教授或其他专业的研究人员。只有极少数（约 6%），即 8 名成员，回到了日本防卫厅从事与军事相关的研究。[70] 1954年日本军事力量复苏后，大多数前海军工程师都选择舒舒服服地留在了民用部门工作，这是可以理解的。对他们来说，如果重返军队，就意味着自己要进行人生的第三次转行。显然，只有真正坚定不移的少数人才这样做了。

前航空工程师的第二次抵制活动

回想起来，前军事工程师发起的第一次抵制活动并未掀起多大波澜。它在铁道行业的影响不大，日本国铁总部继续主导着行业主流轨道车辆的技术研发方向。然而，前军事工程师的第二次抵制比前一次更加来势汹汹。这一次涉及了小田急电铁公司，该公司在 20 世纪 50 年代中期就与日本铁道技术研究所建立了密切的信任关系。从长远来看，双方为后续项目开发的高铁项目坚定地定下了积极的基调。由此产生的技术取得了非凡的成功。之所以如此，是因为日本铁道技术研究所占据了技术领先地位，充分利用战时航空技术开发了小田急"浪漫"特快 3000 型列车，也就是众所周知的"浪漫"列车。甚至可以说，这是一架在轨道上行驶的无翼飞机。

这个高铁项目开局很低调。经过第一次抵制活动，三木忠直成功脱身，不再费力地为日本国铁中央总部提供数据以设计轨道车。三木忠直几乎习惯性地立即开始设计自己的车辆，他草草记下了自己有关高速铁路车辆技术的想法。1953 年，经过一系列数学计算，他的一个想法在技术上的可行性愈发凸显。他的结论是正确的，事实证明，一辆配备无动力车厢的电力机车，车厢重量轻且经过空气动力学改进，可以在 4.5 小时跑完556 公里的东京—大阪线全程，平均时速为 120 公里。这个结论比两年前的"轨道飞机"要现实得多。他在一篇期刊文章中阐述了他关于高铁的想法，而这是 1945 年之后撰写和发表的同类作品中的第一篇力作。[71] 同年 10 月 17 日，5 家主要的全国性报纸对他的想法进行了报道，其中《朝日新闻》更是将三木忠直的照片置于文章中心位置。[72] 几个月后，一本科普杂志对高铁产生了无限遐想。"再也不是梦想，"作者如是写道，"高速列车将由飞机工程师来设计。"[73]

在日本国铁管理层的一些人看来，发布这些内容不啻赤裸裸的挑衅。三木在日常工作之余开发了高铁项目，这当然没有问题，可日本铁道技术研究所在事前并未征询日本国铁中央总部意见的情况下，就贸然跟全国各大报刊沟通，情况的性质就大不一样了。授权刊登有关内容的三木忠直和日本铁道技术研究所主任没有按日本国铁不成文的规矩行事，报上刊登的这篇文章是日本国铁工程部所不想看到的，它们后来也为此颜面尽失。[74] 这篇文章在此时出现，对总部管理层来说是不合时宜的，令他们尴尬至极。当时，该部门正在领导一项为滨松市以西的东京—大阪线"燕子"号高速列车实现电气化的项目。此前该段线路的列车速度为每小时 72 公里，从大阪到东京需要行驶 8

小时。在这种情况下，下属研究机构研制出来的火车运行速度比总部研制出来的还要快，这着实令人尴尬。不过，日本国铁中央总部依然一门心思想要走自己的技术研发路线。

日本铁道技术研究所的态度同样坚定。之所以如此执着，主要源于它自己的自信和能力。可当私营铁路公司小田急电铁公司选择了这项任务之后，日本国铁与日本铁道技术研究所这种中心与边缘的紧张关系就发生了奇怪的转变。小田急电铁公司此前就曾支持过三木忠直的轨道车项目。三木忠直和这家公司的一位董事对未来的高铁运输服务抱有共同的愿景。这位董事是一名受过培训的电气工程师，在日本国铁一直工作到 1945 年。他本人是高速交通的倡导者，希望缩短东京新宿与小田原市之间 83公里路程所花的时间，希望将其从 130 分钟减至 60 分钟，即减少 54%。三木忠直的想法对于小田急电铁公司来说可谓是恰逢其时，该公司大约在同一时间举办了一系列高速陆路交通技术会议，为的是增大从东京到度假小镇箱根的客运量。[75]

由于地理位置和历史的缘故，箱根当时一直是备受欢迎的旅游胜地。这处山间度假胜地位于东京西南 90 公里处，毗邻芦之湖，就在富士山脚下。箱根镇收费站建于 1618 年，当时是东海道高速公路上的著名检查站，在德川政权统治期间连接江户（东京当时旧名江户）和京都。尤其是 20 世纪 20 年代以后，在温泉、寺庙、博物馆和高尔夫球场的吸引之下，游客纷纷来到这个度假区，此地的酒店、观光船、运动设施和度假屋一应俱全。箱根镇日产温泉 2.5 万吨，位居日本第五名，是离东京最近的温泉镇。[76]

　　1945 年之前，一家私营铁路公司曾尝试铺设从箱根到东京的直通列车，但未能成功。1927 年 4 月 1 日，刚成立四年的小田急电铁公司开始在东京新宿和箱根镇邻近的小田原市之间运营商业铁路。1935 年 6 月 1 日，周末直达铁路运输服务开始运行，为的是满足想到箱根镇休假疗养的日本富人的需求。不过，由于 1937 年 7 月爆发的日本全面侵华战争，日本处于战争状态。1942 年 5 月，日本调动了电力和陆路交通等资源，将小田急电铁合并为一家铁路集团。[77] 箱根镇的发展随后受到战时自愿克制情绪的限制。

　　后来日本战败投降，极大改变了日本社会的权力关系，以及前往这座度假小镇的人口构成情况。美国占领当局没收了当地主要的酒店和娱乐设施，这座小镇基本上变成了美国高级军官的疗养胜地。随着日本旅游指南的流通普及，美国中低级军官和士官也会在周末乘卡车抵达这里，且经常有日本妓女随行。1950 年至 1953 年的朝鲜战争使该镇经济复苏，从战区返回的士兵在温泉中享受休憩。历史悠久的富士屋酒店在 1878 年建成后，曾接待过多位外国政要，该店在战争期间日益发展壮大。有一段时间，这家"军官旅馆"为了服务美国官兵，将日本员工增至 300 人，提供多台老虎机供顾客娱乐消遣。1952 年《旧金山和平条约》签订后，这家酒店和其他同行的设施都从美国占领当局的控制中解脱了出来。[78]

　　从日本被占领时期开始，兴起了一系列使日本民主化和复兴箱根镇的举措。根据日本 1947 年制定的《反垄断法》，三菱等大型金融联合企业被停业清算。1948 年 6 月 1 日，一家铁路集团解散后，小田急电铁公司脱离了东京急行电铁公司独立运营。[79] 这家民企在四个月内重新开通了连接新宿和小田原的小田急线。[80] 它的竞争对手是日本国铁，它们都迎来了第二次世界大战的结束。从 1949 年 9 月开始，日本国铁在东京和小田原之间运营其称为"和平"的高速铁路列车，作为东京—大阪火车运营的一部分。1950 年 8 月 1 日，小田急电铁公司将其铁路运营范围从小田原扩展到箱根，才一年时间，客运量就从 22.8 万人激增至 42.3 万人。[81] 这一增长反映出 20 世纪 50 年代初期的经济繁荣，人们开始有闲情度假休闲。各公司纷纷组织职工去箱根旅游，放松身心；业务经理则在当地的高尔夫球馆招待他们重要的客户联系人；新的宗教团体也将他们的追随者带到箱根朝圣。[82]

1954 年年底，私营铁路公司和日本铁道技术研究所开始了它们在东京和箱根之间的双方联合高速铁路项目，双方各自承担分给自己的工作任务。该计划以"日本铁道技术研究所的技术支持"为出发点，其目的是通过"实现铁路技术的现代化并最大化提升效率"来发展"超级高速铁路运输服务"。鉴于"政府严格规定必须在（600 公里）的距离内刹停（任何火车）"，所以列车的"最高时速设定为每小时 125 公里"，未来可能会达到"每小时 147 公里"。[83] 和以前一样，三木忠直参考德国高铁运输服务系统进行计算，并准备了一系列设计蓝图。[84] 会议定期举行，每次通常要开 3 个小时，日本铁道技术研究所、小田急电铁公司和几家轨道车制造商会派出 20 名到 25 名工程师参会。在出席会议的 890 人次当中，只有小田急电铁公司的一位董事、三木忠直和他的同事们出席了所有的 29 次会议，这充分表明他们在该项目中发挥了核心的作用。[85] 考虑到该项目未来的技术前景，日本运输省对其大力支持。[86]

其结果就是成就了后来被称为"浪漫"的特快列车项目，此举堪称一项技术上的非凡胜利。1957 年 9 月，这款列车在日本国铁东海道本线上的一段高速试运行中创造了新的世界纪录（时速 145 公里）。这一成功最为重要之处在于车辆中所体现的技术。通常，创建高速地面交通系统需要从两方面加以改进，分别是列车和铁路基础设施。改进基础设施花费的成本很高。例如，铁路轨道和枕木需要加固，而铁路道口和信号也需要改进。这样的话，小田急电铁公司势必要付出巨大的投入，因为现有轨道的路基有许多地方都不够结实，需要大量的土木工程来加固。好在小田急"浪漫"特快电车项目选择了另一种更省钱、也更可行的替代方案。随后，日本铁道技术研究所和小田急电铁公司投入全部人力物力和精力去打造高性能的轨道车。[87]

由此造出的轨道车机械水平体现出了三木忠直的前东家，即日本海军的工程知识和文化水平。他开发高速列车所采用的方法与他在战时的做法如出一辙，也就是说，他力求减轻轨道车的重量。他的研发团队缩小了车厢的整体尺寸，并采用了类似飞机的单壳体车身结构。为了减轻重量，三木忠直的团队用的是最薄的金属板，仅 1.2 毫米厚，用作车身外壳，而传统的外壳板厚达 2.3 毫米。[88] 经过一系列应力分析后，工程师们在钢框架上钻了尽可能多的孔，目的就是减重。[89] 采用这种策略之后，每个纵梁都减重约 10%，重量从 327 公斤降至 296 公斤。[90] 每两节火车车厢减去的重量就相当于一辆卡车，以减轻火车的底盘总重量。[91] 一系列减重工作总体上取得了成效。新轨道车结构合理，更为坚固耐用，每米的重量仅为 370 公斤，比传统轨道车要轻 26%。[92]

凭借他在战时航空设计方面的历练，三木忠直大大减轻了车辆的非结构重量。由于乘客座椅是所有辅助装置中最重的部件，所以他使用了铝合金这种轻质、耐腐蚀的材料，非常适用于轨道车制造，他甚至还开发出了一套新座椅。这种在工程上为了减重的良苦用心，产生的效果惊人的好。当时业界广泛使用的类似座椅装置重达 114 公斤，即使是公交车上使用的最轻的座椅也有 39.4 公斤。相比之下，三木忠直设计的座椅重量仅为 33 公斤，比世界上第一架商用喷气式飞机 DH.106 "哈维兰彗星"型客机所使用的座椅还要轻 3 公斤。[93] 不过，当时虽然三木忠直为减轻重量费尽心思，可这并未给乘客在夏季带来舒适的乘坐体验。由于空调设备较重，三木忠直最初并未在轨道车上安装空调设备。从其战时经验考虑，设计团队可能希望坐火车的普通百姓能够像军事飞行员那般艰苦自律。后来，设计团队做出妥协，想到了安装冰块。当这个想法失败后，该团队又尝试过使用干冰。当这样做也失败之后，该团队采用了更给力的选择，即在轨道车中安装风扇。[94]

三木的轨道车减重计划借鉴了战时飞机工业的技术。这一举措涉及所谓的点焊工艺，而点焊是战争期间制造飞机的惯常做法。除了这种更复杂的技术之外，铁道行业甚至在战后仍坚持使用房屋建筑技术来制造车厢，而支撑车厢的结构完整性通常靠的是铆钉，或者是钉子。战后，新的点焊技术甫一引入铁道行业，就不再需要钢板的多余交叉和不必要的部分。因此，三木忠直的团队在不牺牲其结构完整性的情况下，最大限度地减轻了车辆的重量。[95] 此外，前飞机工程师团队在轨道车的地板上使用了瓦楞钢板，该技术战时也曾用于飞机。这种钢板覆盖了飞机主翼的表面，直到证明其表面粗糙度会增大阻力才不再使用。随着飞行速度越来越快，对飞机的呵护需要像焊接那样一丝不苟，瓦楞钢板也就不再出现在飞机主翼的表面，而是用于支撑机翼的内部结构。[96] 三木忠直的团队重新启用了这项战时技术，用于研制小田急"浪漫"特快电车铁路运输服务项目。事实证明，薄瓦楞钢板的强度足以从下方支撑列车的地板。

图 6-3 在轨道车的钢架上进行负载测试。在经过仔细的应力分析后，工程师在每个框架上多处钻孔，以尽量减少每列轨道车的结构重量。照片由日本东京铁道技术研究所提供。

211

三木忠直的研发工作之所以能取得成功，不仅是因为他最大限度地减轻了轨道车的重量，还因为他根据战时科学的惯常做法对轨道车进行了流线型设计。他的实验室对高速行驶时流过车辆的空气进行了理论研究和实证分析。由于日本铁道技术研究所没有风洞实验室，三木只好求助于日本高速空气动力学领域的顶尖专家——东京大学的谷一郎教授。他们一起使用了该机构的风洞实验室，这当时是战争期间日本国内最大的风洞实验室，测试部分的直径达到 3 米。他们二人相识于战争年代。在 20 世纪 40 年代初期，谷一郎开发出了最快的实验军用飞机"研三"航空机和最快的作战飞机 MXY-7"樱花"特别攻击机，后者由三木忠直带头设计，用于日本海军神风特别攻击队执行自杀式攻击任务。

因此，三木忠直的研究团队借鉴了三木在战时研发的辉煌成果。他使用 1∶10 比例的模型，制作了一系列不同尺寸和形状的轨道车模型，以观察空气对车头的阻力。在空气动力学方面，比车头形状更重要的是表面摩擦和空气湍流。为了检查这些方面，工程师们在风洞实验室中对 1∶4 比例的长轨道车模型进行测试。在铁轨上进行试运行期间，研究团队仔细检查了车头各点的气压分布情况。他们还研究了造成车身阻力的主要来源，即靠近表面的黏性空气层。事实证明，与传统轨道车相比，新型轨道车在空气动力学方面的表现更为出色。这种新型列车的涂层厚度只有传统列车的三分之一到二分之一，这一结果也表明了这种新型列车所具有的科学优越性。[97]这些技术之所以能够研制成功，源自三木忠直在战争期间开发高度先进的海军飞机的亲身经历。由于轨道车表面粗糙，不利于高速运行，工程师们在轨道车之间的空间加装了罩子。出于空气动力学的原因，他们还封闭了车辆底部。[98] 在当时同类可比的轨道车中，三木忠直发明的轨道车的重心最低，因而将气流的影响降至最低。这样研制出来的轨道车无论是在风格上，还是在科学技术上，都是合理的。

由此产生的成功，也成为民族自豪感的源泉所在。这款轨道车屡创世界纪录，这也是标志着日本努力发展高速铁路运输服务业的一大里程碑式的重要事件。从技术上讲，新型轨道车优于当时在东海道本线上运行的当红车型。在高速运行的情况下，前者不仅重量更轻，而且阻力也远小于后者。新型轨道车，即小田急"浪漫"特快电车，长 108 米，重 147 吨，时速 120 公里时的阻力为 1400 公斤。另外，"湘南"轨道车的长度与之相当（100 米长），但重量为 225.2 吨，足足重了 53%，而在相同速度下的阻力为 1966 公斤，比"浪漫"特快电车大 40%。[99] "浪漫"特快电车的重量更轻，阻力更小，对运营新轨道车的小田急电铁公司可谓是好消息，因为每次运营所需的动力更少，耗电量也更少。[100] 事实证明，日本铁道技术研究所主导的科研工作在该项目中至关重要。用三木忠直自己的话说，该领域随后兴起的 80% 的高速列车开发项目都源于小田急"浪漫"特快电车项目。从这一历史角度来看，后来新干线轨道车能设计成功也就不足为奇了。[101] 他的前航空工程师团队为接下来开发轻型机车车辆奠定了坚实的基础。

由于三木忠直和其他前军事工程师已经掌握了所需的技术

专长，因此在这个小田急"浪漫"特快电车项目中明显不涉及昂贵的直接技术转让资金投入，例如派遣日本工程师到西方学习所花的费用等。然而，直接可见的技术转让出现在传动装置的设计和生产中，这是基于日本和瑞士轨道车制造商之间的技术联系。[102] 同时，也为日本工程师带来了灵感。例如，在20世纪50年代中期，三木忠直造访了东京的羽田机场，检查安装在商业喷气式飞机上的乘客座椅，例如美国道格拉斯DC4飞机和英国的"彗星"飞机。三木忠直的夫人精通日英两门语言，可为他提供英文翻译服务。[103]

从更大的框架来看，三木忠直研发高铁运输服务的做法，将他的研发机构置于整个项目的中心。日本铁道技术研究所指导了其从1953年成立到1957年商业运营的整个技术研发历程。这是可能的，因为日本铁道技术研究所是基于技术的想法提出者，战时必要的知识都是由它独家研制出来的。而事实证明，这些知识在建造这种高度先进的轨道车时起到了至关重要的作用。民营企业制造商鼎力相助日本铁道技术研究所，后者则负责领导这一过程。私营铁路公司小田急电铁公司为日本铁道技术研究所提供了该项目所需的基础设施，例如运营商、电力、铁路轨道和运营控制。此外，技术就是力量，战时技术将日本铁道技术研究所置于中心位置。

日本国铁总部内部在发展方向上绝不是一言堂，因此不同部门对日本铁道技术研究所与私营铁路公司的合作会有不同的反应。例如，设计轨道车的工程部门不待见三木忠直与小田急电铁公司在小田急"浪漫"特快电车项目上的合作，而铁路运营部门则对此大力支持。同样致力于发展高铁服务业的日本国铁总工程师岛秀雄持观望态度，默许了双方的合作。

　　追求技术卓越，既是日本铁道技术研究所的工程项目所信奉的座右铭，也使铁道行业的商业文化为之改变。日本铁道技术研究所的技术"建议"基本上决定了技术研发的过程。例如，小田急电铁公司不再仅仅因为通过股票或董事会成员的更换，而选择一家轨道车制造商来进行量产。在选择过程中，这个标准变得无足轻重。更为重要的是来自日本铁道技术研究所的意见，以及制造商之间以具体数字方式展示出来的技术优势，例如其产品的重量数据等。[104] 这种方法极大改变了项目中制造商的情况。小田原急行铁路是小田急电铁公司的前身，小田急电铁公司正是从中发展壮大并独立出来的，而小田原急行铁路没有获得过一份生产合同，尽管两者之间有很强的管理联系。[105] 日本铁道技术研究所的建议常常让铁道行业的许多专家震惊不已。铁道车辆颤振实验室的负责人松平精（请见第五章）仔细检查了几家制造公司生产的传动装置的重量和颤振特性，其中一家相对规模较小的制造商克服重重困难制造出了优质的产品，于是松平精个人就决定这家公司赢得了生产合同。[106]

　　从历史上看，这种以日本铁道技术研究所为中心的做法会让人想起战争期间海军的做法。研发机构在军事和铁道行业都是主角。在海军方面，技术研发的中心是日本海军航空研究所，三木忠直在此开发了高度先进的军用飞机。在此，多个年富力强的工程师团队探索了如何研发在空中飞行速度最快、飞得最远和飞得最高的军用飞机。从事研发工作的工程师是当之无愧的主角。商用飞机公司通过生产技术协助制造飞机，而海军则以飞行员、燃料、机场和飞行控制等所需的基础设施对研发机构给予支持。

三木忠直将昔日海军的研究方法运用到了高铁项目上。海军工程师和日本铁道技术研究所的工程师研发风格相同，都付出了艰苦卓绝、代价不菲的努力。在战时海军工程师就发现，很难大规模量产自己精心设计的原型机（请见第三章），而日本铁道技术研究所在20世纪50年代也遭遇了同样的问题。在小田急"浪漫"特快电车项目的设计阶段，工程师们并没有考虑到制造的问题。例如，一个主要的技术难题与新款轨道车的重心较低有关。相比传统的轨道车，新款车的重心低了30厘米，因此技术人员在地板下的有限空间内就找不到太多地方安装控制器。另一个麻烦在于车辆的外壳。为了减轻其结构重量，它是所有传统轨道车中外壳最薄的，因此无论是生产这种材料还是测试其物理强度都很难。[107] 这些技术难题战后在铁道行业都是可以解决的，因为任务没有战争时期那般紧迫。不过，这样会增加成本，这一点在商业铁路项目中更难解决。结果证明，三木忠直设计的新车虽然既轻便又精致，可造价却异常昂贵。安装在这些新轨道车上的许多设备都是专门为减重而设计的，由于有这样的特点，光是加工所有配件就要花费500万日元，这项成本比之前的老款车要高出48%。[108] 这些困难既是技术问题，也是资金的问题，昔日海军搞科研时也是如此。

虽然其他实验室的负责人也追随三木忠直参加了他带头的抵制日本国铁总部的运动，但他们都善于接纳不同的工程文化。

例如，与许多其他实验室不同，金属研发实验室具有独特的学术氛围，这在一定程度上在于它与各前帝国大学之间渊源颇深。日本东京大学、日本东北大学和东京工业大学的教授会以顾问的身份参与项目研发。[109] 制动机构实验室的成员极其珍视彼此之间和谐的价值观。用领导的话来说，这就是他实验室的"座右铭"。和谐的关系对于在 10 位首席研究员之间开展项目非常重要，其中有 6 位首席研究员在现场或工厂车间已经积累了丰富的实践经验。这个特殊的实验室与日本国铁总部密切合作，显然没有太大的内外部压力。[110]

尽管存在一些文化差异，但日本所有的实验室在 20 世纪 50 年代都会从海外寻求技术信息。例如，防灾实验室积极派遣科研人员去法国和美国搜集有关自然灾害的有用案例加以研究。[111] 焊接实验室负责人到法国、德国、瑞士和美国现场考察了两个月，以期了解行业动向。[112] 制动机构实验室负责人于 1953 年在美国研究了六个月的高铁运营。[113] 后来，他的两名研究人员编写了一系列关于苏联的高速铁路运输服务所使用的最新制动机构的详细报告。[114]

1957 年小田急"浪漫"特快电车项目获得成功，激励日本铁道技术研究所独立前行。设计机车车辆不再是日本国铁总部工程部门的特权。小田急电铁公司和日本铁道技术研究所的合资企业改变了铁道行业的格局。通过考查调研，合资公司可以在高铁项目中发挥核心作用。到了 1957 年，日本国铁内部的中心—边缘等级制度的旧习开始瓦解。

前航空工程师抵制的后果

日本铁道技术研究所的这些举措，为日本发展高速铁路运输服务业这一努力注入了新的活力。不过，出乎意料的是，这些举措同时也暴露出日本国铁在该领域做出类似努力时存在的固有弱点。在小田急"浪漫"特快电车项目取得成功的鼓舞之下，日本国铁的中央管理层致力于开发一种特快列车，6 小时30 分钟即可完成从东京到大阪之间的行程。其最高时速适中，为 120 公里 / 小时。1959 年 7 月，由此制造出了后来被称为"回声号"的列车，它可以 163 公里 / 小时的最高速度运行，创造了高速试运行的世界纪录。与之前的小田急"浪漫"特快电车项目相比，这一成功主要归功于用于试运行的直线轨道更长更好，以及使用 1550 千瓦电力运行的电机更强大。[115] 在取得这一成就的之前两年，日本国铁总部设立了专门设计现代轨道车的办公室。1957 年 2 月，所谓的临时轨道车设计办公室着手开始设计新型电力机车。该办公室由 110 名工程师和技术人员组成，从两个来源继承了日本的工匠精神：大约有 50 名工程师来自日本国铁的工程部门，其余的来自各列车工厂。负责人最初只吸收了日本铁道技术研究所的少量技术人员。[116] 就该项目而言，日本铁道技术研究所实验室仅部分参与，或仅在测试阶段参与，或完全没有介入某些研究领域，例如高速空气动力学。

从某种意义上来说，"回声号"列车设计未能取得成功。它的车头流线型在细节上还不够到位，因此整个列车前部的阻力远大于三木忠直研制的产品。在其高速运行期间进行了一系列的边界层分析，结果都是一样的。"回声号"列车车厢表面流动的空气层比传统列车更薄，因此流线型设计较好。不过，相比三木忠直的小田急"浪漫"特快电车，这方面还是要略逊一筹。[117] 除了这些技术差距，只需简单计算一下，就能看出"回声号"列车逊色于三木忠直研制的轻量化产品。就其数据而言，"回声号"轨道列车的重量在每米 1.5 吨至 1.9 吨，比三木忠直设计的轨道车重约 30%。此外，"回声号"列车的重量为 272 吨，比三木忠直的轻型列车要重 62%。[118]

之所以会有这样的结果，源于两者采用的技术开发方法截然相反：一种是传统铁路工程师的方法，而另一种是经验丰富的前海军飞机工程师（三木忠直）的方法。与三木忠直的研发团队相比，传统铁路工程师研究团队更多的是依赖直觉而非科学。三木忠直花了足足 34 个月精心改进自己车辆的空气动力学设计，相比之下，传统铁路工程师缺乏该领域的教育、知识和经验。传统铁路工程师研究团队从最初的蓝图创建到整个项目的完成只用了 10 个月的时间，[119] 他们的设计理念简单至极，靠的是对称的平衡和美观的外观，而非科学合理的形状。他们的研究团队完全缺乏高速空气动力学方面的专业知识。为了获得关于物理实验方面的知识，铁路工程师们求助于大阪大学工程学院，而三木忠直曾从东京大学获得帮助。这一战略让大家不禁想起，位于日本东部的东京和日本西部的大阪之间长期存在的文化竞争。大阪大学有一个直径为 3.5 米的风洞实验室，建造时间较晚，比东京大学直径为 3 米的风洞实验室略大。[120] 但最后，东京大学的战时科研积累发挥了成效，在高铁车辆研制的竞争中试验效果更胜一筹。

这两个研究团队都展现出了各自不同的研究方法，无论是在空气动力学方面，还是在车辆结构的构造方面都是如此。三木忠直的研究团队尽心竭力、小心翼翼地尽可能减轻列车的结构重量，同时对车身进行了一系列的应力分析。相比之下，传统铁路工程师的团队较少依赖科学知识，更多只是仅凭直觉推动研发出了在结构上有门窗等许多开口的轻型车辆。"回声号"列车的一位设计工程师说："在对产品进行负载测试之前，一切都不确定，但神奇的是，正是因为看到车体，才有了让我继续进行下去的勇气。"[121] 从前飞机工程师的角度来看，这种直觉的、不科学的且相对漫不经心的想法是荒谬的。这种差异造成了最终用户的危机感或安全顾虑。作为飞机工程师，他们的任务是研制能够在理论上和实证上承受复杂的三维力的产品，这些力会在高速行驶期间造成巨大的应力和应变。光靠直觉，或者在研发的任何阶段都不够严谨，也都很容易导致事故。直觉思维的后果可能是车载人员非死即伤，这样的风险飞机工程师可承担不起。

从 1945 年到 1957 年，日本在高铁运输服务业的研发方面取得了举世瞩目的成就。其中，居于中心地位的是日本铁道技术研究所，或者更具体地说，是由三木忠直领导的机车车辆结构实验室。他的经历、想法和研发活动可以说是铁道行业的缩影，在某种程度上，也是日本从战争时期向和平时期转变的缩影。从他身上可以看出战败对日本所带来的技术上和心理上的影响。到横须贺市工作后，他支持这座城市从战争时期经济向和平时期经济转型。这位前海军工程师过往曾"罪孽深重"，令人难忘，他在战后研制了一系列足以表明和平时期文化重要性的技术，并由此找到了心灵的慰藉。他设计出了在商业上大获成功的轨道车，例如游乐园中的用于游玩的车辆和小田急"浪漫"特快 3000 型列车，都证实了他自己和日本这个国家对和平的承诺。正是因为有了他和同事们的这些发明创造，日本才得以重新焕发活力，努力在战败国的和平时期文化中打造出高速铁路商业化运输服务这张名片。

不过，三木忠直在技术上追求精益求精，并非总是靠和平的方式实现的。他曾在 20 世纪 50 年代悄无声息地以下犯上，弄得等级制度森严的日本国铁内部关系异常紧张，因为日本铁道技术研究所归国铁总部管辖。从技术上讲，他的高铁项目取得了成功，成就了小田急"浪漫"特快电车的高速世界纪录。在领导战后项目时，正如他在战时所做的一样，他将自己的研究和开发置于技术研发的中心。他在战时的专业知识是他用来影响自己实验室内外的力量源泉，并在战后铁道行业复制了战时在海军中取得技术进步的做法。然而，三木和其他前军事工程师的专业领域在某些方面还是不够宽广，存在着一定的局限性，并且与更大的需求范围有所脱节。若非他们融入了更大的铁路系统，且日本的国民经济在 20 世纪 60 年代持续不断地取得经济增长，那么无论他们如何努力，恐怕都难以取得成功。

第七章
前军事工程师与新干线的发展，
1957—1964 年

1964 年 10 月 1 日清晨 6 点，新干线列车缓缓离开东京站，首次驶向大阪，全程 515 公里。列车背后烟花齐鸣，背景音乐是专门为此创作的进行曲，还放飞了象征和平的 50 只和平鸽。这堪称是一个重大的历史性时刻。《每日新闻》写道，这象征着"铁路运输服务业新时代的曙光"。就连地处偏远的佐贺县也有一家当地报纸对此进行了报道。[1] 日本国铁总裁石田礼助亲自为开幕式剪彩。眼见他出现在舞台中央，日本铁道技术研究所的工程师们不禁大吃一惊，他们可是对这位总裁对高铁运输服务业的态度再熟悉不过了。石田礼助曾于 1957 年 7 月参观了这些工程师研制的 200 公里时速高速列车项目运行实验的现场。其间，据说他曾这样说道："火车干吗要跑那么快呢？我自己可不打算坐这样的火车。"[2] 更令人惊讶的是，有些人竟然没有参加此仪式。石田礼助实际上是铁道行业的新手。最初，他是三井公司的一位企业家，自 1963 年 5 月起接替有"新干线项目之父"美名的十河信二，负责日本国铁的领导工作。虽然十河信二和他的得力助手总工程师岛秀雄在过去几十年都为该项目做出了不可磨灭的贡献，可他们二人却都没有出席仪式，而是和日本铁道技术研究所的其他工程师一起通过电视观看了剪彩仪式。

要想对导致这一结果的技术和政治发展做出合情合理的解释，需要考虑政治家、工程师和当地民众在各种机构和国家决策背景下的独立判断。特别是在 1957 年以后，日本铁道技术研究所的工程师、日本国铁领导层和政府官员开始对高铁服务业表现出不同的兴趣，这些兴趣虽然可调和，但却迥然不同。只有在以上各方于 1957 年为了权宜之计暂时合作的情况之下，这一国家项目才得以向前推进。在当时日本国力蒸蒸日上的大背景之下，项目参与各方都成功地利用了其他参与者可以带来的好处，各方都打造出了各自版本的新干线成功故事。

高速铁路运输服务简史，1918—1955 年

1955 年之前，日本国铁针对全国的长途高速铁路运输服务业曾发起了一系列工程计划，不过都收效甚微。在 1945 年以前，日本城市间以中短距离交通运输为主。长途铁路运输服务业虽稳步推进，但进展缓慢。从 1890 年到 1916 年，从东京到大阪的东海道干线列车整体速度有所提升，平均每年时速提升 0.83 公里。[3] 1890 年，从东京新桥开往神户的长途铁路运输列车平均时速为 30.1 公里。发展进步呈渐进式。1907 年，坐火车从东京到本州岛西端的下关旅行成为可能，这趟车的平均时速为 45.3 公里。1945 年以前，速度最快的铁路运输列车是从东京到神户的"燕"号列车，平均时速为 67.5 公里；1950 年，列车的平均时速为 68.6 公里。[4]

除了这种渐进式的发展进步，日本中央政府在 1945 年之前还启动了高铁项目，这其中有多重政治意义。[5] 处于中心地位的是日本铁道省。1939 年 6 月，铁道省成立了新干线建设委员会。[6] 该委员会的小组委员会随后接管了该项目，并研究了在东京和下关之间建设全新铁道线路在技术上的可行性。在接下来的一个月，又成立了一个委员会，成员都是来自各部门的代表和该领域的专家学者。他们的提案以"需要一条新干线"为由，正式提交意见给铁道省，这标志着所谓的"子弹头列车项目"的开端。1939 年的这项国家项目规模特别庞大，支持建造宽度为 1435 毫米的标准轨距。该项目利用了与当时日本全面侵华战争相关的日本国家紧急状态的大背景。同年，日本国会批准了建设预算，为该项目拨款 5.6 亿日元。最初的预期是在 1940 年竣工。[7]

但该项目最终以失败告终，一定程度上是由于其技术蓝图中的现实元素和不现实元素交杂在了一起。现实的一面是，工程师们计划是从东京到大阪这一段使用电力机车，然后在大阪改用蒸汽机车后驶往下关。[8] 为此，东京到下关这段铁路线路有一部分通了电。1940 年 12 月为此还成立了一个研究小组，计划使用 3000 伏的电压来实现直流电气化。之所以没采用交流系统，显然是因为铁路行业缺乏铁路领域的经验，在国外找不到可靠的电动机。[9] 在当时看来，开发合适的日本国产交流电动机是不太可能的。

该项目的发起人都不是工程师，这些人对火车在安全行驶的情况下到底能开多快缺乏现实的认识。回想起来，原计划的部分内容反映出，这纯属是处于战争状态下的日本的一厢情愿之举。东京—下关这条线，火车要在 9 小时 50 分钟跑完。东京—大阪这条线，火车要在 4 小时 50 分钟内跑完。[10] 巡航所需的速度为 150 公里 / 小时，而最大巡航速度则为 200 公里 / 小时。当初确定这些数字时相当武断，几乎没有技术依据支撑。最高速度似乎有可能实现，因为当时的欧洲国家已经在实验性高速运行中达到了该速度。此外，日本工程师们都认为，在列车高速行驶过程中，所有的窗帘都应该拉上，因为窗外的风景移动速度太快，会使乘客感到眩晕。[11]

当时整个日本很少有人意识到了前方的工程任务困难重重。例如，业界当时痴迷于流线型设计，这主要是 20 世纪 30 年代流行设计时尚文化所致。流线型的三轮车在儿童当中颇受欢迎。当时还风行流线型的发型。在高速空气动力学方面，几乎根本就没有做任何扎实的实验室研究，以至于工程师们想做任何严谨的铁路工程项目都找不到依据。东京大学和航空研究所对铁道行业要求进行风洞实验的做法表示欢迎，不过，后者的实证研究中采用的许多假设都令人生疑。[12] 战前的子弹头列车项目似乎在某些方面很有前途，不过该项目因为太平洋战争夭折了，而且留下来的可面向未来的实质性技术遗产少之又少。

不过，战前的高铁项目也自有其好处。它暂时平息了关于轨距宽度的重大论战，此前，标准轨距和窄轨距各自的坚定拥护者曾为此争得不可开交。直到 20 世纪 50 年代后期，日本所有的商用铁轨都还在用 1067 毫米的窄轨。这种更便宜的替代品源自英国，英国在其海外领土上用的就是这种窄轨。1872 年日本的第一条铁路就是沿袭的英国风格，这要归功于铁路工程师埃德蒙·莫雷尔（Edmund Morel），他用的是自己早年在新西兰修建铁路的经验。窄轨铁路成为此后日本铁道发展的基础。[13] 抵制这种做法的势力在政治舞台上落败。19 世纪 80 年代，在伊藤博文时任内阁首相的第一届内阁，军事当局率先将铁轨轨距改为 1435 毫米的标准轨距，从而增大了军事运输能力。后藤新平于 1908 年卸任南满铁路公司的首任总裁，他提议将铁轨改造为标准轨距，由此获得了铁道联合会大约 2.3 亿日元的财政支持。该法案当时引发了激烈的政治辩论，未能获得通过，不过，后藤新平也并非空手而归。铁路标准轨距改造委员会成立于 1911 年，旨在调查将窄轨转换为标准轨距后会有怎样的技术和经济收益。[14] 岛安次郎于 1918 年被任命为总工程师，负责领导该项目，他正确地指出了改用标准轨距后有望大幅节省成本。他认为，这种替代方案不仅可以为行业提供更快捷的服务，而且可以增强铁路运力。[15] 工程问题引发了一场激烈的政治斗争，在工程界产生了连锁反应。很快，许多土木工程师纷纷加入支持标准轨距的阵营，而许多轨道车工程师则接受了另一种选择。结果，日本政府否决了使用标准轨距的提议，标准轨距的支持者也因此被边缘化了。[16]

　　尽管如此，1955 年以后，建造标准轨距在铁道行业中成了头等大事。之所以有这种可能，是因为十河信二本人就是标准轨距的坚定拥护者，他在 1955 年至 1964 年执掌日本国铁。十河信二毕业于东京大学法学院，曾在各种单位工作，积累了丰富的管理经验，其中就包括在使用标准轨距的南满铁路公司所积累的铁道管理方面的经验。1955 年，十河信二从一家民用火车制造公司那里将铁路工程师岛秀雄招入麾下。岛秀雄毕业于东京大学机械工程系，1951 年 4 月因发生通勤列车重大事故而从日本国铁引咎辞职。他曾是日本国铁中级别最高的工程师，专为技术领导层提供建议，不过他仍然缺乏政治权威，根本就没机会去领导具体的铁路项目。[17] 接受过机械工程学术培训的总工程师岛秀雄与十河信二对标准轨距的看法一致。岛秀雄是从其父岛安次郎那里继承了这种思维方式，而十河信二的这种思维方式则来自他的门徒后藤新平。

在新的日本国铁管理层看来，标准轨距对提升铁路运力而言绝对是有益的。经济上当务之急要做的事情至关重要。1956 年 5 月，在岛秀雄的领导下，东海道本线运力提升委员会成立。委员会的 23 名成员举行了一系列会议，对铁路运输服务业未来的经济前景进行了分析，不过从得出的结论来看，未来的形势异常严峻。部分主要干线已达到 90% 的最大运力。到 1965 年，预计客运服务业务将增长 40%，货运业务将增长 32%，而这意味着整体业务将会增长 30% 到 40%。[18] 十河信二和岛秀雄试图让业界同人就建设标准轨距事宜达成共识。从 1955 年底到 1956 年初，日本国铁总裁亲自出马，他在自己的汽车里放了一堆关于标准轨距的小薄册子，只要拜会有关官员，定会将其亲手呈上。[19] 岛秀雄发现，重振战前基于标准轨距和电动轨道车的高速铁路运输服务项目，做起来很方便并且也很顺手。[20]

然而，他们的这一尝试却以失败告终。委员会提出了可行的替代方案，包括将所有窄轨的政府轨道线路加宽，转换为标准轨距，并使所有铁路线实现电气化。[21] 迫在眉睫的任务重点就放在了两点上：如何在最拥挤的地区增加铁路轨道，以及如何为全国的铁路设计出更方便的专门解决方案。与此同时，日本国铁领导层宣布了一项关于东京—大阪线高速铁路运输服务的方案，这项方案非常乐观，计划行程要在两个半小时内完成。[22]在当时，这一计划纯属纸上谈兵，既无实证，也无可靠的技术依据。1957 年 5 月 23 日之后，管理层中无人预想过新干线在日本铁道技术研究所实际发展的方式是怎样的。[23]

前军事工程师的最后一次抵制，1955—1957 年

日本国铁管理层和日本铁道技术研究所的工程师经常各干各的，为的是使自己的收益最大化，结果研发出了各种不同的方案。双方的项目在不同的时间点沿着不同的轨迹发展，对于做什么和该怎么做，基本上都是工程师自己说了算。工程师这个群体是只见树木不见森林，而管理层则是只见森林不见树木。后来，正是日本铁道技术研究所几位高级工程师的专业知识，弥合了日本国铁最高领导层一厢情愿的想法与技术现实之间的差距。无论是十河信二、岛秀雄，还是日本铁道技术研究所的工程师，都没有擅自决定新干线的技术研发路径，并且对技术的内在逻辑也没有进行任何临时、随意的改变。直到此时，在促进行业内对高铁服务需求这件事情上，前军事工程师这个群体基本上还是无能为力。1957 年，他们发现有必要在日本铁道技术研究所范围之外去有效、公开且有力地表达他们的思想。工程师们相信形势会朝着有利于自己的方向改变：对他们来说，

新干线是变革的原动力，也是他们可以推动技术研发以提升铁路运输速度的方式。

在一定程度上，这种想法源自1949年至1957年日本铁道技术研究所的负责人。这位负责人毕业于东京大学工学部，主要在工厂车间积累了技术经验。他鼓励开展新的研究计划，想方设法地使相对年轻的各实验室领导能够大展拳脚。在回顾这位负责人所付出的努力时，松平精称赞"他坐镇监督了高速列车所需的基础研究"。[24] 这位负责人具有许多使其成为领导者的品质，其中包括对年轻同事不乏家长式的关怀。例如，他聘请了许多兼职的年轻女助手来协助进行许多耗时的实验。他时不时会从外部给日本铁道技术研究所弄来一些小额经费，为开业务会议的同事买一些小零食，还会对外招揽项目。许多一直以来都有碍研究项目进度的烦琐文书，也是在他当领导期间废除的。[25]

这位负责人做事大刀阔斧，结果加剧了日本铁道技术研究所和日本国铁总部之间的严重分歧。他鼓励在日本各大报刊上发表有关高铁项目的文章，却并未事先征询国铁总部的意见。由此造出的丰岛园游乐园的单轨车辆和小田急"浪漫"特快电车，在日本国铁组织内引发轩然大波（请见第六章）。两派力量势如水火，就如何更新日本铁道技术研究所的问题争吵不休。1956年5月，他们讨论了三个备选方案——将所有分散的日本铁道技术研究所的设施集中在一起，并重新安置到滨松町或国立市，或者将它们分散到三个不同的地点。无论是其中哪一个选择，都被视为是为了巩固研究基础。日本国铁的总工程师岛秀雄倡导搬迁至国立市，以此作为主要研究中心。不过，他于 1956 年制订了以两年过渡期为前提的更新计划，结果遭到了日本铁道技术研究所的一些工程师的强烈抵制，因为他们认为国立市这个地方并不便利。[26]

1957 年 1 月，上述这位负责人刚退休不久，日本铁道技术研究所的新主任篠原武司接班。新主任毕业于东京大学土木工程系，不过，用他自己的话来说，他在"研发方面完全就是个新手"。日本国铁总部之所以任命他来担任这个职位，在一定程度上是因为他支持搬迁到国立市的计划。在得知任命消息时，他甚至连日本铁道技术研究所到底在哪儿都不知道。他第一次去日本铁道技术研究所的时候，目之所及都是"愁云惨雾，研发杂乱无序"，令他震惊不已。有一台测试材料强度的机器，已经足足有 40 年的历史。他在回忆录这样写道："主要的实验室又小又暗，令人感觉压抑憋屈。"他在大楼里没有发现研究人员在哪儿，不过便很快得知他们都在堆满灰尘的书籍墙后忙着做实验。每个实验室都分别在进行各自的研究。因为这段经历，他曾认真地考虑要不要辞去这个负责人的职位。凭借自身积累的管理经验，他提出了一个具体的总目标，以便使各实验室有能力的工程师都能够尽展所长。篠原武司上任后，日本铁道技术研究所的科研工作焕然一新、蓬勃发展。[27]

到了 1957 年，日本铁道技术研究所迎来了发展高铁服务业的真正势头。同年 5 月 30 日，恰逢日本铁道技术研究所成立 50 周年，正是评估全社会如何看待高铁这件事的好时机。这也让日本铁道技术研究所找到了"借口"，伺机在未经日本国铁总部事先同意的情况下寻求独立探索的各种可能性。篠原武司组织了一个论坛，其中整合了涉及高铁服务的各种独立研究项目。1957 年 3 月，10 名高级工程师开始对此进行筹划。[28] 到 5 月的时候，三木忠直、松平精、川边町肇和星野洋一这四位实验室负责人得出以下结论：东京—大阪之间高铁的运输服务运行时间不到三个小时，无论轨道宽度如何，在技术上都是可行的。特别工作组最初的目标是在全国范围内运营高速铁路，不过，为了避免被贴上不切实际的标签，他们将计划限制在城际运输服务的范围上。[29]

结果证明了这个策略很有效。5 月 30 日，这四位高级工程师分别依据自己的技术专长，依次提出了乐观且可行的前景。日本铁道技术研究所主任篠原武司致开幕词之后，就是三木忠直的演讲。这位前航空设计师恰如其分地强调了在空气动力学方面已改进的轻型车辆对该项目的关键作用。星野洋一紧随其后，认为新开发的钢轨可有效保持车辆高速运行。一位前陆军工程师提出了一种复杂的信号系统，以提供前所未有的高安全性。最后，前海军航空工程师松平精坚持认为，高速运行可减少列车颤振。在论坛即将结束时展示了一段纪录短片，内容是在法国运行的实验性高速列车创下了 331 公里/小时的世界纪录。这次论坛上不仅有令人信服的西方国家实实在在的例子，还有图表和表格等视觉辅助工具，这些都有助于让不懂行的听众相信，这些建议是切合实际的。持续两个小时的活动取得了巨大的成功，足足吸引了 500 多名观众，在星期四下午的这个雨天里，其中一些人一直站着。人们欢呼成一片，这足以证明日本全社会都真切希望东京和大阪之间能够实现更方便、更快捷的三小时乘火车出行。[30]

　　这一成功在日本国铁内部引发了不同的反应。它引起了日本铁道技术研究所以外的工程各界的强烈抵制。1957 年 2 月，由于日本国铁总部重组，临时轨道车辆设计办公室应运而生，这是一个类似于日本铁道技术研究所的机构，担负着设计现代轨道车辆的具体任务。任职于这家新成立办公室的工程师负责研究在东京和大阪之间实现高速铁路运输服务的可能性，如果可行的话，乘客可在一天内往返两地。他们关于"商业超级特快列车"，或者说是"回声号"的想法，最终于 1958 年 11 月实现了（请见第六章）。此前，他们于 1957 年 5 月 4 日，在全国大报《朝日新闻》中公开了他们火车车程单程 6 小时的想法。[31]在同年 5 月 30 日的论坛上，日本铁道技术研究所对这个同时进行的项目直接发难。据说，大约 70% 的日本国铁工程师和管理人员都抵制日本铁道技术研究所的提议。[32]

　　同时，此次论坛大获成功，对于日本铁道技术研究所来说实属意外之喜，正好可以趁此机会向日本国铁高层领导推介其项目。研究所的工程师们应邀做了同样的项目展示，这次展示是专门为先前未能出席论坛的日本国铁总裁十河信二做的。那时，篠原武司倾向于国际标准轨距将在接下来的几年中有助于促进该行业出口的这一想法。[33]事实证明，这种想法对于向十河信二和其他历来都相信标准轨距重要性的人士推介该项目来说十分重要。在演示过程中，令十河信二感兴趣的是该项目的轨距宽度。事实上，他用直接询问的方式，清楚无误地表明了自己所关心的问题。[34] 至少对于日本国铁的总裁大人而言，标准轨距的建设显然是发展高铁服务业的目的，而非手段。

为了让该项目获得认可，四名工程师中最直言不讳、资历也最深的三木忠直坦言了自己的担心，指出其他交通方式的竞争力越来越强。1951 年 7 月，随着日本航空公司的成立，横跨日本的商业航空旅行就此开始。汽车行业也显现出战后经济复苏的迹象。三木忠直所做的详细计算表明，根据马力除以重量和速度的公式表明，高铁运输服务业要比汽车运输业和航空运输服务业更有效率。他对铁道行业的前途十分担忧，直接恳请十河信二注意，并表明新干线项目所体现的新技术是唯一的出路，只有这样才能对抗日益激烈的竞争，才能挽救铁道行业于危局，防止行业继续下行。[35]

十河信二对这一提议表示认可。这样一来，对于日本国铁来说就产生了颇为古怪的结果。很快，十河信二成功地获得了政商支持。日本铁道技术研究所的工程师和日本国铁的领导层都一心想要促进技术现代化，因而就实现这一目标该采用何种最佳方式双方一拍即合。与此同时，日本铁道技术研究所与日本国铁总部原本的中心—外围关系，虽然官方在明面上维持不变，不过实质上这一关系已经发生了逆转。日本铁道技术研究所成为这场技术变革的中心和领导者，而日本国铁总部则负责提供必要的政治和工程支持。1961 年，日本国铁设立了新干线总局，拥有 180 名职工。日本国铁在东京、静冈、名古屋和大阪的办事处部署了电气、土木和轨道车辆工程师来管理地方层面的大型国家项目。[36] 1957 年 5 月所提出的许多技术蓝图，构成了该项目随后几年高铁发展的基础所在。在一系列反复细致计算的基础上，日本铁道技术研究所最初的提案中详细阐述了高速轨道车辆的特征，如电机系统、控制机制、制动系统、平均轴重、建造轨道车辆所用的材料、车体尺寸、最大运行速度、车轮直径、轴与轴之间的距离、传动装置和信号系统等。松平精曾这样说过："提案中体现的一些想法，在飞机工程师眼中再自然不过。"经过一些修改之后，在随后的三代高速铁路车辆中，几乎所有的机械结构在接下来的 40 年里都基本上没改变过，包括一直服役到 2012 年的 300 型。[37]

1957 年的这次提议，让日本铁道技术研究所的工程师们获得了他们所需的东西：最先进的研发设施。篠原武司说得非常到位，他指出，要想打造出全球最好的铁路运输服务系统，唯有全球最好的研究机构才有可能办得到。他最初的计划包括建造 10 层的高层建筑，为 200 多户家庭提供住房和一个娱乐中心。[38] 1958 年 10 月，十河信二和岛秀雄参加了在东京都国立市新建的这座现代研究所的奠基仪式。到了 1959 年 9 月，日本铁道技术研究所共有职工 803 人，其中拥有工学博士学位的研究人员 18 人，拥有学士学位的职工 305 人，另外拥有技术学院学位的技术人员 228 人。[39] 日本铁道技术研究所的总部原本位于滨松町，其位于东京各地的三家分支机构都搬到了国立市，为的是提升研究人员之间的沟通效率。[40] 对于新干线项目，日本铁道技术研究所获得了一个新的铁路车辆测试工厂，最终取代了旧工厂。旧工厂用的是一台 1914 年的装置，用于测试蒸汽及电力机车性能。新工厂的建设成本耗资 3 亿日元之巨，足以证明日本铁道技术研究所对国家项目的承诺。[41] 不久，日本第一台巨型电子计算机 Bendix G20 也安装在了日本铁道技术研究所，用其进行复杂的计算也要比以前更容易、更准确。这样一来，便携式钢制虎牌计算器就显得过时了。[42]

基于利害关系的结合：日本国铁与日本中央政府，1957—1961 年

国家项目对中央计划和技术官僚政策的依赖程度比通常外界认为的要低。日本铁道技术研究所的这个工程项目大有前途，将各不相同但又能融合有关各方聚集在一起——工程师、日本国铁管理层和政府官员。只有在各方利益真正趋同之后，这三方才会真正运用他们的专业知识来制定互惠互利的提案。像高铁服务系统这样如此庞大的国家项目，本质上需要来自日本铁道技术研究所工程界以外的财政支持、政治支持和精神支持。该项目的建造费用非常高，预计耗资 1.725 亿日元（约合 480 万美元），比 1957 年总账户预算的 10% 还要多。当时一些人声称，现代社会已经有了高速公路和空中交通，再花这么一大笔钱将会是一种浪费。批评者指责新干线项目太不切实际，把自己与中国的长城、埃及的金字塔和巨型战舰大和号相类比，认为上述项目虽宏伟壮观却造价高昂、陈旧过时，且几乎毫无意义。[43]

日本铁路公司之所以如此急匆匆地加快高铁项目，有一个直接原因，即有一场悬而未决的官司。这起法律纠纷因土地使用而起，事情的开端在于《创设自耕农特别措施法》，这是盟军

占领日本时期发起的 1946 年土地改革的一部分。这项立法是在日本战败后为使土地所有权民主化而所做的努力。它旨在帮助废除 1945 年之前的地主制度，并鼓励自耕农的发展。1957—1958 年的法律案件涉及日本国铁最初通过贷款从当地土地所有者那里获得的农田。日本国铁将这些田地用于粮食种植，养活自己的职工。根据新的土地改革法，当地地主应于 1953 年将其田产出售给农林部。然而，日本国铁继续规划了这些土地。在土地原先的所有者看来，这种用法违反了相关的土地改革法律。随后，他们提起民事诉讼，认为日本中央政府滥用法律为自身谋取利益，因此要求取消双方的购买协议。1958 年 7 月，日本最高法院的法官一致支持原告诉求。法官判定，日本国铁必须将那些土地财产悉数归还原告，除非它开始将这些土地派作"公益事业"用途。[44]

　　日本国铁启动的高铁服务系统这一国家项目，还有一个更为重要的根本原因，即经济方面的考虑——来自其他交通运输方式的强势挑战。例如，日本航空公司提供的东京和大阪之间的客运航空服务。1959 年 4 月，全日空航空公司逐渐进入该市场。而正在计划建设的主要高速公路，例如东京—神户的高速公路，则是日本国铁的另一大挑战。一旦项目建设完工，预计这条高速公路将从日本国铁分走 10% 到 19% 的客运量和 4% 到 5% 的货运量。[45] 与此同时，铁道行业的经济活力正在走下坡路。在货运市场和客运市场，分别直到 1955 年和 1960 年日本国铁还保持着 50% 以上的市场份额。不过，之后随着汽车行业的发展，日本国铁在这两个市场的份额争夺战中节节败退。[46] 作为一种解决方案，日本国铁可以将更快捷、更可靠的列车（虽然未必是世界上最快的列车）引入商业服务。

从 20 世纪 50 年代后期开始，日本国铁管理层就发起了一系列特别行动，旨在改善东海道本线的铁路结构。当时这条线路的运力几乎已达极限。当时这条铁路的线路长度只有 590 公里，虽仅占日本国铁铁路总里程的 2.9% 左右，却堪称日本全国内陆交通的大动脉，客运量和货运量都在逐年上升。当时该线路需要处理日本全国约 24% 的客运量和约 23% 的货运量。此外，这条东海道本线所服务的地区居住的人口占到日本总人口的 40% 左右，工业产值占到了日本全国工业总产值的 60% 以上。当时，无论是人口还是工业生产的年增长率，这些地区均高于日本全国平均水平。[47] 当时可用的铁路基础设施根本无法满足预期的增长。例如，与 1957 年的数据相比，1975 年东海道本线的客运量和货运量预计将增长 200%。[48]

可选的有效解决方案仍然很有限。日本国铁于 1957 年启动了第一个五年计划，预计支出 5986 亿日元（约合 16 亿美元），用于三项任务：更换陈旧设施和机车车辆；提供更舒适、更安全、更快捷的服务；提升当时的运力，客运量和货运量分别提高 1.39 倍和 1.34 倍。[49] 当时，这项计划与新干线还没有什么关系。第一个五年计划于 1960 年夭折，因为该计划未能适应之后的轨道交通运输量的加速增长。[50] 第二个五年计划（1961—1966 年）纳入了新干线项目来解决这个问题。在一次国会会议上，十河信二报告说："日本国铁正迫切需要增大运力，以应对我们社会近期对交通运输需求的意外增长。"国家项目若是延迟完成，可能会造成整个干线无法运行。这也可能会使国家交通瘫痪，并对国民经济造成严重影响。[51]

　　在此背景下，日本中央政府终于启动了新干线工程，十河信二的民族主义言论也终于占了上风。1957 年 8 月 30 日，岸信介领导的内阁决定在日本运输省内设立一家咨询机构，以"加强（日本国铁）的运输能力并使交通工具现代化"。[52] 由此产生的新干线调查委员会由 10 名秘书和 35 名经验丰富的成员组成，其中包括岛秀雄，他强调了在东海道本线建造新的标准轨距铁路在经济上的重要性。1 月 21 日会议的参与者认同岛秀雄的观点，并讨论了如何能更有效地在日本国会中宣传他们的想法。运输省的一位代表要求委员会"考虑日本的列车如何在外国游客眼中看起来是现代化的"。这一议题在游说该提案时，表象不如东海道线运输能力的经济问题来得重要。由此产生的交流语言反映出"委员会的深思熟虑"，其中充分考虑到使用现有窄轨铁路和建设标准轨距轨道各自的利弊。[53] 7 月 7 日，委员会向运输省大臣提交了一份最终报告，敦促建设新型标准轨距交流电力系统高铁。[54] 该委员会于 1958 年 2 月 28 日解散。[55]

　　与此同时，岸信介首相成立了由财务大臣、农林水产大臣、经济产业大臣、运输大臣和建设大臣组成的委员会，该委员会的成员还包括北海道开发董事会和经济计划署的总干事以及秘书长。[56] 1958 年 12 月 19 日，内阁批准了委员会的计划，即"东京和大阪之间的陆路交通系统"。[57] 随后，在 1959 年 3 月 31 日，日本国会第 31 次会议批准了新干线项目的预算，拨款 30 亿日元。[58] 得知项目获批的消息，恐怕没有人会比十河信二总裁更兴高采烈。次月，庄严肃穆的神道奠基仪式在一条隧道中举行，十河信二总裁有幸在 80 名与会者面前用锄头敲击地面。他第一次用力挥动锄头时，一朵菊花从胸前的口袋里掉了出来。在他第三次挥动时，锄头的头部飞了出去。此后不久，包括岛秀雄和运输大臣在内的与会者干杯相庆，共同分享喜悦。[59]

如果日本国铁的领导层单靠本国资金去建设新的东海道线，是不可能做到的。他们寻求从世界银行获得资金支持，此举堪称战略之举。世界银行要求日本政府作为担保人，并且日本政府有义务持续资助该项目直至项目竣工。这一金融战略是根据财务大臣佐藤荣作提出的提议，他曾任铁道总局长官，后来出任日本首相（1964—1972 年）。[60] 1960 年 5 月，日本国铁接待了世界银行的一支考察团，调研该项目未来的前景。起初，团队成员公开质疑该行业的技术能力。岛秀雄随后带考察团成员参观了日本铁道技术研究所，带他们近距离观察了相关工程领域最先进的研究设备。经过此次实地走访，世界银行考察团对日本国铁建立起了信任。[61] 日方的另一个伎俩也同样奏效了。在此三年前，四位日本铁道技术研究所工程师曾公开提出要建设时速 250 公里的高铁运输服务。随后，日本铁道技术研究所成为与该速度相关的实验场所。然而，只要是还处于实验阶段的技术项目，就都拿不到世界银行的投资。因此为了成功获得贷款，日本国铁假定"最高速度为 200 公里 / 小时"。[62] 最终，十河信二和世界银行行长于 1961 年 5 月签署了超过 8000 万美元的贷款协议（约合 288 亿日元）。这是日本有史以来获得的最大贷款金额。[63]

协调速度、安全性和可靠性：工程师成为问题解决者，1957—1963 年

1963 年 3 月 31 日，新干线在试运行中成功创下了时速 256 公里的世界速度纪录。在 1957 年至 1963 年，新干线仍处于试验阶段，专家设计的物理形状只是一个模糊的概念。日本高铁服务系统所需的技术，很多靠的都是日本铁道技术研究所的 8 个研究团队来解决。这些团队充分展现出了他们解决问题的能力，解决的对象涉及 8 大研究课题的 173 项主要技术难题：轨道 25 项、车辆 29 项、运行 17 项、制动系统 18 项、高架电线机制 25 项、交流系统 18 项、信号系统 19 项和自动运行系统 22 项。[64]

日本铁道技术研究所解决这些问题的过程，在很大程度上反映出了工程师与军队的渊源（请见表 7–1）。[65] 在八位项目负责人当中，有一位是前陆军工程师，有四位是前海军工程师。关于"技术应该是什么"这一点上，他们的想法是一致的。那些竭力想解决这个难题的铁路工程师，认为车辆只是在他们熟悉的专业领域中履行职责而已。在国家项目中，军事工程在调和经常相互冲突的经验逻辑方面发挥了关键作用，同时明确了一套与速度、安全性和可靠性相关的基础知识。

专家们期待通过改进旧有的体制来打造新的世界速度。以三木忠直为首的前航空工程师们随心所欲地充分利用他们在战前和战时积累的智力资本，这些专业人员在研发速度比以前更快的（即使不是世界上最快的）轨道车时也面临着诸多重大技术挑战。他们无论是在写论文还是在做实验当中，都不会受到

"日本一定要制造出世界上最快的列车"这样的民族主义言论的影响。他们的科学研究并未发生根本变化。当车辆以 200 公里的时速行驶，即使是流线型的列车，也会有大约 70% 到 80% 的动力消耗在克服阻力上。[66] 通过一系列的风洞实验，终于确定了高速列车前后端的形状。测试的效果非常成功。按照小田急"浪漫"特快 3000 型的发展模式，与战时一样，谷一郎教授在航空研究所与三木忠直合作进行理论和实证研究。该所的风洞实验室提供了一个受控环境，研究人员可以在其中测量各种火车头的空气阻力、边界层的厚度以及空气的分布情况。[67]

如果考虑到木材在日本美学和手工艺中所占的重要性，可以说这种关于高速列车的现代科学探索居然出奇的传统。为了进行风洞实验，前军事工程师们手工制作了各种黏土模型，其中一个非常类似于美国的道格拉斯 DC8 型客机。有一次，三木忠直派了一名助理工程师去日本海军航空研究所附近的木材加工厂去寻找可塑性更好的木料。事实证明，该材料适用于制造战时飞机螺旋桨以及高速列车的比例模型。[68] 小田急"浪漫"特快电车的风阻系数为 0.25，比 1957 年至 1959 年在日本国铁总部同时开发的商务快车"回声号"还要更胜一筹，后者的风阻系数为 0.34。而相比之下，新干线列车模型原型机的风阻系数表现得非常出色，仅为 0.22。[69] 从空气动力学来看，该设计的流线型最好，也最节能，充分利用了军事工程师们在该领域丰富的战时实地经验，这些经验对于三木忠直所在的日本铁道技术研究所实验室，还有谷一郎教授所在的东京大学的研究团队而言，都是随手可得的东西。

表 7-1 日本铁道技术研究所截至 1962 年的项目负责人名单

项目负责人	出生年份	战时所属单位	日本铁道技术研究所入职时间	就读院校	研究项目
三木忠直	1909 年	海军航空研究所（1933—1945 年）	1945 年	东京大学海军工程	轨道车结构
松平精	1910 年	海军航空研究所（1934—1945 年）	1945 年	东京大学海军工程	驱动装置
篠原康	1916 年	海军航空研究所（1941—1945 年）	1945 年	京都大学物理学	自动化操作
尾型秀人	1915 年	海军技术研究所（1938—1945 年）	1945 年	大阪大学电气工程师	电力
河边一	1914 年	陆军技术研究所（1941—1945 年）	1945 年	京都大学电气工程	信号系统
釜泽郁郎	1917 年	日本国铁（1940—1945 年）	1945 年	东京大学电气工程	接触线结构
狩野胜	1910 年	日本国铁（1935—1945 年）	1945 年	东京大学机械工程	车辆控制
平川智行	未知	日本国铁（1939—1945 年）	1935 年	东京大学土木工程	轨道结构

图 7-1　用于风洞实验的木质车头。工程师在风洞中测试了各种形状的车头模型，以确定哪种形状的车头的空气动力学测试效果最出色。照片由日本东京铁道技术研究所提供。

　　事实证明，对于在该领域所知尚浅的铁路工程师而言，高速空气动力学方面的专业知识绝对是不可或缺的。其中有一个典型的例子，涉及为机车架空线开发精密复杂的结构。摆在最初毫无准备的粂泽郁郎面前的问题是，如何确保东京和大阪之间整整 515 公里的接触线都保持在固定高度，使其不会有任何上下起伏。[70] 1957 年，当他得知高铁项目的目标是时速 250 公里的时候，不由得大吃一惊。用他当时的话来说，"此事儿戏不得"。在这种时速下，受电弓要以 250 公里 / 小时或 70 米 / 秒的速度运行，这意味着该装置在穿过每个相距 70 米的龙门架时都可能会上下起伏。[71] 受电弓与电线分开时的一刹那很容易引发电火花，产生噪声及巨大的热量，导致电线和接触片损坏。列车的电路可能会因电机整流器损坏而遭遇停电。[72] 1957 年，粂泽郁郎刚刚实现了将常规铁路运营的时速从 95 公里提升至 120 公里，要想将时速直接提升到 250 公里，这个难度实在是有些太大了。[73]

研究团队由粂泽郁郎等战时的铁路工程师领导，他们向高速空气动力学专家们请教，希望可以设计出一种高度复杂的接触线结构。为了能在列车高速运行的情况下实现可靠的电力传输，一系列风洞实验将受电弓暴露在 100 米 / 秒的风速之下。该装置采用攻角作为高速行驶时产生升力的方式，以便与机车架空线保持接触。受电弓做得体积较小，相对较轻，[74] 在由此产生的机制下，系统能够最大限度地减少列车所需受电弓的数量。最终，每两节车厢中只有一节车厢配备了这种集电装置。此外，风洞实验产生的结果是：受电弓安装在了拥有厚边界层的后侧车厢上，而非安装在前侧车厢上。[75]

这就需要空气动力学领域的专家来参与土木工程项目，而这些项目此前一直都是由铁路工程师掌控的。气流的理论研究对于启动隧道施工是必不可少的。当一列火车进入隧道，并以 200 公里的时速在如此有限的空间内与另一列火车并排通过时，空气阻力的问题就显然相当棘手。虽然小田急"浪漫"特快电车项目提供了一些有用的数据，[76] 但是依然存在许多尚未探索的问题。一个主要的问题就是黏性空气层的厚度，即所谓的边界层，它靠近运行中列车的表面。此变量决定了铁轨间的距离、隧道的横截面，以及铁道部门需要从当地居民那里购买的地块的宽度。这些数据综合在一起，决定了整体建设成本。[77] 如果隧道的内表面粗糙，会不利于车辆高速运行，所以所有隧道的内表面区域都要求很平滑。[78]

为了追求高速度，前军事工程师开始支援土木工程项目。例如，一位前海军工程师在经过理论和实证研究后，开发了耐用的道砟结构。[79] 他制定了一个关于铁轨振动的理论，非常有用。凭借该理论，他计算出轨道下方的橡胶垫作为有效的减震器，什么样的硬度才最合适。由此产生的轨道结构可以支持时速高达 300 公里的列车高速运行。[80] 日本海军航空研究所的一位前材料工程师也协助研发解决了该项目的许多具体问题。战争期间，他曾为军用飞机设计了有机防弹玻璃，这是一种由透明塑料制成的玻璃状固体材料。事实证明，他在聚合物科学方面积累的知识和经验对研发橡胶减震器很有价值。[81] 该领域的另一位重要工程师是来自日本海军航空研究所的另一位前材料工程专家，正是他在战后研究了不同材料的强度和耐久性。[82] 车辆主要在安装在混凝土轨枕上的钢轨上行驶，[83] 为了提高钢轨的强度和抗磨损特性，轨道的所有钢轨都经过热处理，而这项技术在战时曾用于研发武器。[84]

不出意外地，速度的重要性和价值引发了激烈的争论。1962 年 6 月，新干线首次试运行了 37 公里，速度达到每小时 70 公里。最终，在 1963 年 3 月，该列车以 256 公里的时速创造了列车速度的世界纪录。随后，新干线将平均速度设定为每小时 168 公里，日常运营的最高速度为 250 公里每小时。[85] 虽然这并非极限速度，但行业之外充斥着对速度的文化排斥。在新干线商业服务开始的前一个月，一家报纸做了 6000 份问卷调查。从调查对象的回复表明，2% 的人对 210 公里 / 小时的行驶速度心存疑虑，他们回答说自己可能不会乘坐新干线出行。[86]

图 7-2　1962 年，"0 系列"新干线高速试车。照片由日本东京铁道技术研究所提供。

在不惜一切代价追求速度的过程中，前军事工程师往往会突破技术极限，从而导致极端情况发生。对于列车高速运行时的紧急制动，三木忠直实验室的一支工程师团队计算了在列车尾部使用降落伞的效果；[87] 还有人提出逆着列车的运行方向喷气制动；[88] 三木忠直自己则提议使用空气阻力制动器。他认为，如果放置得当，车顶和两侧的面板将有效地增大空气阻力，并降低高速列车的速度。这个想法源于战时他在轰炸机上安装空气制动装置的经历。一系列风洞实验表明，这种方法可以使三节车厢的阻力增加 2.3 倍。研究表明，车辆重量越轻，空气制动器的效果就越好，在车辆时速超过200公里时更是如此。[89] 不过，该装置在车辆于隧道中高速行驶时就派不上用场。

图 7-3　安装在成比例的实验火车头模型上的空气阻力制动器。如图所示，它总共有六个面板，所有面板都会在紧急情况下竖立起来，从而增加空气阻力并有效地为列车减速。照片由日本东京铁道技术研究所提供。

　　工程师们对速度的追求实际上遵从于日本国铁领导层的安全考虑。十河信二总裁曾在一本面向大众的杂志中宣称，该行业的使命主要与速度有关。这样一来，就能最大限度减少浪费的时间和空间，从而提升效率。十河信二总裁写道，这种想法是地面交通现代化所不可或缺的。[90] 然而，在 1959 年的一次国会会议上，他分享了一种更具反思性的观点，设想"超级特快列车将只在名古屋停留，并在大约 3 小时内跑完东京—大阪之间的距离。其约 200 公里 / 小时的速度将使最安全且最高效的 3 小时旅行成为可能"。[91] 当时，对十河信二来说，信誉是该问题的核心所在。在 1961 年的一次国会会议上，他表示自己将"格外关注"新干线项目，因为"任何问题都可能引发国际反响"并危及全世界"对日本的信任"。[92] 日本国铁的总工程师岛秀雄也认同这一观点，这在一定程度上是因为他痛苦的个人经历。1951 年 4 月发生了可怕的通勤火车事故，导致 92 名乘客受伤，106 人死亡。在巨大的社会压力之下，他作为负责人被迫从单位引咎辞职。日本国铁声誉早已极其脆弱，根本就经不起折腾，他对此心知肚明。

　　然而，鉴于成本问题，日本国铁对速度的强调打了折扣。虽然对此问题日本铁道技术研究所的工程师们并不太放在心上，但在日本国铁总工程师岛秀雄看来，兹事体大，不容疏忽。[93] 例如，在 1957 年最初的提案中，车辆宽度为 3 米，为的是最大限度减少表面积和阻力，从而提高速度。不过，最终出于经济原因，车辆设计为每排 5 个座位，宽度为 3.4 米。[94] 因此，"0 系列"轨道车比普通轨道车宽敞了 40 厘米。因此，下大力气减重就成了该项目的重中之重。[95] 载客时的正常重量应不得超过 60 吨，空载时应不得超过 54 吨。列车的前端反映出不少成本问题。列车的前端流线型做得越好，前部车厢的座位就越少，这样一来铁路运输服务的利润就变少了。最初，"0 系列"轨道车原型车的前端流线型更好，但该设计方案因成本问题未被采纳。[96] 终于在 1964 年 10 月，新干线开始成功运营了十年之后，铁道行业已经有了更雄厚的财力，为了速度考虑，于是趁此机会采用了轻型空心车轴和流畅性更好的车辆前端设计。

通过将战时日本在空气动力学方面的研究与关于美国悬架系统的零散知识结合在一起，日本铁道技术研究所成功解决了速度、安全和成本等相互制衡的难题。其中一个典范就是战时专家们为了解决高速列车的颤振现象和自激振动现象费尽心思，呕心沥血。当时，速度最快的列车缺乏足够灵活的装置来解决货运列车旋转、摆动甚至脱轨的问题。在这种情况下，松平精的实验室成功开发了配备充气型波纹管和调平阀的两轴机车车辆。这种空气悬架系统并非原创，也算不上是新事物，德国工程师也曾对此进行过研究，只不过未能进入实际应用阶段。松平精受到美国"灰狗"长途巴士所使用的空气悬架系统启发，在此基础上研制出了一种有效的悬架系统。他曾读过一篇介绍"灰狗"巴士悬架系统的文章，可惜无法从美国获得必要的技术信息。不过他并不气馁，靠反复试验和不断试错自主研发出了空气悬架系统，并将该系统应用于当时的"朝风号"和"回声号"特快列车。[97] 对于高铁项目，他的实验室建了一个试验台，并凭经验观察全尺寸列车在高速行驶时的表现如何。[98] 事实证明，他们研制出的空气悬架系统可有效减少车辆的横向和垂直振动，使列车能以 250 公里的时速安全运行。

在那些缺乏实质性军事研究经验者的圈子里，最看重的并非是技术知识，而是战时海军的团队精神。电气工程师林正实的经历就颇具启发性。1944 年，他在东京工业大学完成了学时缩短、课程压缩的电气工程教育后，加入了日本海军。他在日本海军任助理工程师一职，在日本海军航空研究所接触过一些航空电子设备，不过在他自己所学的领域尚缺乏实质性经验。在他战后就职于日本铁道技术研究所期间，开发出了一种电源系统，能持续不断地为行驶中的车辆提供前所未有的强大电力。1959 年到 1964 年这段时间，他所担负的任务异常艰巨，因为以200 公里时速运行的列车所需的动力是普通特快列车的 3 倍。事实上，高速列车项目采用的是 25 千伏交流电的电力牵引。速度越快，相应的电力需求就越大，需要确保可靠供电的难度也就越高。[99] 因此，在电力供给方面，两节火车车厢为一个单元。将电动机分布在整列火车中是在一节车厢出现技术故障时仍可提供可靠服务的一种方式。[100] 林正实战时在海军的工作经历与战后他在日本铁道技术研究所从事的科研工作并无密切的关联。然而，当他提到在困难之时帮助支持自己的前海军工程师人脉时，林正实将他在战后取得的成就归功于"他作为（前）海军成员的自豪感"，以及日本铁道技术研究所内外的"团结一心的感觉"。[101]

除了高速空气动力学领域，前海军工程师还为高速铁路运输服务业的可靠性和准时性做出了贡献。他们的研发成果包括一套精心设计的控制机制，被称为"集中式交通控制系统"。新干线上所有的交通均由这套系统进行管理，不存在时间滞后。东京总部办公室的一名调度员配有鸟瞰图，通过与每列火车的驾驶员进行通信，可远程编排轨道交通。借助这种自动化机制，使得尽可能多的火车在轨道上运行，日本国铁总部指挥部门能最大限度提升运输能力，同时减少列车延误。

日常铁路运输服务之所以能做到既准时又可靠，其中实验室领导功不可没。一位是前海军航空仪表专家篠原康，另一位是一名前海军电气工程师。他们所实施的系统并非完全是战时的产物，其最早脱胎于美国的单轨铁路系统。使用美国的这套系统，美国列车驾驶员能够有效地解脱出来，不再需要把心思放在弄懂复杂的时刻表上，也不需要在现场交换书面信息。这样一来，既降低了管理成本，又提升了运输能力，欧洲和日本的铁道行业对此都非常感兴趣。[102] 从 1964 年到 2011 年，新干线每年运行的列车班次约为 36.2 万次，每趟车平均延误时间不到一分钟，而且该统计数据中还包括由于天气和地震原因造成的延误。[103]

　　日本高铁系统在研发方面，确实是由日本前海军工程师坐镇。不过，在提高安全性方面，则主要是日本前陆军工程师在发挥至关重要的作用。日本铁道技术研究所的各研究团队更多依仗的是技术，而不是人。他们得出的结论非常中肯：列车以 200 公里/小时高速运行时，传统信号设备的服务能力就跟不上了。夜间工作的时候，驾驶员的视野会大打折扣，就只能依仗地形和诸如雾和雨之类的天气条件自行做出判断，可如果这样做的话会非常凶险。列车提速之后，留给驾驶员靠视觉识别远处信号并做出适当反应的时间必然要少得多。[104] 铁轨上一公里开外的任何东西肉眼都无法看到。[105] 此外，列车提速之后，列车刹车距离势必也会更长。例如，一辆满载的列车以 200 公里/小时的速度高速行驶时，列车刹车制动后需要 2~3 公里的距离才能停稳。[106]

　　起初，速度和安全性确实看起来很难兼顾，但一位战时的生理学音频信号专家最终开发出了一种可靠的电子制动系统。

1957 年，他成功地将可听频率电波和警告信号相结合，开发出了精密的轨道电路。[107] 由此研发出了自动列车控制系统，这堪称技术史上的一大创举。通过轨道电路，速度计上可显示出东京—大阪每段距离的列车最高运行速度。对于驾驶员而言，电子设备可自动比较运行速度和信号指定的速度，立即下达指令使列车以固定的速度减速或低于指定速度行驶。[108] 这一技术贡献至今仍在继续为保护乘客安全造福。2004 年，在列车以 270公里 / 小时的速度运行时，自动化列车控制系统成功取代了驾驶员的工作。对于驾驶员来说，难以始终保持精力集中。例如，当列车在自动安全减速后完全停下来时，长期患有发作性嗜睡病的驾驶员常常在呼呼大睡。[109] 自 1964 年以来，乘坐新干线出行的乘客约有 92 亿人次，却未发生一起死亡事故。[110]

　　不过，并非所有战时科研成果都能在高铁项目派上用场。日本铁道技术研究所的一位科研人员曾是日本海军航空研究所的航空电子专家。他从三木忠直对高速运行安全的关注出发，研制出雷达探测系统，并于 1958 年获得了专利。他的想法一直得到同事们的支持，而且在当时看起来对于高速列车来说会很有用。[111] 该雷达探测系统可令列车前部的车厢沿着铁轨在离地面 20 厘米的地方发射电波。随后，雷达会探测途中的障碍物，自动计算出障碍物与驶来的列车之间的距离，并将计算结果显示在驾驶室的电视屏幕上。不过问题在于常规电波无法处理曲线，而且往往难以传播到 3 公里范围之外。[112] 雷达的确可成功探测到足球大小的障碍物，不过它也会探测到乌鸦展开翅膀停在周围都是稻田的铁轨上歇脚。雷达无法区分出岩石和乌鸦，因此无法为高速运行的列车提供其所需的安全性。[113]

战时的军事研究不仅有益于高铁项目，对战后的其他民用工业研究也同样有所帮助。战时的航空技术可有效地减轻列车碰撞的冲击力，有助于协调速度和提升安全性。由于高速列车的运行速度是普通火车的两倍，因此一旦发生碰撞，冲击力会增加约400%。[114] 为了安全起见，列车轨道上根本没有平交道口，而是在下穿通道或高架桥上行驶，这与东京—大阪的常规铁道线路上的一千多个平交道口形成了鲜明的对比。[115] 不过，这种预防措施的保护力度还不够。即使是在高速试验阶段，安全问题也格外令人担忧。一些不法之徒会把石块丢在铁轨上，还有人会迎着快速驶来的列车卧轨自杀。随后，为了防止列车在高速行驶时发生上扬，工程师们设计出了车前部护栏，从而增加厚度和强度以加强安全保护。[116] 此外，鸟类也会对高速行驶的列车构成巨大威胁。1963年，工程师们借了一把巨型气枪，事实证明此举对于研制日本第一架国产民用飞机（YS-11型）的挡风玻璃而言至关重要。工程师们弄来死鸟，充填进廉价的鲸鱼肉，然后仔细称量填充后每只鸟的重量。他们模拟了日本最常见的两种鸟，即乌鸦和黑鸢，重量分别是0.8公斤和1.2公斤。他们用气枪将鸟弹射到钢化玻璃上，这为工程师们提供了实证的经验数据，以确定轨道车的挡风玻璃需要造得多厚其防撞效果才最好。[117]

在1964年10月新干线投入商业运营后，前军事工程师的一些工作仍需要进一步改进。正如日本铁路工程师和一些法国人指出的那样，列车驶入隧道时，列车工作人员和乘客会感到耳朵"很不舒服"。这是因为车辆缺乏气密结构，车内的气压发生了变化。[118] 为了解决该问题，工程师们提出过不少建议，其中包括在列车驶入隧道前给乘客发放口香糖让他们咀嚼。鉴于东京—大阪线沿途的隧道多达 67 条，这条建议很快就被否决掉了。[119] 随后，列车车厢变得像商用飞机一样密闭，为的是不让乘客在乘车时感觉到不舒服。其中一部分对此有用的数据是来自战时的航空医学研究。[120]

不过，这样造出的车辆在工程规格上并未完全达标，仍有多名乘客为此遭了不少罪。当时，最初量产的轨道车洗手间内缺乏气密结构，在特定气压下洗手间打不开门，由此导致乘客被困在洗手间的情况屡见不鲜。列车驶入隧道时，密闭空间的内部气压会发生变化，如厕的乘客会被恶心至极的粪尿喷得到处都是。[121] 工程师们经过认真仔细的研究之后，轨道车的卫生间才改用密闭结构。人类排泄物都存储在地板下的水箱中，并在列车到站后进行处理。[122] 随着高铁系统的不断优化，坐火车出行的体验更好了，社会的接受度也更高了。

诚然，新干线的技术在很大程度上源自战时科研成果，不过对此切不可过分夸大。战前铁轨结构专家星野洋一就在高铁项目中充分展现出了他超凡的非军事技能。车辆行驶速度越快，铁轨振动的幅度就越大，会使铁轨严重受损。星野洋一得出的结论是，与使用常规的 10 米长铁轨铺设的铁路路段相比，高速铁路的维护成本要高出 5 到 10 倍。[123] 对于新干线，他提出了一种新理论。根据此理论，每条铁轨会焊接成约 1.6 公里的长度。然后，这些部分将通过预应力混凝土轨枕上的双弹性紧固件，用伸缩接头连接在一起。这种钢轨虽然重一些，却很耐用。其重量为 53.3 公斤 / 米，而传统钢轨的重量为 50 公斤 / 米。当时日本国铁总部也在研发类似的项目，不过它们最终支持的还是星野洋一在日本铁道技术研究所的科研项目。[124]

高速铁路运输服务系统之所以最终得以实现，还因为该土木工程项目及其支持者在政治上颇有头脑，独辟蹊径。因落成了许多新隧道，东京和大阪的铁路线得以通过最短距离连接。从设计上来看，对于高速运行的列车而言，其轨道的曲线还算是平缓。之前轨道车通过的最小曲线半径为 400 米，而新干线列车的最小曲线半径则为 2500 米。两城之间的标准轨距铁路线比窄轨铁路线缩短了 40 公里。高架路面占全程的 44%，高架桥占 22%，桥梁占 11%，隧道占 13%，路堑段占 9%，其余路段占1%。[125] 这条铁路线之所以能够快速铺设完成，部分原因是日本国铁已经购买了 515 公里线路中的 95 公里及其所辖地块，约占第二次世界大战期间东京—大阪线征用土地面积的 20%。除去桥梁和隧道施工区域，剩余的 325 公里线路的征地事宜堪称整个工程中难度最大的部分。总共有大约 5 万名拆迁户，其中最难打交道的当地业主可能要算是一位退休教授。[126] 直到 1964 年1 月，他都还不肯放弃自己在富士山脚下的土地，因为他个人对自己种在地里的无数颗郁金香球茎情有独钟。[127] 这个极端的例子背后，还有一个更大的文化问题。当地居民对神道教奉若神明，神社比比皆是，他们认为佛教寺庙的墓地是祖先灵魂永恒的安息之地。因此，日本国铁管理层在规划时不得不考虑诸多事项，其中不仅包括地形问题，还有学校、医院、神社和寺院位置等。日本国内多山，平原面积极其有限，因此新干线的路线系统规划十分受限。

直到那时，日本铁道技术研究所的工程师和日本国铁的管理层一直都无法解决因高铁服务意外所引起的所有地理及环境问题。空气动力学的问题就是一个突出的例证。当列车驶入隧道时，车头前的气压会增加，由此产生的空气波离开隧道时会以音速传播。日本铁道技术研究所缺乏有用的实证数据，而前航空工程师纯粹是从理论的角度来研究这一现象的。[128] 在 1964 年 10 月新干线开始商业运营后，工程师们才了解到空气波在离开隧道时引起了巨大的爆裂声，令人震耳欲聋，当地居民纷纷表示抗议，以及他们对此的担心。在随后的几年里，环境问题并未引起工程师或管理人员太多的关注，不过事实证明该问题也相当严重。

新干线列车投入使用后不久，就成功激起了日本举国上下对现代技术的热情。不过，这些都是以牺牲其核心设计人员的利益为代价的。如此快速、安全且可靠的铁路运输服务在当时是前所未有的，日本民众从中受益匪浅。不过同时引发的政治问题也令这些技术成就黯然失色。由于该项目的实际总支出远远超出最初预计的金额，日本国铁总裁十河信二被问责。该项目最初估计的预算为 300 亿日元，而十河信二为了能通过国会审批，故意将预算金额少报了一半。[129] 随着项目总成本节节攀升，这种小把戏产生了具有讽刺意味的意外后果。后续预估的项目预算为 1725 亿日元，可实际支出由 1972 亿日元增至 3800 亿日元。仅 1963 年这一年，该项目的资金缺口就高达 900 亿日元。当时日本经济正蒸蒸日上，因此推高了材料、劳动力和土地征用的各项成本。[130] 当十河信二于 1964 年引咎辞职时，总工程师岛秀雄和其他高级管理人员也从日本国铁离职以示抗议。此时，三木忠直等在第二次世界大战期间积累了实质性科研经验的骨干高级工程师也到了退休年龄，他们在离开日本铁道技术研究所后继续做着自己的事情。因此，他们都没有参加 1964 年 10 月 1 日的新干线开通仪式。这一国家项目体现了研发工作各方之间的时间虽短却大获成功的合作，这一合作产生的政治、经济和文化成果影响深远。

国际竞争与高铁服务

新干线在成功商业运营后，成为日本科技现代化的文化象征。孩子们都高唱流行歌曲《梦幻特快列车》，有板有眼地夸赞高铁项目。新干线不仅在年轻一代的心中打下了烙印，1964 年还发行了纪念邮票。新干线运营第一天迎来了 36 128 名乘客，其经济重要性大增。此后乘客量继续增长，在 170 天后达到 1000 万人次，在第 619 天后达到 5000 万人次。[131] 到了第三年，新干线铁路运营开始盈利。东京和大阪之间的高铁运营取得成功，为后续项目将铁路线向西延伸奠定了基础。1975 年，新建的线路延伸到了 554 公里外、位于九州地区北部福冈市的博多站。[132]

1964 年东京夏季奥运会后，新干线列车开始承载具有象征性的民族主义意义，其影响力走出日本国门，走向世界。同年 10 月 10 日至 24 日，来自 93 个国家的 5152 名运动员抵达东京参加奥运会比赛。[133] 这场为期 15 天的体育盛事进行了全球电视转播。当裕仁天皇宣布活动开幕时，开幕仪式在文化意义上象征着日本完全重新融入战后国际社会。[134] 就在一年之内，法国"免不了对（新干线）感到好奇，尤其是在东京奥运会之后"。[135] 此后不久，许多发展中国家开始纷纷称赞新干线，将其誉为非西方技术现代化的象征。从 1972 年到 2001 年，世界上有多个国家发行了新干线的邮票——亚洲有 7 个国家，拉丁美洲有 8 个国家，非洲有 17 个国家。1972 年，阿联酋的乌姆盖万和巴拉圭将新干线列车作为自己邮票的特色，之后效仿的国家还有马里（1973 年）、科摩罗（1977 年）和蒙古（1979 年）。匈牙利是欧洲唯一以新干线为题发行过邮票的国家（1979 年）。其他所有发行该主题邮票的 32 个国家都是非西方世界的发展中国家，而且其中大多数国家都有过被殖民的历史，其中就包括朝鲜（1981）。[136] 新干线代表的国家技术奇迹般地超出到日本之外。

　　在法国，技术和民族自豪感似乎结合得更为紧密，该国当时已经研制出了自己的高铁技术。法国国营铁路公司（SNCF）是该国的国有铁路公司，运营着包括 TGV 高铁在内的高速铁路网络。法国铁路运营始于 1832 年，其铁路运营历史之久仅次于英国。回顾历史，1955 年 3 月，法国国营铁路公司使用两台电力机车作为牵引力，在标准轨距试车中创下了 331 公里 / 小时的高速世界纪录。[137] 然而，在接下来的几年里，直到有关新干线的消息传到法国，法国国营铁路公司的工程师才对高速列车做了进一步的研究。1961 年 12 月，法国国营铁路公司的工程师团队造访了日本铁道技术研究所，但没有立即将自己的研究工作付诸行动。[138]

1964 年新干线列车成功通车，给法国铁路工程界带来极大的冲击。其中就包括菲利普·胡莫格禾（Philippe Roumeguère），他当时是法国国营铁路公司的总工程师，后来出任国际铁路联盟总干事。新干线的成功对他触动非常大，他甚至选择去日本度蜜月。岛秀雄的领导能力，还有日本前军事工程师在高速列车项目研发中所发挥的作用，都给他留下了深刻的印象。[139] "毫无疑问，"法国一家铁路顶级杂志报道说，"日本新干线树立了铁路运营史上的里程碑。"法国观察家是用技术民族主义的眼光来看日本的，"觉得（日本）举国上下都怀着大力支持该项目的热情，大家都力争更好地完成自己的工作"。[140] 眼见日本的高速列车 "技术上如此非凡"，法国人不禁生出了以下问题："在欧洲打造高速列车的可能性有多大？"[141] 法国一直都有很强的文化自豪感，所以法国国营铁路公司免不了有些迷之自信，仍然习惯于自诩为全球铁路技术的领导者。法国本来并未考虑修建高铁，但其想法在 1964 年 10 月之后发生了根本性的变化。在法国国营铁路公司看来，新干线 250 公里的最高时速并不算快。在某些更直、更新的铁路线上，法国列车的速度可以更快。不过，法国当时缺乏专门的铁轨来持续不断提供稳定可靠的高速铁路服务，而这种服务能够像地铁通勤列车一样快速到站和出发，且间隔时间极短。[142]

在其铁路技术国际声望和地位即将不保之际，法国国营铁路公司迅速做出反应。1966 年，它专门成立了一个现代研发部门，旨在通过法国各大城市之间的有限站点提供更快的铁路运输服务。同年 12 月，法国国营铁路公司公布了将于次年开工的国家高速铁路 C03 项目。1967 年 5 月 28 日，新闻媒体报道了巴黎与图卢兹之间的长途高速铁路运行项目。与此同时，政府通过提升莱索布赖站和维耶尔宗站之间的最高速度，为成就当时世界上最快的商业列车铺平了道路。[143] 在法国和其他地方，民族主义多挂在口头上，亲身躬行者很少。法国铁路供应行业协会总干事让 – 皮埃尔·奥杜（Jean-Pierre Audoux）在法国铁路工程师面前发表讲话，希望通过对比日本的高铁服务，唤起这些工程师的民族自豪感。他表示自己每年都会收到日本寄来的圣诞贺卡，其中一半都与新干线有关。他号召法国工程师要不甘居于人后，努力打造出属于法国自己的高速列车，与日本的高铁相抗衡。他的演讲引得观众掌声雷动。[144] TGV 等高速铁路运输服务逐渐成为一种文化标志和国家标志，象征着现代法国的技术实力。

不过在法国，技术民族主义的重要性不应被过度夸大，它只是推动法国高铁项目发展的诸多影响因素中的推动力之一。相比民族自豪感，更重要的因素其实是来自其他交通方式构成的竞争威胁。1959 年，法国航空公司推出了商用喷气式客机，以重振法国航空业并增大法国国内和国际的空中交通量。汽车行业也同样构成了对铁路的严重威胁。1952 年到 1958 年，汽车总产量翻了一番，私家车保有量从 1951 年的 170 万辆，到 1958 年猛增至 400 万辆。尽管如此，日本东海道新干线的成功，还是令法国国营铁路公司倍感压力。法国国营铁路公司之所以下定决心从 20 世纪 60 年代中期开始建造自己的高速铁路线，与此不无关系。[145]

日本在 1964 年首开高铁服务，激发了欧洲国家开始研制本国的高速铁路运输服务项目的决心。法国代表团考察了日本新干线的技术和运营。[146]1968 年 6 月，来自世界各地的 349 名铁路工程师在为期六天的研讨会上讨论了高铁运输服务的前景，这象征着业内对日本高铁技术成功的认可。在维也纳举行的此次活动由国际铁路协会（International Railway Congress Association）和国际铁路联盟（International Union of Railways）联合主办。当时正值"冷战"高潮阶段，29 个参与国中既有美国、加拿大、英国、法国、意大利和西德等西方民主国家，也有苏联、东德和南斯拉夫等社会主义国家。作为新干线的总设计师，松平精主持了研讨会五大板块中的第一部分：牵引力和机车车辆问题。[147]从 20 世纪 60 年代中期开始，除法国以外的欧洲国家都启动了自己的高铁项目。例如，英国推进了自己的命运多舛的高级客运列车项目，其最高速度为 240 公里 / 小时，巡航速度 160 公里 / 小时，这在当时已经有了新动力来源（燃气轮机）的背景之下，技术上是可行的。1969 年年初，意大利开始启动自己的高铁项目，将相隔 120 公里的佛罗伦萨和罗马两座城市连接起来。该项目计划雄心勃勃，将列车的最高速度设定为 250 公里 / 小时。[148]真正的世界最快铁路运输服务国际竞争时代始于欧洲，然后才是亚洲。

结论
战争与战败的遗产

在 1868 年日本明治维新之后的大约一个世纪里，日本不得不在极具挑战性的环境中获取或研发适当的技术。这个国家充分利用了战争有心或无意带来的后果，尤其是在第二次世界大战之后。相比有心的后果，无意的后果对技术研发的影响更大。在这几十年来，日本先是发生战争，然后走向和平，权力在多个层面变幻不定，从国际到国家，再到区域、地方、工业、机构和实验室环境，莫不如此。日本战败后的这些变化，以迂回的方式促使工程界各方推动日本的战后重建，并在此过程中开展国家资助的项目，结果却导致技术研发毫无章法、缺乏连贯的系统性。日本战败后军事技术的转化过程受到主观价值影响，存在内部冲突，并且具有一定的偶然性，没法人为地提前安排这一过程的具体走向。

当然，这并不是说日本为建立现代技术体系的策略是不够系统的，甚至是混乱的。从 1868 年到 1945 年，日本利用自身资源集中在重点地区的地理优势，较为系统地培养和招募了有战时研发经验的工程人员。在第一次世界大战的战前、战时和战后，国家安全是重中之重，而这正是日本现代工程得以发展、壮大和产生变革的基础所在。因为该国的教育和科研基础设施都未受国外冲突影响，日本的帝国雄心大振。日本新的首都东京在当时的位置堪称完美，集所有形式自上而下的现代化于一处，因为它从早先的德川时代就开始积累了必要的财政、政治及人力资源。这一点从当初创建东京大学就可见一斑，也正是通过东京大学，制度化的工程教育传播到了周边地区。

工程教育和战争相辅相成。日本发展工程教育项目可分为四个连续的阶段：1895—1897 年，1905—1911 年，1918—1924 年和 1938—1942 年。每个阶段都大致与日本对外发动战争的时间相重合。京都大学在东京大学之后成立（1897 年），这标志着甲午中日战争（1894—1895 年）后日本工程教育扩张的第一阶段。第二阶段的扩张是在日俄战争（1904—1905 年）之后，主要体现在九州大学和日本各城市中心地带技术学校的建立。1918 年至 1924 年，第一次世界大战（1914—1918 年）促成了日本工程教育的第三次扩张浪潮。出于国家安全的需要，东京、京都和九州的帝国大学纷纷加强工程教育。与此同时，北海道大学和日本东北大学也开始建立起了坚实的现代工程项目。日本各地的技术学校也随之逐渐开始提供系统化的工程教育。

说起日本的科学技术研发，借用约翰·W. 道尔的话，一直到 1937 年，每次国际冲突都能令日本"从战争中获益匪浅"。[1]每逢国家开启战端，其工程教育都会经受国外冲突的严峻考验。正因为亚洲国家在帝国主义时代姗姗来迟，所以每场战争都自然而然地意味着它们有理由在全国范围内扩大工程教育的规模。第一次世界大战更是使日本放松了对本国工程教育在财政方面的限制，使航空学成为国家安全的一个学术研究领域。第一次世界大战期间，日本本土毫发未伤，在道尔看来，这场战争对日本是最"有用"的。日本文职和军事官员的科研兴致大振，从而建立了研发机构，而在空中力量方面就更是如此。在国家安全需要的驱使之下，日本军方趁着欧洲因战争满目疮痍的契机大搞建设。日本处心积虑地从海外引进技术，设计出一种让外国工程师相互竞争的体系，助力由日本民营飞机公司推动的航空领域的发展。

在 1945 年之前、期间甚至之后，日本帝国军队中各军种间的竞争对日本的技术研发影响极大。颇具讽刺意味的是，这也削弱了日本对外发动战争的能力。尽管有来自西方的威胁，或者说也正是因为来自西方的威胁，日本陆军和海军在国内暗斗不断，这种不睦直到 20 世纪 30 年代才真正浮出水面。最终，海军巧施手段，在招募精英大学生方面比陆军更胜一筹，甚至它经常直接从陆军那里"挖走"有前途的工程师。日本这两大军种相互之间的较量，自然会导致全面传播工程知识的受阻。

日本海军的空中力量之所以能够如此快速崛起，一定程度上是因为日本海军在与陆军的人才争夺战中胜出，同时也要归功于日本海军航空研究所奉行的工程文化。该研究所最引以为傲的资产是其工程师团队。海军为了战争专门训练出了自己的工程人员，而陆军则是将其研发项目外包出去，忽视了自身人才的培养。1942 年之前，日本海军工程师的时间、精力和物力都很充足，可以不惜一切代价地精进技艺，因此他们在推进基础研究时遇到的财力或时间限制相对较少。日本海军的研发氛围积极乐观，其工程文化在这种氛围中是可以持续下去的。

1943 年以后，日本的军事工程暴露出其先天的缺点，即研发氛围不可避免地从乐观逐渐变成悲观。一个关键原因在于日本社会中工程人才一直都很短缺。正如日本中央航空研究所展示的情况一样，事实证明日本仓促之间大规模培养工程师的做法适得其反。从顶尖的帝国大学到偏远地区的技术学校，全国各级工程教育都元气大伤。同样，工程基础设施从 1944 年年底开始面临严峻挑战。盟军的空中攻击，无论是真正的攻击还是想象的攻击，都极大削弱了日本计划集中资源在东京进行研发的战略，使得关键军事设施都从东京分散到了偏远地区。

没有任何其他技术能够像神风特别攻击队的座驾 MXY–7 "樱花"特别攻击机那样彰显出工程文化开历史倒车的悲哀，以及工程界对技术精益求精的追求。日本的科研氛围从悲观转变为绝望，催生出这一自相矛盾的神奇武器：它体现出工程师对不道德军事行动的民族主义支持，以及他们为最大限度地提高飞行员生还概率的良心和人道主义思想。之所以能够造出如此惨绝人寰的武器，是日本工程界绝望、专业、保密和自主的产物——所有这些都在日本海军航空研究所体现得淋漓尽致。军事工程师群体所表现出的自主性和专业性，使他们能在战后那些年大展宏图。

1945 年夏，日本战败投降，为战时技术随后的某些特殊转变设定了国际、国家、地区和地方的背景，而战时技术的使用和价值都反映出了和平时期的新秩序。虽与武器无关，但传承自军事遗产的技术的兴起，在一定程度上源于日本战败后彻底重构的权力关系和文化。从 1945 年到 1952 年，盟军实施了占领政策，旧政权终结，日本及其工程师都实现了去军事化，顺应了数百万普通民众对和平的真正渴望。而日本在近代军事上首尝败绩，也使其军事技术和军事工程师信誉扫地。不过，这后来也带来了蜕变，日本以建设性的方式将工程师们转变为有益于和平、对和平有意义的力量。日本失败投降，对工程知识的传播模式，以及工程师在日本国内外的流动产生了意想不到的深远影响，这种影响总体上来说是积极的。

对于 1945 年后的日本重建来说，"冷战"反倒使日本因祸得福。尽管也有一些反例，但是战争初期东亚的地缘政治迫使日本工程师不得不留在国内。另外，由于在经济和法律上也有重重障碍，所以他们要想离开日本困难重重。与德国同行不同，日本社会文化习俗的影响力很强，日本工程师远游的难度很大。日本的前军事工程师既没有办法也没有机会离境，所以他们只能待在日本国内发展，而他们在日本国内的唯一出路就是转岗到民用部门工作。在盟军占领时期，这些前军事工程师没有大量移民到国外，这样就确保了他们的战时专业知识不会流出国门，只会在日本国内传承下去。

在日本国内，正因为战败投降，像前军事工程师这样的平民阶层才有机会开创日常生活中常见技术发生变革的时代，其中就包括由日本国铁运营的铁路系统。这其中所体现出来的，既不是技术线性发展的模式，也不是战时的技术民族主义，而是世俗的技术民族主义。它在国家资助的技术项目中无处不在。从 1945 年到 1952 年，整个日本社会，具体来说就是占领当局、成千上万的普通铁路乘客和铁路工程界，都共同对和平怀着世俗的憧憬：希望能够享受到更安全、更可靠、更舒适的日常铁路运输服务。战时留存下来的铁路基础设施满目疮痍，人们乘火车出行甚至生命安全都得不到保障，这令占领当局非常担心。日本无条件投降后，大量前军事工程师进入就业市场，由于火车事故频发，这些工程师在日本国铁终于找到了用武之地。只有在盟军占领时代，各种工程团体才会融合在一起。因此，前军事工程师的工程文化得以与已有的铁路工程师的工程文化成功结合，从而为战后高速铁路服务系统的发展提供了可能。

由此而生的最终产品就是新干线，它代表了战争与和平的影响，由此改变了国家、地区、地方、机构和实验室环境中的权力结构和文化构成。1945年前的民族主义对战争及其相关技术的热望大都落空了。这种战时价值观的重新定位是日本各地城市几乎全都自愿去军事化的核心所在，其中像横须贺这样曾在战争期间成为军事重镇的城市更是如此。当地的铁路部门和旅游业都欢迎社会转型，因为这可以振兴区域经济。与此同时，日本战败也导致铁道行业的工程人员重组。其中一个结果就是，原有的铁路工程师和前军事工程师之间爆发了文化冲突，铁道技术研究所的情况就是其中的典型。这些前军事工程师发起了一系列抵制活动，对处在外围的日本铁道技术研究所与日本国铁总部之间原有的上下级关系提出了挑战。最终，他们不仅解决了技术问题，获得了自主权，还在日本国铁内部站稳了脚跟——这些都是凭借他们自己在战时积累的工程知识才实现的。这些工程师开始重塑他们的研究领域、日本国铁和铁道行业的各种权力关系，以及有关高铁服务系统的国家项目。

新干线是经历了战争与和平之后造就的卓越成果。不过，该项目之所以成功，并非像人们普遍认为的那样，即中央统筹管理居功至伟。在日本铁道技术研究所的工程师、日本国铁的管理层，还有日本政府官员开始将可以调和的不同利益拿到桌面上来谈之后，该项目才最终取得了成效。研发工作的相关各方之所以能够齐心协力，靠的是爱好和平时代的一些具体、务实、有益的东西。随着这一发展，行业中原先存在的冗余项目和文化紧张关系逐渐消退。新干线体现出了铁路工程师和领导层的独立判断，铁路行业权力结构的重构，以及工程师、管理人员和政治家在其中做出选择的政治经济学博弈。受主观价值影响的非军用技术研发适应了当时的和平用途，日本战败投降对此产生了意想不到的广泛影响，而新干线正是这一切的产物，即技术与文化结合的产物。

跨越战争的技术史：连续性和不连续性

这部关于日本技术的社会文化史展示了战争留给日本这个战败国的重要遗产。1945 年的夏天在许多方面划出了界限：界限的一面是以战争为导向的军事化技术和社会，而另一面则是面向和平的、非军事化的技术和社会。日本战败投降的经历改变了战后成千上万普通民众（例如工程师）的思想、生活方式和群体情况。不过在其他层面上，人们会时不时在短暂的间歇后恢复他们所做的事情和做事方式。可以说 1868 年至 1964 年的技术变革正是利用了连续性和间断性之间的紧张局势。

与 1941 年之前的日本军事胜利的影响相比，日本战败投降对以文化为背景的技术变革产生了更为深远的影响，而且这些影响往往颇具讽刺意味。第二次世界大战的持续时间比日本以往任何一次对外战争的时间都要长，这场战争有史以来首次席卷了日本整个国家。1945 年夏天日本无条件战败投降，彻底改变了其地缘政治、经济和社会技术格局，也在实际上重构了东亚、整个日本、东京及其周边地区、铁道行业和科研实验室的各种权力关系。与此同时，包括前军事工程师在内的普通日本民众自下而上地建立起了一种新的权力关系，并在阴差阳错之间使前军事工程师这个群体有机会进行战后社区建设。颇具讽刺意味的是，为了成就新干线高铁项目，日本的战败反倒是以一种迂回的方式使前战时技术和航空工程业重新焕发了活力。

同时，日本战败也起到了催化剂的作用，为和平时期的社会催生了一种新型的混合工程文化。正是借着这个机会，前航空工程师偏理论的工程风格与汽车，尤其是铁路工程师基于经验的风格得以结合在一起。这种转变之所以成为可能，是因为日本无条件投降。在这种情况下，日本军队全部宣告解散，战时工程师进入就业市场择业。这两大工程团体都经历了文化张力，这种文化张力足以在日本高铁服务项目中产生有益的竞争。这些紧张状态表明支持日本战后重建的某种文化断层。

连续性的一个显著因素是日本从国外引进的技术。无论是为了战争还是和平目的，要想研制现代技术，日本都需要有效借鉴西方技术。20 世纪上半叶，日本需要借鉴各种模式的外国技术来启动飞机工程领域和打造空中作战力量。然而从国外引进技术，不仅有风险，而且代价高昂。要想留住外国工程师和购买许可协议绝非易事，只有日本政府或者大财团才负担得起。诚然，并非所有外国模式都见到了实效，不过事实证明，自上而下的规划和执行从国外引进的技术在很大程度上是成功的。日本是孤悬海外的岛国，民间自发地从国外引入工程知识的选择范围不大，因此系统地管理外国技术的流动和流量对日本至关重要。

　　第二次世界大战更是将日本这个国家在地理位置上的脆弱性暴露无遗。太平洋战争爆发后，日本工程师与西方同行几乎断绝了沟通，很多技术信息和工程师都无法再引入日本。日本战败后这种孤立宣告结束，不过其他方面几乎没有任何改变。日本仍然与其他国家陆地上不接壤，这样的地理位置往往会制约外国专家进入日本。1945 年前后，日本继续设计某种人为的制度化框架，目的是促进国家资助项目的技术转让。与日本国内外的其他方面一样，外国的技术经验对于日本的飞机和铁道行业仍然非常重要。

　　回想起来，当年日本抄袭外国技术的形象令人印象深刻，挥之不去。当然，对此日本技术转让的参与者在一定程度上也负有责任。他们在公费出国期间，把现场观察到的心得、会议、预算和谈话内容统统都以书面形式记录下来。由于对外国专业知识和稀缺硬通货的流动保持警惕，日本政府部门编制了其他可量化的、广泛使用的数据，例如已获审批的技术转让合同的数量等。与此同时，工程知识在该国非正式、偶然且无计划的传播被记录下来的机会不多，所以后来的历史学家研究的机会就更少了。这十分令人惋惜，因为技术传播和任何明确计划的技术转让对日本和其他地方同样重要。

1945 年后的日本铁道行业就是这种情况。战争结束，意味着阻碍工程知识在全日本自由传播的人为障碍宣告结束。与明确的技术转让相比，对技术传播的过程和影响并不那么好预测和追溯。然而在日本战败投降之后，就有了比从国外引进技术更省钱，也更容易获取的选择。确实，日本在地理位置上孤悬海外，不利于引入外国技术，不过它将本国的大部分专业知识都留在了国内，这也促进了技术传播。在日本的高铁服务项目中，最成功的技术与其说是有意为之、自上而下的尝试，不如说是工程知识以一种无计划、非正式、特殊的方式在平民基层进行传播。

在经历过战争的日本，各级机构在组织层面的联系更为明显：关键机构仍然有着不同的标签，或是以不太显眼的方式被保留了下来。例如，1945 年前的各帝国大学，尤其是东京大学，一直都以日本顶尖学术机构而闻名，其校友人脉关系网在日本各地仍然非常强大。与美国可比的情况不同，日本的战后科研机构留下来的战前遗产并没那么显眼。例如，1915 年为美国航空研究而成立的美国国家航空咨询委员会在"冷战"期间迅猛发展，成为如今的美国国家航空航天局。在日本，除了 1907 年后成立的日本铁道技术研究所外，许多战前科研机构都以不同的名目经历了更激进的重组、收缩和扩张阶段。例如，日本航空研究所于 1945 年在盟军占领日本期间解散。不过到了 1964 年，它已重建为国家航空航天技术研究中心。如今，它作为先进科学技术研究中心（1987 年至今）仍在发挥作用。日本海军航空研究所于 1945 年底不复存在，不过事实证明，它留下来的物资，例如土地、厂房和设备，对该地区重工业的发展富有成效、功不可没。战时日本中央航空研究所是后来的交通技术研究中心（1945—1963 年）、海洋技术研究中心（1963—2001 年）和国家海事研究所（2001 年至今）的基础。同样，在德国，最初为研究空气动力学和流体动力学而创建的恺撒·威尔海姆流体研究所（Kaiser Wilhelm Institute for Flow Research）（1924—1948 年），正是如今的马克斯·普朗克动力学与自组织研究所（Max Planck Institute for Dynamics and Self-Organization）的基础。

　　人才的连续性是一个明显的重点，尽管人们对此的了解还远远不够。历史学家已经注意到，明显可以看出在日本政府官僚机构中为战后重建做出贡献的人员是有历史延续的。[2] 不过在1945 年前，日本特定人群虽然名义上在职，但并不一定意味着他们在战后做出过实质性的贡献。以工程领域为例，1945 年夏季（请见第六章）之后，许多年轻的工程师从日本中央航空研究所转到日本铁道技术研究所工作。作为初级研究人员，他们在刚刚起步的研究机构中积累的具体研究经验甚少，因此对战后重建的贡献乏善可陈。军队的例子就更为明显了。至少有数百名前陆军航空工程师活到了战后（请见第二章和第六章），但他们在 1945 年之前普遍缺乏实质性的研究经验，因此他们在战后技术领域也同样是不足道也。关于海军航空工程师的许多事例都揭示出一个根本原因：那些在 1942 年之前从事研究和开发的高级研究人员的受教育程度最高，也最训练有素。因此，他们对战后技术变革产生了明显且深远的影响。所谓的 1942 年前这一代海军工程师，通过最大限度减少战时飞机和战后铁道列车的阻力、结构重量和部件的颤振，都大展拳脚、尽显其能。倘若仔细研究人才队伍的连续性，就会发现年龄和经验质量很重要。用道尔的话来说就是，1942 年前的战争比 1942 年后的战争更有"用处"。

对日本这个经历过战争的国家而言，另一个重点是工程界如何响应对让他们为国家项目效力的号召。事实证明，他们的技术知识对于 1945 年之前日本空中力量的建设，还有战后国家高铁服务系统的建设，都是不可或缺的。除了制度上有细微差异之外，日本工程各界一直都表现出对专业追求精益求精的拳拳之心。他们之所以可以在国家项目中有一定的自主权，在一定程度上是因为他们一辈子都是在国家赞助的研究机构中工作。因为不用担心丢饭碗，所以他们可以自由、顽固、持续地行使自己的自主权，为战争时期与和平时期正在进行的国家项目贡献自己的一分力量，甚至还经常产生对抗。如同在其他地方一样，他们作为日本的技术问题解决者，绝非是肯任人揉捏的无名之辈。工程界远比文献中之前描述得更为务实，意识形态甚至民族主义也远没有那么严重。从这个意义上说，他们的言论和行动缺乏任何固有的异国情调和典型的日本做派，例如"武士价值观"或和魂洋才精神。[3] 工程知识的转化更具情境性、流动性和偶然性，而不像本质主义所宣称的那样与"文化相关"。

在一定程度上，正因为工程师群体忠于的是他们的职业，而未必是他们的国家，所以在经历过战争的日本，内部文化冲突是国家项目的常态。陆军和海军各自的工程人才队伍一直在私底下互相争斗，直到日本战败投降。1945年后，有些类似的紧张局势在日本铁道行业催生出了不同的高铁项目——三个研发项目同步进行。毕竟，新干线项目是一个众多工程力量合作的国家项目，即便是有技术民族主义的统一情绪，也是寥寥无几的。然而，具有讽刺意味的是，只有在该项目取得成功之后，民族主义热情才开始高涨，它先是1964年后在日本境外兴起，之后才在日本国内引起反响。

1964年标志着全球竞争进入了一个新阶段，世界各国争相刷新商业铁路运输服务速度的纪录。新干线项目成功运行后不久，日本工程师在铁路运输中采用了全新的磁悬浮技术，这就意味着动力源不再是发动机。

超导电磁体会产生悬浮现象，并通过线性电机推动列车，这种做法既不会发出声音，也不会产生物理性质之间的摩擦。该系统有望解决全球各地高速铁路运行中固有的技术难题，即铁轨与车轮之间以及机车架空线与受电弓之间的物理接触所导致的问题。[4]例如，1955年3月，法国工程师在一次列车试车中成功创下了331公里/小时的世界高速纪录，但机械接触造成了铁轨和架空电线的损坏。[5]

20世纪60年代初，日本铁道技术研究所悄然开始了磁悬浮系统的研发工作。前海军工程师原朝茂在他的实验室开始了一系列高速运行测试。他出生于1910年，1936年在东京大学获得物理学学位，并在第二次世界大战期间在日本海军航空研究所负责检查海军D4Y"彗星"俯冲轰炸机的气流情况。其他三位研究人员都在 1945 年之前获得了物理学学位，且均大力支持他实验室的科研工作。[6] 他们一起构建了小型模型，并研究了高速运行的物理特性。[7] 这项关于空气动力学的研究与当时盛行于欧洲的超导理论研究相融合。磁悬浮列车的想法一经引入日本，就似乎有助于解决新干线运营所产生的环境问题，即当地居民感觉到的噪声和振动问题。很快，日本铁道技术研究所的工程师们在他们的各研究团队中探索了技术可能性。[8] 1965 年，所谓的线性电机项目已成为日本铁道技术研究所"最重要的科研课题"。[9]

日本国铁总部也很支持这项科研工作，其中蕴含的民族主义色彩日益浓重。1966 年，日本国铁成立"高铁学习社"。学习社有两个独立的研发团队，一个在日本铁道技术研究所，另一个在日本国铁总部，双方都在推进各自的研发工作，并在1969 年都认同磁悬浮列车的想法。次年这一国家项目正式启动。日本国铁在九州南部的宫崎县建造了一条全长 7 公里的试验线。1979 年 12 月，一列无人驾驶试验列车以 517 公里 / 小时的速度运行成功。[10] 在观察该项目时，国务大臣福永健司在国会的一次会议上宣称："日本正在远远领先于西方各国，西方国家一直密切关注我们的线性电机技术，所以我们应该将这项实验性技术付诸实践。"他接着表示："一旦日本在技术上击败了外国列强，他们就会对日本大放厥词。我相信日本将引领这项技术，成为该领域的绝对佼佼者，并且随着这一国家项目的进一步发展，日本民族需要展示其潜在的力量。"[11] 因此，磁悬浮技术开始成为日本民族自豪感的象征。

任何强有力的政治支持，例如福永健司的支持，都是日本国铁喜闻乐见的，当时日本国铁还尚未扭亏为盈。东京和大阪之间的新干线正在产生收益，而其他铁路线路尚未盈利。从1964 年开始，新干线连续多年亏损，而且情况逐年恶化。[12] 从1971 年开始，日本国铁入不敷出（还不包括折旧）。因为没有资金储备，投资只能依靠贷款。日本国铁在 20 世纪 60 年代曾四度上调票价，到了 20 世纪 70 年代更是七度上调票价，只是为了增加收入。万没想到的是，此举却适得其反。客运量在 1974 年达到顶峰，货运量在 1970 年达到顶峰，随后许多长途和中途铁路乘客都流失到了公路和航空运输。[13] 日本国铁仍然建造了日本西南部大阪到博多的新干线，尽管这条延长线的客流量仅为东京—大阪线客流量的 40%。1970 年，日本政府批准了日本国铁将高铁网络延伸至北部（上越新干线）和东北部（东北新干线）的大型项目。由于日本国铁迟迟不肯裁员，其财务状况日益恶化。到了 1975 年，日本国铁已经难以为继。[14]

日本国铁巨额债务缠身，正在进行的磁悬浮列车项目岌岌可危，这令其设计者京谷义宏惊恐不已，是他培养了新一代没有战时经验的工程师。京谷义宏生于 1926 年，毕业于京都大学，1948 年起在日本运输省工作，后逐步晋升。在日本国铁工作期间，他曾详加比较法国、英国、西班牙和联邦德国等国的高铁项目。他认为，日本在高速铁路运输服务方面的研发工作不够集中、做得不够且资金不足。"事实如此，"他在 1971 年自己所著的一部书中如是总结道，"日本在世界上落后了，非常令人遗憾。"从 1945 年前的那个时代就重新被热捧的"赶上西方"的说辞，恰如其分地应和出他的科研雄心。他并未提及日本国内公路和航空运输咄咄逼人的竞争态势，而是要求给予铁路巨大的财政支持：315 亿日元用于研发，1 万亿日元用于建设线性电机系统的基础设施，并表示这将是"日本人民的项目"。[15]

京谷义宏随后的行动赢得了更多的"民族主义"热情，因为他直接向日本财团请求财政支持。日本财团是慈善家和极端民族主义者笹川良一于 1962 年成立的私人非营利组织，他曾在第二次世界大战期间主张日本对外扩张，并因此被列为甲级战犯入狱。此后不久，他在日本政界有了话语权。1984 年，磁悬浮项目向运输大臣石原慎太郎转达了募捐请求。石原慎太郎于 1972 年创立了右翼政治团体"青岚会"，并作为执政的自民党鹰派右翼领袖，重申了他对日本国防的承诺。[16] 他们的民族主义言论和京谷义宏的工程项目开始相辅相成。

此时，石原慎太郎有充分的理由支持日本国铁的高速线性电机项目。1981 年 2 月，法国工程师在巴黎南部的一段铁路上成功创下了时速 380 公里的高速世界纪录。七个月后，巴黎和里昂之间的 TGV 高铁开始运营。在开幕式上，法国新当选的总统弗朗索瓦·密特朗（Francois Mitterran）对以 TGV 为代表的法国技术创新赞不绝口。他自豪地宣称，TGV 高铁列车堪称"一个标志，向全世界表明法国打算继续成为一个伟大的创新国家"。[17] TGV 高速列车挽回了法国的国际声望，而德国工程师则用他们自己名为城际特快列车（InterCity Express）的高速列车挑战了法国的高速列车世界纪录。同时，他们还推进了磁悬浮列车项目。法国 TGV 取得巨大成功，德国工程师也在不懈努力，这些引起了日本工程界的警觉。许多专家开始表达他们的担忧，称"新干线不再是世界上首屈一指的高铁""法国在（铁路）技术领域已经超越日本"。[18]"赶上西方，并超越西方"的民族主义口号有其历史渊源，在世界各强国为世界上最快的铁路运营展开竞争的大背景之下，该口号引起了日本铁路工程界的共鸣。

没有哪个政治家比石原慎太郎对日本参与国际竞争的民族主义事业劲头更足。在 1987 年的一次国会会议上，国务大臣认为日本需要发展其线性电机磁悬浮技术。"德国人正在迎头赶上，"石原慎太郎说，"日本需要抓紧时间努力，刻不容缓，以免落败于对手。"因此，日本运输省将"全力以赴致力于下一代技术的发展"。在对国外科研机构进行考察之后，他的言辞愈发激烈。德国的科研基础设施使用了更大的区域进行测试，不过他回国后信心十足地认为"在技术上，日本比德国更胜一筹"。[19]与此同时，美国开始规划拉斯维加斯和洛杉矶之间的高铁项目，请第三国加拿大对德国和日本的超导工程进行评估。[20]用石原的话说，结果"非常令人遗憾"。在 1988 年的一次国会会议上，他提议日本应建立一所新的研究机构，将线性电机这一"所有日本人的梦想"投入商用，并将其作为一个与党派无关的国家项目进行推广。[21]民族主义的呼声越来越高。[22]撇开 1945 年至 1964 年新干线的传承不谈，日本的高速磁悬浮列车项目获得了民族主义的合法性，这在当下引发了广泛共鸣。

关于资料来源的说明

　　许多国家的社会技术变革都被视为某种人工和无机体系的产物，无论是军事、政治、经济、社会还是环境均是如此。除了少数例外的情况，最近的学术研究赞同某种形式自上而下的垂直状态，重点关注中央层级的文职/军事领导、政府官僚和技术官僚，将他们作为国家和技术研发的"塑造者"。在密切关注自上而下的系统方法的同时，我选择通过工程师的视角来审视日本经历过的战争历史。我所指的工程师既不是技术官僚，也不是知识分子作家，更不是通过发表文章和媒体宣传广泛表达意见的商业领袖。在许多方面，本书中出现的诸位工程师不同于政界、科学界和工程界中积极建构国际科学或国家意识形态的直言不讳的知名活动家。相反，他们不过是日本的普通民众或是"沉默的大多数人中"的一部分。说得更具体一些，我的实证研究在很大程度上依仗前军事工程师们对往事的追述，他们都是日本军事化和去军事化历史的亲历者。这些工程师都接受过解决技术问题的专门培训，能从大局中看到细节，也常被误认为是技术变革的被动推动者。其中许多工程师的所思所想，从一系列的设计草稿、日记、备忘录、会议记录、详细计算和操作手册中便可见一斑。这些资料很难获得，要想参透其中奥妙也殊为不易。不过，它们揭示的不仅仅是这些工程师个体所面临的技术挑战。它们揭示了工程师在为战争时期和和平时期的工程需求形成了自己的身份和社区的同时，还展现了这个群体在（重新）构建技术与文化以满足社会不同需求时的那种挣扎、悔恨和喜悦之情。因此，我的研究采用自下而上的做法，并且取用的是档案资料、非档案资料和传记资料。相较寻常情况，此研究中工程师的形象看起来更显高大。可以肯定的是，无论是技术本身和工程师群体，都不是推动历史发展的唯一动力之源。当然，也不能简单地将他们视为帮我们理解技术变革中那些复杂事物的简单而独特的灵丹妙药。

追踪工程师群体的职业发展道路之所以可行，主要是因为公共机构中他们的事迹被记录在册。我的重点放在他们的教育情况以及在公共机构从事的研发项目。各民营机构未记录或保留此类信息，不过也可能是出于隐私考虑，并未公开相关信息。我通过档案和个人关系网收集到的目录信息非常翔实，包括工程师的姓名、出生日期、地址、电话号码、在单位的军衔 / 职位、教育背景（即所学的专业和毕业年份），以及他们退休的年份。这些类型记录的访问权限通常都受到严格限制，不过当我通过各种方式访问这些信息时，就可以获得详细的、可靠的和有用的信息。我研究内容所中讨论的日本工程师大多都受过高等教育，并获得了该国顶尖学府的学士学位，其中一些人更是拥有工程学博士学位。至于那些没有大学学位的技术人员和工匠，则可用的信息甚少，或者信息不够详细，无法追踪到他们在日本经历第二次世界大战之后是如何进行职业转型。因此，这些专家并不是我研究的重点。

此外，与前军事工程师或他们的亲属面谈，也是我获得研究依据的主要方式。诚然，直接面谈这种做法本身就有问题，人们在讲述自己的经历时往往会有些随心所欲。从他们自己的方式来看，他们说的总是无可指摘。受访者脑海中记的是他们想要记住的东西，因此无论有意还是无意，他们回忆起的都是自己希望采访者记住和记录的东西。记忆这东西天生就靠不住，经常很容易就会忘得一干二净。记住和遗忘的动机一般无二。由此，从受访者的情况就可见一斑。

尽管如此，若是将它们谨慎使用，则益处多多。信息来源，无论是书面形式的还是其他形式，都可以相互比对核准。"同一"事件的看法林林总总，若能善加比较、评估和汇总，就可以更全面地把握"同一"事件的全貌。出于这些原因，两年内我至少四次直接采访了几位值得信赖的关键人物，同时参考了与他们所述内容相符或相左的其他证据。直接访谈总是状况频出，例如受访者和采访者之间合不来。一些前战时工程师反美更甚于民族主义，他们的反美情绪由来已久，挥之不去，其中有些人甚至怀疑我与美国机构有所牵扯。当然，首次面谈能获得的可靠信息寥寥无几，不过这确实也打开了局面，或者最起码先跟受访者攀上了交情，在接下来的两年或更长时间里与对方就好打交道了。我是地地道道的日本人，正因为这样的背景，我得以在两年时间里与受访者打成一片。当时这些受访者大多已经七八十岁高龄，一旦大家关系走得近了，他们也愿意知无不言。在第三次后续采访中，当我拿出自己从其他受访者那里或从书里寻到的证据时，他们也都坦承了自己对过去的回忆有不一致的地方。我一直在寻找 1964 年新干线开始商业运营之前的有关记录，或者寻求不同信息提供者的说法。令人遗憾的是，在许多方面，一些信息提供者并没有能把最有用的信息分享给我。

集体记忆与个人记忆一样靠不住，容易受到影响。与受访者一样，民营企业和政府机构等单位可以谱写自己的历史，写下它们想要世人铭记的东西。说到公司历史的情况就更是如此，公司在展示以往的发展历程之时，"成功故事"最为常见。日本公司在介绍企业发展历史时，鲜有公司会提及自己商业经营"失败"的实例（如果有的话）。在我的研究中，我谨慎地认为，在 1964 年之前，没有人对新干线高速铁路运输服务的最终结果有笃定的预期。如今唾手可得的许多现成资源，例如相关官员的回忆录和机构 / 公司的发展历史，这些一般都是在新干线铁路运营成功后出版的。这种历史记述往往高度个性化，且充满官方的口吻，通常从现代主义的角度回顾新干线铁路的技术研发，将一切都归功于最高领导层的"高瞻远瞩"和"深谋远虑"。日本有大量研究都在某种程度上赞同这一观点。毕竟，商铁系统需要建立强大、自上而下的权力结构，以便能够每天连续协调好轨道车、乘客、车站、轨道和票务各方面工作。对技术变革有了更合理的理解之后，就能呈现出这一年之前的发展情况。为了避免对复杂的现实情况进行"追溯"或"事后"重构，我对 1964 年之后日本国铁准备的许多官方历史记录并不感兴趣，我仅在极少数的情况下才使用了日本国铁的信息。

注释

前言：技术与文化、战争与和平

1. NHK Project X seisakuhan, *Project X chōsenshatachi* (Tokyo: Nihonhōsō kyōkai, 2000), 2: 14–52; and Rokuda Noboru and NHK Project X seisakuhan, *Project X chōsenshatachi: Shūnen ga unda Shinkansen* (Tokyo: Nihonhōsō kyōkai, 2002).

2. Stuart Leslie, *The Cold War and American Science: The Military-Industrial-Academic Complex at MIT and Stanford* (New York: Columbia Univ. Press, 1994); Atsushi Akera, *Calculating a Natural World: Scientists, Engineers, and Computers during the Rise of U.S. Cold War Research* (Cambridge, MA: MIT Press, 2006); Paul N. Edwards, *The Closed World: Computers and the Politics of Discourse in Cold War America* (Cambridge, MA: MIT Press, 1996); Alex Roland, "Technology and War: A Bibliographical Essay," in *Military Enterprise and Technological Change: Perspectives on the American Experience*, ed. Merritt Roe Smith (Cambridge, MA: MIT Press, 1985), 347–79; Alex Roland, "Technology and War: The Historiographical Revolutions of the 1980s," *Technology and Culture* 34 (1993): 117–34; Gabrielle Hecht, *The Radiance of France: Nuclear Power and National Identity after World War II* (Cambridge, MA: MIT Press, 1998); Edmund Russell, *War and Nature: Fighting Humans and Insects with Chemicals from World War I to Silent Spring* (New York: Cambridge Univ. Press, 2001); and Eric Schatzberg, *Wings of Wood, Wings of Metal* (Princeton, NJ: Princeton Univ. Press, 1998).

3. Thomas P. Hughes presents a masterly comparative work in *Networks of Power: Electrification in Western Society, 1880–1930* (Baltimore: Johns Hopkins Univ. Press, 1983); Eric Schatzberg, "Wooden Airplanes in World War Ⅱ: National Comparisons and Symbolic Culture," in *Archimedes: New Studies in History and Philosophy of Science and Technology*, vol. 3, *Atmospheric Flight in the Twentieth Century*, ed. Alex Roland and Peter Galison (Dordrecht, the Netherlands: Springer, 2000), 183–205;

and Kevin McCormick, *Engineers in Japan and Britain: Education, Training, and Employment* (London: Routledge, 2000).

4. 虽然"军事技术"的含义可以相对于"非武器技术"来理解，不过这两个领域之间的界限往往是模糊的。在 20 世纪的美国，正如埃德蒙·罗素（Edmund Russell）在他关于化学战和害虫防治的研究中所表明的那样，在一系列几乎连续的海外战争中，民用和军用之间的区别是一个二元的"错误"概念。在某些情况下，这种区别取决于用户、具体情况和目的。如果飞机的乘客曾在军队服过役，他们用自己的商用移动电话讨论如何对劫持的商用飞机保持控制，则该工具可被视为一种军事通信设备。还有一个更恰当的例子，即国家资助的航空航天科学技术，可称其为军民两用技术，因为它对民用和军事工业都有用。然而，至少在日本，高速空气动力学，即对速度达到音速的气流的理论和实证研究，在日本战败投降之前都严格源自军事用途和应用。这是一种用于战争的技术。该领域研发的实质性应用仅限于制造一种高度先进的武器，即军用飞机。

1945 年之前，该领域严肃的科学研究与 20 世纪 30 年代在日本和美国盛行的"流线型"流行文化有本质上的不同。在 1945 年之前的日本，这种潮流意味着时髦的科技产品，包括为顽皮的孩子设计的"流线型"三轮车、为年轻人设计的"流线型"发型，以及喜欢新潮的人们设计的"流线型"家具。此外，空气动力学／流体动力学在 21 世纪有许多商业应用的例子，包括高尔夫球、泳衣、赛车等。至少在日本，严格说来这种民用应用是战后才出现的现象。日本的战败经历重塑了该领域的地位以及其中专家的角色。

5. 著名社会学家卡尔·曼海姆（Karl Mannheim）强调了战争和革命等关键历史事件的重要性，这些事件有助于塑造"社会学的一代"。社会学的一代不是用生物学术语来定义的，也绝不是单一化的，而是倾向于分享共同的经历、记忆和观点。Karl Mannheim, *Essays on the Sociology of Culture* (New York: Oxford Univ. Press, 1956); Philip Adams, Historical Sociology (Ithaca, NY: Cornell Univ. Press, 1982), 227–266; Howard Schuman and Cheryl Rieger, "Historical Analogies, Generational Effects, and Attitudes toward War," *American Sociological Review 57*, no. 3 (1992): 315–326; and Jane Pilcher, "Mannheim's Sociology of Generations: An Undervalued Legacy," *British Journal of Sociology 45*, no. 3 (1994): 481–495; and Eric Ericson, *Identity, Youth, and Crisis* (New York: W. W. Norton, 1968).

6. Edward W. Constant II, "Science in Society: Petroleum Engineers and the Oil Fraternity in Texas, 1925–65," *Social Studies of Science* 9, no. 3 (1989): 439–472; Edwin Layton Jr., *The Revolt of the Engineers: Social Responsibility and the American*

Engineering Profession (Baltimore: Johns Hopkins Univ. Press, 1971); David Mindell, *Between Human and Machine: Feedback, Control, and Computing before Cybernetics* (Baltimore: Johns Hopkins Univ. Press, 2000); *Donald Mackenzie, Inventing Accuracy: A Historical Sociology of Nuclear Missile Guidance* (Cambridge, MA: MIT Press, 1990), 11–14; and Satō Yasushi, "Systems Engineering and Contractual Individualism: Linking Engineering Processes to Macro Social Values," *Social Studies of Science 37*, no. 6 (2007): 909–934.

7. Merritt Roe Smith, "Introduction," in *Military Enterprise and Technological Change: Perspectives on the American Experience* (Cambridge, MA: MIT Press, 1985), 4.

第一章　设计面向战争的工程教育，1868—1942 年

1. Ōkubo Toshikane et al., ed., *Kindaishi shiryō* (Tokyo: Kikkawa kōbokan, 1965), 97.

2. Takashi Fujitani, *Splendid Monarchy: Power and Pageantry in Modern Japan* (Berkeley: Univ. of California Press, 1998); and Yasuo Masai, "Tokyo: From a National Centre to a Global Supercity," *Asian Journal of Communication* 2, no. 3 (1992): 68–72; and Nicholas J. Entrikin, *The Betweenness of Place*: Towards a Geography of Modernity (Baltimore: Johns Hopkins Univ. Press, 1991), 14–16.

3. Carola Hein, "Shaping Tokyo: Land Development and Planning Practice in the Early Modern Japanese Metropolis," *Journal of Urban History 36*, no. 4 (2010): 447–484.

4. Kagaku gijutsu seisakushi kenkyūkai, *Nihon no kagaku gijutsu seisakushi* (Tokyo: Mitō kagaku gijutsu kyōkai, 1990), 17; and Gregory Clancey, *Earthquake Nation: The Cultural Politics of Japanese Seismicity, 1868-1930* (Berkeley: Univ. of California Press, 2006), 13.

5. Tetsurō Nakaoka, *Nihon kindai gijutsu no keisei: Dentō to kindai no dynamics* (Tokyo: Asahi shinbunsha, 2006), 431.

6. *Tokyo Kogyōdaigaku90-nen shi* (Tokyo: Zaikai hyōronshinsha, 1975),16; Clancey, *Earthquake Nation*, 13; Nakaoka, *Nihon kindai gijutsu no keisei*, 437; Graeme Gooday and Morris Low, "Technology Transfer and Cultural Exchange: Western Scientists and Engineering Encounter Late Tokugawa and Meiji Japan," *OSIRIS: Beyond Joseph Needham: Science, Technology, and Medicine in East and Southeast*

Asia 13 (1998): 109–111.

7. Tokyo daigaku 100–nenshi henshū iinkai, *Tokyo daigaku 100-nenshi bukyokushi* (Tokyo: Tokyo daigaku, 1987), 3: 5–6.

8. James Bartholomew, "Japanese Modernization and the Imperial Universities, 1876–1920," *Journal of Asian Studies* 37, no. 2 (1978): 258.

9. Hiroshige Tetsu, *Kagaku no shakaishi: Sensō to kagaku* (Tokyo: Iwanami shoten, 2002), 1: 29–30.

10. James Bartholomew, *The Formation of Science in Japan: Building a Research Tradition* (New Haven, CT: Yale Univ. Press, 1989), 93.

11. Nakaoka, *Nihon kindai gijutsu no keisei*, 441–442; Eiichi Aoki and others, *A History of Japanese Railways, 1872-1999* (Tokyo: East Japan Railway Culture Foundation, 2000), 12–14; and Tokyo daigaku 100–nenshi henshū iinkai, *Tokyo daigaku 100-nenshi tsūshi* (Tokyo: Tokyo daigaku, 1985), 2: 188.

12. Nakayama Shigeru, "Japanese Science," in Helaine Selin, ed., *The Encyclopedia of the History of Science, Technology, and Medicine in Non-Western Countries* (Dordrecht, the Netherlands: Kluwer Academic Publications, 1997), 469.

13. Tokyo daigaku 100–nenshi henshū iinkai, *Tokyo daigaku 100-nenshi bukyokushi* (Tokyo: Tokyo daigaku, 1987), 3: 21.

14. Ibid., 263.

15. Bartholomew, *Formation of Science in Japan*, 94.

16. Kyoto daigaku 70–nen shi henshū iinkai, *Kyoto daigaku 70-nen shi* (Kyoto: Kyoto daigaku, 1967), 14–15; and Hokkaidō daigaku, *Hokudai 100-nen shi, bukyokushi* (Sapporo: Gyōsei, 1980), 2: 703–704.

17. Bartholomew, "Japanese Modernization and the Imperial Universities," 252–253.

18. Bartholomew, *Formation of Science in Japan*, 106–108.

19. Kyoto daigaku 70–nen shi henshū iinkai, *Kyoto daigaku 70-nen shi*, 16–17.

20. Ibid., 643.

21. Nihon kagakushi gakkai-hen, *Nihon kagaku gijutsushi taikei, dai-2kan tsūshi* (Tokyo: Daiichi hōki shuppan, 1967), 164.

22. Nakaoka, *Nihon kindai gijutsu no keisei*, 445; and *Tokyo Kogyōdaigaku 90-nen shi*, 110–111, 150–154; and *Osaka daigaku 25-nen shi* (Osaka: Osaka daigaku, 1956), 351–352.

23. Ishii Kanji, *Nihon no sangyō kakumei: Nisshin, nichiro sensō kara kangaeru* (Tokyo: Asahi shinbunsha, 1997), 157–158; and Kagaku gijutsu seisakushi kenkyūkai, *Nihon no kagaku gijutsu seisakushi*, 22.

24. Dainihon teikoku gikaishi kankōkai, *Dainihon teikoku gikaishi* (Tokyo: Dainihon teikoku gikaishi kankōkai, 1927), 5, 1151–1154.

25. Kyūshū daigaku sōritsu 50–shūnen kinenkai, *Kyūshū daigaku 50-nen shi, tsūshi* (Fukuoka: Kyūshū daigaku sōritsu 50–shūnen kinenkai, 1967), 1: 90.

26. Ibid, 89, 94, 99, 125.

27. Tomizuka Kiyoshi, *Showa umare no waga oitachi* (Tokyo: Tomizuka Kiyoshi, 1977), 346.

28. Tokyo daigaku 100–nenshi henshū iinkai, *Tokyo daigaku 100-nenshi, tsūshi* (Tokyo: Tokyo daigaku, 1985), 2: 270. 1924 年以后，工程学院的教职人数略有增长，但直到 1933 年才新增了教席。在随后的亚洲和太平洋战争中，1934 年至 1938 年这期间增加了 3 个教席，1939 年至 1943 年增加了 8 个教席。

29. Tokyo daigaku 100–nenshi henshū iinkai, *Tokyo daigaku 100-nenshi bukyokushi*, 3: 34.

30. Kyoto daigaku 70–nen shi henshū iinkai, *Kyoto daigaku 70–nen shi*, 65, 75.

31. Hokkaidō daigaku, *Hokudai 100-nen shi bukyokushi*, 702.

32. Ibid., 711.

33. Ibid., 719.

34. Bartholomew, *Formation of Science in Japan*, 114.

35. *Tokyo Kogyōdaigaku90-nen shi*, 259; and Bartholomew, "Japanese Modernization and the Imperial Universities," 262.

36. Kagaku gijutsu seisakushi kenkyūkai hen, *Nihon no kagaku gijutsu seisakushi*, 25.

37. Tokyo daigaku 100–nenshi henshū iinkai, *Tokyo daigaku 100-nenshi tsūshi*, 2: 270.

38. 北海道大学于 1924 年成立了工程学院。1933 年，大阪大学合并了大阪工业学校，开设了包括机械工程、应用化学、冶金、造船和电气工程等 8 个专业的工程学院。为了满足战争的需要，学院很快在课程中增加了新的科目，即 1940 年的电信工程学和 1944 年的焊接工程学。*Osaka daigaku 25-nen shi*, 4–5. 在私立大学方面，早稻田大学于 1920 年设立了工程学院，日本大学于 1928 年开始提供土木工程、建筑、机械工程和电气工程学专业。

39. Christopher Madeley, "Britain and the World Engineering Congress: Tokyo 1929," in *Britain and Japan in the Twentieth Century: One Hundred Years of Trade and Prejudice* (London: I. B. Tauris, 2007), 46–61; and *Kōbe Shinbun*, 8 December 1926.

40. Tokyo daigaku 100–nenshi henshū iinkai, *Tokyo daigaku 100-nenshi bukyokushi*, 3:38.

41. Kagaku gijutsu seisakushi kenkyūkai, *Nihon no kagaku gijutsu seisakushi*, 32.

42. Sawai Minoru, "Daigaku (senzenki)," in *Nihon sangyō gijutsushi jiten* (Kyoto: Nihon shibunkaku shuppan, 2007), 473.

43. Tokyo daigaku 100–nenshi henshū iinkai, *Tokyo daigaku 100-nenshi bukyokushi*, 3: 39.

44. Uchimaru Saiichirō, "Jiron: Tokyo teikoku daigaku kikai kōgakuka ni okeru kyōiku no genjō," *Kikai gakkaishi* 40, no. 237 (January 1937): 2.

45. Kagaku gijutsu seisakushi kenkyūkai, *Nihon no kagaku gijutsu seisakushi*, 18–19; and Bartholomew, "Japanese Modernization and the Imperial Universities," 254–255.

46. Kagaku gijutsu seisakushi kenkyūkai, *Nihon no kagaku gijutsu seisakushi*, 37.

47. Ibid.; and Tokyo daigaku 100–nenshi henshū iinkai, *Tokyo daigaku100-nenshi bukyokushi*, 3: 39.

48. Kagaku gijutsu seisakushi kenkyūkai, *Nihon no kagaku gijutsu seisakushi*, 37; Kōseisho jinkō mondai kenkyūjo, *Jinkō mondai kenkyū* 2, no. 12 (February 1941): 84; and Tokyo daigaku 100–nenshi henshū iinkai, *Tokyo daigaku 100-nenshi bukyokushi*, 3: 39.

49. Maema Takanori, *Man machine no shōwa densetsu: Kōkūki kara jidōsha e* (Tokyo: Kōdansha, 1996), 1: 91–92; and Maema Takanori, *Fugaku: Bei hondo o bakugeki seyo* (Tokyo: Kōdansha, 1995), 2: 273.

50. Bōeichō bōei kenshūjo seishishitsu, *Senshi sōsho: Rikugun kōkū heiki no kaihatsu • seisan • hokyū* (Tokyo: Asagumo shinbusha, 1975), 244.

51. *Chūgai shōgyō shinpō*, 4 October 1941.

52. Tokyo daigaku 100–nenshi henshū iinkai, *Tokyo daigaku 100-nenshi bukyokushi*, 3: 298–299.

53. *Chūgai shōgyō shinpō*, 24 July 1937.

54. *Osaka Asahi shinbun*, 1 October 1937.

55. *Tokyo Kogyōdaigaku 90-nen shi*, 520.

56. Kyūshū daigaku sōritsu 50–shūnen kinenkai, *Kyūshū daigaku 50-nen shi*

tsūshi, 378; and Sawai Minoru, "Senjiki nihon teikoku ni okeru gijutsusha kyōkyū," in *Kindai higashi Asia keizei no shiteki kōzō: Higashi Asia shihon shugi keiseishi* (Tokyo: Nihon hyōronsha, 2007), 3: 326–333.

57. Tokyo daigakushi shiryōshitsu hen, *Tokyo daigaku no gakuto dōin gakuto shutsujin* (Tokyo: Tokyo daigaku, 1997), 181–198; Hiroshige Tetsu, *Kagaku no shakaishi: Sensō to kagaku* (Tokyo: Iwanami shoten, 2002), 1:202; and Byron Marshall, *Academic Freedom and the Japanese Imperial University*, 1868–1939 (Berkeley: Univ. of California Press, 1992), 167–175.

58. Hiroshige, *Kagaku no shakaishi*, 1: 202–203; and Kagaku gijutsu seisakushi kenkyūkai, *Nihon no kagaku gijutsu seisakushi*, 36, 38.

59. Tokyo daigaku 100–nenshi henshū iinkai, *Tokyo daigaku 100-nenshi bukyokushi*, 3: 41.

60. Ibid., 24.

61. Ibid., 571, 573, 605.

62. Nagoya daigakushi henshū iinkai, *Nagoya daigaku 50-nenshi, bukyokushi* (Nagoya: Nagoya daigaku shuppankai, 1989), 2: 5, 8.

63. Waseda daigaku daigakushi henshūjo, *Waseda daigaku 100-nen shi* (Tokyo: Waseda daigaku, 1987,), 3: 990; and Sawai, "Senjiki nihon teikoku ni okeru gijutsusha kyōkyū," 326–333; and Kagaku gijutsu seisakushi kenkyūkai hen, *Nihon no kagaku gijutsu seisakushi*, 37.

64. Sawai, "Senjiki nihon teikoku ni okeru gijutsusha kyōkyū," 325, 333, 341; and *Jinkō mondai kenkyū* 2, no. 12 (February 1941): 84–86.

65. Tokyo daigakushi shiryōshitsu hen, *Tokyo daigaku no gakuto dōin gakuto shutsujin*, 27.

66. Maema, Fugaku, 1: 268, 277.

67. Yanagida Kunio, *Reishiki sentōki* (Tokyo: Bungei shunjū, 1977), 282–283.

68. Horikoshi Jirō and Okumiya Masatake, Zerosen (Tokyo: Asahi sonorama, 1992), 441–443, 461; Maema, *Man machine no shōwa densetsu*, 1: 126; and Horikoshi Jirō, Zerosen: *Sono tanjō to eikō no kiroku* (Tokyo: Kōbunsha, 1970), 184–186, 194–196.

69. Tessa–Morris Suzuki, *The Technological Transformation of Japan from the Seventeenth Century to the Twenty-First Century* (Cambridge: Cambridge Univ. Press, 1994), 71–104; and Yamamura Kōzō, "Success Illgotten? The Role of Meiji Militarism

in Japan's Technological Progress," *Journal of Economic History 37*, no. 1 (1977): 113–135.

第二章　日本海军工程师和空战，1919—1942 年

1. "Kūkan dai 28–gō, Shōwa 2–nen 6–gatsu 13–nichi, Hikō jigyō kakuchō ni kansuru kengian no ken," *Kōbunbikō: kōkū* 1, 57, 1927, NIDS.

2. Bartholomew, *Formation of Science in Japan*, 199–237.

3. Bōeichō bōei kenshūjo senshi shiryōshitu, *Rikugun kōkū no gunbi to un'yō 1* (Tokyo: Asagumo shinbunsha, 1971), 106.

4. Bōeichō bōei kenshūjo senshi shiryōshitu, *Rikugun kōkū heiki no kaihatsu · seisan · hokyū* (Tokyo: Asagumo shinbunsha, 1975), 43; Hara Takeshi and Yasuoka Akio, *Nihon rikukaigun jiten* (Tokyo: Shinjinbutsu ōraisha, 1997), 159.

5. Hara and Yasuoka, *Nihon rikukaigun jiten*, 158; and Bōeichō bōei kenshūjo senshi shiryōshitu, *Rikugun kōkū heiki no kaihatsu · seisan · hokyū*, 43.

6. Nihon kaigun kōkūshi hensan iinkai, *Nihon kaigun kōkushi* (Tokyo: Jiji tsūshisha, 1969) 3:9, 30–31; and Hara and Yasuoka, Nihon rikukaigun jiten, 202.

7. Kaigun gijutsu kenkyūjo genjō ippan furoku 1, *Kōbunbikō, kanshoku 7-kan* 7, NAJ.

8. Nihon kaigun kōkūshi hensan iinkai *Nihon kaigun kōkushi*, 3:31–32; and Kawamura Yutaka, "Kyūkaigun gijutsu kenkyūjo ni miru kenkyū kaihatsu no tokuchō," *Gijutsushi* 2 (2001): 18–26.

9. Tomizuka Kiyoshi, *80-nen no shōgai no kiroku* (Tokyo: Tomizuka Kiyoshi, 1975), 106–108; and Tomizuka Kiyoshi, *Meiji umare no waga oitachi* (Tokyo: Tomizuka Kiyoshi, 1977), 350.

10. Tomizuka, *Meiji umare no waga oitachi*, 353.

11. Bartholomew, *Formation of Science in Japan*, 199–200, 217–223, 238–239.

12. *National Physical Laboratory*, NPL's History Highlights, accessed 18 April 2011, http://www.npl.co.uk/content/ConMediaFile/4279.

13. Tokyo daigaku 100–nenshi henshū iinkai, *Tokyo daigaku 100-nenshi: Shiryō 1* (Tokyo: Tokyo daigaku, 1984), 170–171.

14. Shiba Chūsaburō, "Kōkūkenkyūjo no jigyō ni tsuite," *Kikai gakkaishi* 27, no. 89 (1924): 818–819.

15. *Tokyo teikoku daigaku kōkū kenkyūjo yōran (1936)*, 8, UTEO.

16. Tokyo teikoku daigaku kōkū kenkyūjo, *Tokyo teikoku daigaku kōkū kenkyūjo jigyō ichiran, taishō 15-nen* (1926), 2, 7, UTEO.

17. Sentanken tankendan, *Sentanken tankendan dai 3-kai hōkoku* (Tokyo: Sentanken tankendan, 1997), 11.

18. Tokyo daigaku 100–nenshi henshū iinkai, *Tokyo daigaku 100-nenshi: Tsūshi 2* (Tokyo: Tokyo daigaku, 1985), 320–321.

19. "Kaigun kyōju haken ni kansuru ken," *Monbushō oyobi shokō oufuku Showa18-nen*, 3, 1943, UT archive.

20. Tokyo teikoku daigaku gakujutsu taikan kankōkai, *Tokyo teikoku daigaku gakujutsu taikan kōgakubu kōkū kenkyūjo hen* (Tokyo: Tokyo teikoku daigaku, 1944), 397.

21. Nihon kaigun kōkūshi hensan iinkai, *Nihon kaigun kōkushi*, 3: 9.

22. Bōeichō bōei kenshūjo senshi shiryōshitu, *Rikugun kōkū heiki no kaihatsu · seisan · hokyū, 7-12*; Bōeichō bōei kenshūjo senshi shiryōshitu, *Rikugun kōkū no gunbi to un'yō 1, 72*; and Nihon kaigun kōkūshi hensan iinkai, *Nihon kaigun kōkushi*, 3: 5; Tomizuka, *80- nen no shōgai no kiroku*, 109; and Tomizuka Kiyoshi, *Kōkenki* (Tokyo: Mikishobō, 1998), 55.

23. Bōeichō bōei kenshūjo senshi shiryōshitu, *Rikugun kōkū no gunbi to un'yō 1*, 107.

24. Hashimoto Takehiko, "Theory, Experiment, and Design Practice: The Formation of Notes to Pages 30–34 209 Aeronautical Research, 1909–1930" (PhD diss., Johns Hopkins Univ., 1991), 5; Paul Hanle, *Bringing Aerodynamics to America* (Cambridge, MA: MIT Press, 1982); and Theodore von Kármán, *The Wind and Beyond: Pioneer in Aviation and Pathfinder in Space* (Boston: Little, Brown, 1967).

25. "Gaikokujintaru gijutsusha toyō ni kansuruken," *1922 ōjūdainikki 08-09*, NAJ.

26. Tokyo daigaku 100–nenshi henshū iinkai, *Tokyo daigaku 100-nenshi: Bukyokushi 4* (Tokyo: Tokyo daigaku, 1987), 891; Hashimoto Takehiko, "Kōkūkenkyūjo," in *Nihon sangyōshi jiten* (Kyoto: Shibunkaku shuppan, 2007), 493.

27. "Kōkū kenkyūjo ni okeru Wieselsberger kōseki chōsho," *Monbushō oyobi shokō oufuku Showa 18-nen*, 3, 1943, UT archive; Hashimoto Takehiko, *Hikōki no tanjō to kūki rikigaku no keisei* (Tokyo: Tokyo Univ. Press, 2012), 253; and Nihon kaigun kōkūshi hensan iinkai, *Nihon kaigun kōkushi*, 3: 32.

28. Sakaue Shigeki, "Riku kaigun gunyōki," *Nihon sangyōshi jiten* (Tokyo: Shibunkaku, 2007), 247.

29. Bōeichō bōei kenshūjo senshi shiryōshitu, *Rikugun kōkū heiki no kaihatsu · seisan · hokyū*, 45–46, 67; and Nihon kōkū gakujutsushi henshū iinkai, *Nihon kōkū gakujutsushi*, 1910–1945 (Tokyo: Maruzen, 1990), 203.

30. Hara and Yasuoka, 157; and Bōeichō bōei kenshūjo senshi shiryōshitu, *Rikugun kōkū heiki no kaihatsu · seisan · hokyū*, 61–63.

31. Nihon kōkū kyōkai, *Nihon kōkūshi: Showa zenki hen* (Tokyo: Nihon kōkū kyōkai, 1975), 6, 38; and Nihon kōkū gakujutsushi henshū iinkai, *Nihon kōkū gakujutsushi*, 203.

32. Bōeichō bōei kenshūjo senshi shiryōshitu, *Rikugun kōkū heiki no kaihatsu·seisan · hokyū*, 41–42.

33. Ibid., 77.

34. Kaigun henshū iinkai hen, *Kaigun* (Tokyo: Seibun tosho, 1981), 14: 170; Bōeichō bōei kenshūjo senshi shiryōshitu, *Kaigun kōkū gaishi*, 7–8; Nihon kaigun kōkūshi hensan iinkai, 3: 43, 76; and Mark Peattie, *Sunburst: The Rise of Japanese Naval Air Power*, 1903–1942 (Annapolis, MD: Naval Institute Press, 2001), 26.

35. Richard Vogt, *Weltumspannende Memoiren eines Flugzeug-Konstrukterurs* (Steineback/Woerthsee: Flieger–Verlag, 1976), 65; Kawasaki kōkūki kogyō kabushiki kaisha, *Kōkūki seizō enkaku* (1946), 5; and Doi Takeo, *Hikōki sekkei 50-nen no kaisō* (Tokyo: Suitōsha, 1989), 45.

36. Maema, *Fugaku*, 1: 91.

37. Nihon kōkū gakujutsushi henshū iinkai, *Nihon kōkū gakujutsushi*, 203.

38. *Mitsubishi kōkūki kabushikigaisha Nagoya seisakujo*, Shōwa 5–nen hensan: shoshian, 121, MHI.

39. *Mitsubishi jukōgyō kabushikigaisha seisaku hikōki rekishi: kaigun kankei hikōki*, 121, MHI.

40. Ōjibōbō: Mitsubishi jūkō Nagoya 50–nen no kaiko (Nagoya: Ryōkōkai, 1970), 3: 67.

41. Doi Takeo, *Hikōki sekkei 50-nen no kaisō* (Tokyo: Suitōsha, 1989), 46.

42. *Mitsubishi jūkōgyō kabushikigaisha seisaku hikōki rekishi*, 3, MHI; and Kōkū kōgyōshi henshū iinkai, *Minkan kōkūki kōgyōshi* (1948), 152–156.

43. General Headquarters United States Army Forces, Pacific Scientific and

Technical Advisory Section, "Reports on Scientific Intelligence Survey in Japan, September and October 1945," Vol. 1, 1 November 1945, 52, NA.

44. Kumagai Tadasu, "Kaigun gijutsu • rikugun gijutsu sono hito to soshiki," in *Nihon no gunji technology* (Tokyo: Kōjinsha, 2001), 233.

45. Tokyo daigaku 100–nenshi henshū iinkai, *Tokyo daigaku 100-nenshi: Bukyokushi* 3 (Tokyo: Tokyo daigaku, 1987), 38–39.

46. Tokyo teikoku daigaku gakujutsu taikan kankōkai, *Tokyo teikoku daigaku gakujutsu taikan kōgakubu kōkū* kenkyūjo hen, 56–57; and Hata Ikuhiko, ed, *Nihon rikukaigun sogō jiten* (Tokyo: Tokyo daigaku shuppankai, 1991), 582–585, 635. 在 1921 年到 1945 年培养未来军队技术军官的其他机构包括东京工业大学、日本东北立大学和京都大学。相比之下，海军系统略有不同。海军学院的毕业生后来在帝国大学深造，而海军技术学院的毕业生则无须额外接受教育即可分配到技术岗位工作。到战争结束时，共有 4088 名这样的毕业生。

47. Bōeichō bōei kenshūjo senshi shiryōshitu, *Rikugun kōkū heiki no kaihatsu · seisan · hokyū*, 44–45.

48. Nihon kaigun kōkūshi hensan iinkai, *Nihon kaigun kōkushi*, 3: 372–373; Ujike Yasuhiro, "Kyū nihongun ni okeru bunkan nado no nin'yō ni tsuite: hannin bunkan o chūshin ni," *Bōei kenkyūjokiyo* 8, no. 2 (2006): 74–75; and Ishikawa Junkichi, *Kokka sōdōinshi Shiryōhen* 9 (Tokyo: Kokka sōdōinshi kankōkai, 1980), 973.

49. Kaigun henshū iinkai, Kaigun: *Kaigun gunsei, kyōiku, gijutsu, kaikei keiri, jinji* (Tokyo: Seibun tosho, 1981), 14: 251.

50. Nakagawa Ryōichi, "Watashi no senzen sengo (Hikōki kara jidōsha e)," in *Gunji gijutsu kara minsei gijutsu eno tenkan* (Tokyo: Gakujutsu shinkōkai, 1996), 1: 12; and Maema, *Man machine no Shōwa densetsu*, 1: 193–195.

51. Kaigun henshū iinkai hen, *Kaigun*, 14: 251; and Ishikawa Junkichi, *Kokka sōdōinshi* (jō), 1468–1476.

52. Tokyo daigakushi shiryōshitu, *Tokyo daigaku no gakuto dōin • gakuto shutsujin* (Tokyo: Tokyo daigaku shuppankai, 1997), 165–167.

53. Ikari Yoshirō, *Kaigun gijutsushatachi no taiheiyō sensō* (Tokyo: Kōjinsha, 1989), 275.

54. Naitō Hatsuho, *Kaigun gijutsu senki* (Tokyo: Tosho shuppan, 1976), 62.

55. Hatano Isamu, *Kindai nihon no gunsangaku fukugōtai* (Tokyo: Sōbunsha, 2005), 118–119.

56. Yoshiki Masao, "Omoidasu mamani 10," in *Senpaku kōgakka no 100-nen* (Tokyo: Tokyo daigaku, 1983), 105–106; and Naitō Hatsuho, *Gunkan sōchō Hiraga Yuzuru* (Tokyo: Bungei shunjū, 1987), 193–194.

57. Hatano, *Kindai nihon no gunsangaku fukugōtai*, 9.

58. Tokyo daigaku kōgakka senpaku kōgakka, *Senpaku kōgakka no 100-nen*, 12–14; and *Tokyo daigaku senpaku kōgakka sotsugyō meibo, Shōwa 29-nen 4-gatsu genzai*, UTN.

59. Nihon kaigun kōkūshi hensan iinkai, 378; and *Kaigun kōkūgijutsushō denkibu* (Tokyo: Kūgishō denkibu no kai, 1987), 9–10.

60. "1936 Shōjō menjo, Yūyo 2 rikugun, Kaigunbunai kinmu no rikugun gunjin (1)," *Kōbun bikō, Shōwa 11-nen jinji B-kan*, 35, NAJ; and "1936 Shōjō menjo, Yūyo 2 rikugun, kaigunbunai kinmu no rikugun gunjin (2)," *Kōbun bikō, Shōwa 11-nen jinji B-kan*, 35, NAJ.

61. "Shōwa 13–nendo chokurei dai566–gō kaigun shozoku no gishi mataha gite no shoku ni aritaru monoyori kaigun shikan ni ninyō nado ni kansuru ken o kaisei su," *Kōbun ruishū, dai 68-hen, Showa 19-nen, dai 39-kan, kanshoku 39, ninmen* (*naigaku • ōkurashō • rikukaigunshō- kantōkyoku*), NDL.

62. "Gijutsukan seido kaisei • jisshi ni kansuru hōshin," *Kōkū kankei gijutsu gyōsei*, 1937, NIDS. 63. Naitō, *Kaigun gijutsu senki*, 55.

64. Nihon kaigun kōkūshi hensan iinkai, *Nihon kaigun kōkushi* 3: 375.

65. Bōeichō bōei kenshūjo senshi shiryōshitu, *Rikugun kōkū no gunbi to un'yō 1*, 260–261.

66. Bōeichō bōei kenshūjo senshi shiryōshitu, *Rikugun kōkū no gunbi to un'yō 2* (Tokyo: Asagumo shinbunsha, 1974), 212.

67. Bōeichō bōei kenshūjo senshi shiryōshitu, *Rikugun gunsenbi* (Tokyo: Asagumo shinbunsha, 1979), 405.

68. "Bunkan yori bukan ni tenkahsha kōho meibo sakusei kakusho," in *Showa 19-nen 3-gatsu kōkū kenkyū taisei tsuzuri sōmu buchō*, NIDS; and "Suehiro Takenobu rirekisho," in *Showa 19-nen 3-gatsu kōkū kenkyū taisei tsuzuri sōmu buchō*, NIDS.

69. Ishikawa, *Kokka sōdōinshi shiryōhen* 900–901.

70. "Bunkan yori bukan ni tenkahsha kōho meibo sakusei kakusho," in *Showa 19-nen 3-gatsu kōkū kenkyū taisei tsuzuri sōmu buchō*, NIDS.

71. "Shōwa 13–nendo chokurei dai 566–go kaigun shozoku no gishi mataha gite

no shoku ni aritaru monoyori kaigun shikan ni ninyō nado ni kansuru ken o kaiseisu," in Kōbun ruishū, dai 68-hen, Showa 19-nen, dai 39-kan, kanshoku 39, ninmen (naikaku • ōkurashō • rikukaigunshō kantōkyoku), NDL.

72. *Kaigun kōkū gijutsushō denkibu*,104.

73. Doi Zenjirō, *Kessen heiki maruyu: Rikugun sensuikan* (Tokyo: Kōjinsha, 2003).

74. Walter Grunden, *Secret Weapons and World War II: Japan in the Shadow of Big Science* (Lawrence: Univ. of Kansas Press, 2005), 41–47; and quote from General Headquarters United States Army Forces, Pacific Scientific and Technical Advisory Section, "Report on Scientific Intelligence Survey in Japan, September and October 1945," Vol. 1, 1 November 1945, 8, NA.

75. Nihon kōkū gakujutsushi henshū iinkai, *Nihon kōkū gakujutsushi*, 205.

76. Bōeichō bōei kenshūjo senshi shiryōshitu, *Rikugun kōkū no gunbi to un'yō 2*, 7.

77. Bōeichō bōei kenshūjo senshi shiryōshitu, *Rikugun kōkū heiki no kaihatsu · seisan · hokyū*, 340.

78. Nihon kōkū gakujutsushi henshū iinkai, *Nihon kōkū gakujutsushi*, 219.

79. Ibid., 208.

80. Bōeichō bōei kenshūjo senshi shiryōshitu, *Rikugun kōkū no gunbito un'yō 2*, 211; Nihon kōkū gakujutsushi henshū iinkai, *Nihon kōkū gakujutsushi*, 205; and Bōeichō bōei kenshūjo senshi shiryōshitu, *Rikugun kōkū heiki no kaihatsu · seisan · hokyū*, 77–78.

81. Maema, *Man machine no shōwa densetsu*, 1: 348–350.

82. Mizusawa Hikari, "Asia taiheiyō sensōki ni okeru kyū rikugun no kōkū kenkyūkikan eno kitai" in *Kagakushi kenkyu* 43 (2004): 24.

83. British Intelligence Objective Sub-committee, *Structural Requirement and Techniques Used in Design of Japanese Aircraft*, 26 October 1945, 1, NASM.

84. Mizusawa, "Asia taiheiyō sensōki ni okeru kyū rikugun no kōkū kenkyūkikan eno kitai," 25.

85. 在我进行调研时，只有 1938 年至 1940 年的记载可供查阅。我唯一能做的比较是观察委托给东京大学的项目数量。许多项目的性质和成本都已无从知晓。"Itaku kenkyū jikōchō kōkū kenkyujo," *Showa 15-nen kagaku kenkyū shōreikin kankei*, UT archive.

86. Tomizuka Kiyoshi, *Kōkenki* (Tokyo: Miki shobō, 1998), 110.

87. Ikari Yoshirō, *Sentōki hayabusa: Shōwa no meiki sono eikō to higeki* (Tokyo: kōjinsha, 2003), 130–131.

88. Bōeichō bōei kenshūjo senshi shiryōshitu, *Rikugun kōkū no gunbi to un'yō 2*, 212; and Bōeichō bōei kenshūjo senshi shiryōshitu, *Rikugun kōkū heiki no kaihatsu · seisan · hokyū*, 212.

89. Ikari, *Sentōki hayabusa*, 132–133.

90. Bōeichō bōei kenshūjo senshi shiryōshitu, *Rikugun kōkū no gunbi to un'yō 3* (Tokyo: Asagumo shinbunsha, 1976), 39; and Ikari, *Sentōki hayabusa*, 132–133.

91. Bōeichō bōei kenshūjo senshi shiryōshitu, *Rikugun kōkū heiki no kaihatsu · seisan · hokyū*, 77–78.

92. 从 1932 年到 1945 年，这个研究机构在组织重组的过程中获得了不同的官方名称。它最初被命名为航空武器库（Kōkūsho）。在英语的相关文章中，通常把这个研究机构称为海军航空兵工厂，但这样的英文翻译处理经常令人困惑。到战争结束时，海军在全日本有几处航空兵武器库，飞机的生产和维护就是在这些地方进行的。因为我主要关注海军在航空学方面的研发工作，所以我把这个机构称为日本海军航空研究所。这一翻译有助于将该机构与陆军的对应机构——日本陆军航空研究所进行对比，后者与陆军航空兵工厂（Rikugun kōkūshō）不同。1945 年 10 月 24 日至 11 月 24 日，盟军对位于日本立川的陆军航空兵兵工厂的飞机研发情况进行了考察，得出的结论是"日本陆军航空兵在研发政策上远不如海军航空兵"。*Air Technical Intelligence Group Advanced Echelon FEAF, Report on Tachikawa Army Air Arsenal*, 24 November 1945, NASM.

93. *Chōsa kiroku kaigun kōkū kankei gijutsu chōsa kitai kankei sekkei shisaku no bu*, 797– 5, NIDS.

94. *Nihon kōkū gakujutsushi, Nihon kōkū gakujutsushi*, 226.

95. *Shiryō boeichō kaijō bakuryō kanshi chōsabu, Nihon teikoku kaigun no kenkyū narabi ni kaihatsu* (1925–45), 34, Shōwakan.

96. Bōeichō bōei kenshūjo senshi shiryōshitu, *Kaigun kōkū gaishi* (Tokyo: Asagumo shinbunsha, 1976), 67.

97. *Kaigun kōkū gijutsushō* (Tokyo: Gakushū kenkyūsha, 2008), 105.

98. *Chōsa kiroku: Kaigun kōkū kankei gijutsu chōsa, kitai kankei sekkei shisaku no bu*, 797–5, NIDS.

99. *Kaigun kōkū gijutsushō*, 108.

100. *Shiryō boeichō kaijō bakuryō kanshi chōsabu, Nihon teikoku kaigun no*

kenkyū narabi ni kaihatsu (1925–45), 36, Shōwakan.

101. *Kōkū kimitsu 6810-gō Shōwa 16-nen 7-gatsu 9-nichi Kōkū honbukei haiinhyō ni kansuru ken shōkai*, NIDS.

102. Nihon kōkū gakujutsushi henshū iinkai, *Nihon kōkū gakujutsushi*, 227; and *Shiryō boeichō kaijō bakuryō kanshi chōsabu, Nihon teikoku kaigun no kenkyū narabi ni kaihatsu* (1925–45), 35, Shōwakan. 根据档案资料，截至 1945 年 8 月 15 日，日本海军航空研究所有 18 723 名职员，其中包括 1009 名工程师和技术人员，以及 17 714 名工人。这种本质上的细微差异是可以理解的，因为在日本战败投降不久，盟军最高司令官总司令部（GHQ）或日本人进行的许多调查中都充斥着管理上的混乱。扩建后，军备部在横滨成立了一个独立的机构，有 600 名工程师和技术人员，以及 12 000 名工人。*Shiryō boeichō kaijō bakuryō kanshi chōsabu, Nihon teikoku kaigun no kenkyū narabi ni kaihatsu* (1925–45), 40, Shōwakan.

103. *Air Technical Intelligence Group Report No. 27 Aircraft Design and Development*, 1 November 1945, MUSAFB.

104. *Kaigun kōkūgijutsushō denkibu*, 11–12.

105. Ibid., 13.

106. Ikari Yoshiro, *Kaigun kūgishō* (Tokyo: Kōjinsha, 1985), 1: 30–33.

107. "Monbushō ōfuku • hōkoku Showa–16nen," R–196/A–218, *Monbu ōfuku 5*, UT archive.

108. "Monbushō ōfuku • hōkoku Showa–17-nen," R–201/A–225, *Monbu ōfuku 6*, UT archive.

109. Ikari, *Kaigun kugishō*, 1: 18–20.

110. "Dai 1729–go 7.5.10 Tochi kōnyū no ken: Kaigun kōkūshō," *Kōbun bikō Shōwa 7-nen K doboku • kenchiku kan-12*, NAJ.

111. *Kaigun kōkūgijutsushō denkibu*, 52.

112. *Chōsa kiroku: Kaigun kōkū kankei gijutsu chōsa, kitai kankei sekkei shisaku no bu*, 797–5, NIDS.

113. Walter Vincenti, *What Engineers Know and How They Know It* (Baltimore: Johns Hopkins Univ. Press, 1990), 51–111.

114. Nihon kaigun kōkūshi hensan iinkai, *Nihon kaigun kōkushi*, 3: 380.

115. Tsukada Hideo, "Yōhei to gijutsu no setten," in *Umiwashi no kōseki* (Tokyo: Hara shobō, 1982), 34.

116. *Chōsa kiroku: Kaigun kōkū kankei gijutsu chōsa, kitai kankei sekkei shisaku*

no bu, 742–1, NIDS.

117. Kawasaki Motoo, "Kaigun de mananda kotodomo," in *Kaigun kōkūgijutsushō zairyōbu shūsen 50-shūnen kinenshi* (Yokohama: Kaigun kōkūgijutsushō zairyōbu no kai, 1996), 138.

118. *Kaigun kōkū gijutsushō kenkyū jikken seiseki hōkoku Kōgihō 04190 Sōryūyokugata chūshinsen hoi*, 15 May 1944, UTA.

119. Tani Ichirō, "Kenkyū kaihatsu to gakkai: Kaigun kōkū tono sōgū," in *Umiwashi no kōseki*, 39.

120. Bōeichō bōei kenshūjo senshi shiryōshitu, *Kaigun kōkū gaishi*, 147; and Nihon kaigun kōkūshi hensan iinkai, *Nihon kaigun kōkushi* 3: 377.

121. Okamura Jun, "Sōsetsuron," in *Kōkūgijutsu no zenbō* (Tokyo: Kōyōsha, 1953), 1: 43.

122. Igaki Kenzō, "Kūgishō zairyōbu kenkyū jikken seiseki hōkoku hakkutsu no ki," in *Kaigun kōkūgijutsushō zairyōbu shūsen 50-shūnen kinenshi*, 75.

123. Bōeichō bōei kenshūjo senshi shiryōshitu, *Kaigun kōkū gaishi*, 15.

124. Yamana Masao, "Suisei ni toritukareta saigetsu," in *Gunyōki kaihatsu monogatari* (Tokyo: Kōinsha, 2002), 1: 154.

125. Yamana Masao, "Suisei ga dekirumade," *Kōkūfan* 13, no. 15 (1964): 74.

126. Chōsa kiroku: *Kaigun kōkū kankei gijutsu chōsa, kitai kankei sekkei shisaku no bu*, 742–24, NIDS.

127. Yamana Masao, "Kanjō bakugekiki suisei," in *Sekkeisha no shōgen* (Tokyo: Suitōsha, 1994), 1: 324.

128. Yamana Masao, "Über die Elastische Stabilität der Metallflugzeugbauteile" (senior thesis, Tokyo University, 1929), UTA.

129. *Chōsa kiroku: Kaigun kōkū kankei gijutsu chōsa, kitai kankei sekkei shisaku no bu*, 742–24, NIDS.

130. Naitō Ichirō, "Hiniku na unmei o tadotta kanbaku suisei," in Suisei/*99-kanbaku* (Tokyo: Kōjinsha, 2000), 101.

131. Ibid., 96–97.

132. Yamana, "Kanjō bakugekiki suisei," 328.

133. Ibid., 332.

134. Zasshi maru henshūbu, ed., *Suisei/99-kanbaku*, 23.

135. Yamana, "Kanjō bakugekiki suisei," 333.

136. Ueyama Tadao, "Suisei kanjō gakugekiki suisei no sekkei," in *Suisei/99-kanbaku*, 158–159.

137. Yamana, "Suisei ga dekirumade," 77.

138. Yamana, "Kanjō bakugekiki suisei," 334; and Ueyama, "Suisei kanjō bakugekiki suisei no sekkei," 23.

139. Naitō Ichirō, "Hiniku na unmei o tadotta kanbaku suisei," 101. 在没有确凿经验证据的情况下，内藤写道，D4Y Judy 的外形比美国的 P-51 野马式战斗机要小，这表明是两种空气动力学设计，一种是在 1938 年开发的，另一种是在 1943 年开发的，精巧复杂程度不相上下。这充其量只算是一个有争议的问题。

140. "Technical Air Intelligence Center Summary No. 18, December 1944: Judy," 1, NASM.

141. 其中一位是将代数设计方法引入新干线车辆设计的技术人员赤冢武雄。另一位是原朝茂，他在 1945 年之前研究了在风洞中飞机散热器的阻力，后来又对高速列车进入风洞时的空气动力学进行了研究。 Ueyama, "Suisei no kūkirikigakuteki sekkei," 23.

142. Miki Tadanao, "Kōsoku densha no kaihatsu," in *Heisei 11-nendo Sangyō gijutsu no rekishi ni kansuru chōsa kenkyū hōkokusho* (Tokyo: Nihon kikai kōgyō rengōkai, 2000), 351–352; Miki Tadanao, interview by author, Zushi, 8 August 2003; and Nihon kōkū gakujutsushi henshū iinkai, Nihon kōkū gakujutsushi, 225; and Miki Tadanao, "Sensō no kanki" (senior thesis, Tokyo University, 1933), UTN.

143. "Dōtai to gisō," in Ginga/Ichishiki rikkō (Tokyo: Kōjinsha, 1994), 20.

144. "Technical Air Intelligence Center Summary No. 10, October 1944: New Japanese Navy Bomber Frances 11," 2, NASM.

145. Honjō Kirō, "Sotsugyō keikaku keisansho" (senior thesis, Tokyo University, 1926), UTA. 146. Miki Tadanao, "Kūgishō 'Ginga' rikujō bakugekiki no sekkei nado ni tsuite," in Heisei 5-nendo Bunyabetsu kagakugijututaikei no genjō to shōrai ni kansuru chōsa kenkyū hōkokusho (Tokyo: Nihon kikai kogyō rengōkai, 1994), 35; and Ikari, *Kaigun kūgishō*, 1: 142–143.

147. Miki Tadanao, "Kōsoku rikubaku ginga sekkei no tsuioku," in Ginga/Ichishiki rikkō, 108.

148. *Y-20 seisekihyō*, MT Papers.

149. Miki, "Kōsoku rikubaku ginga sekkei no tsuioku," 106, 108.

150. "Technical Air Intelligence Center Summary No. 10, October 1944: New

Japanese Navy Bomber Frances 11," 8, NASM.

151. "Gisō," in Ginga/Ichishiki rikkō, 24, 45; and Kojima Masao, "Dōryoku • yuatsu sōchi," in Ginga/Ichishiki rikkō, 37.

152. "Kōchaku sōchi," in Ginga/Ichishiki rikkō, 42.

153. Horikoshi Jirō, Eagles of Mitsubishi: The Story of the Zero Fighter (Seattle: Univ. of Washington Press, 1981), 17–18; and Kofukuda Terufumi, Zerosen kaihatsu monogatari: Nihon kaigun sentōki zenkishu no shōgai (Tokyo: Kōjinsha, 1985), 87.

154. Horikoshi, Eagles of Mitsubishi, 15–16; Horikoshi Jirō, Zerosen: sono eikō to kiroku (Tokyo: Kōbunsha, 1995), 58–61; and Ikari Yoshirō, Ikiteiru Zerosen (Tokyo: Yomiuri shinbunsha, 1970), 57.

155. Richard Smith, "The Intercontinental Airliner and the Essence of Airplane Performance, 1929–1939," Technology and Culture 24, no. 33 (1983): 428–429, 434.

156. William Rodden, "Flutter (aeronautics)," in McGraw–Hill Encyclopedia of Science and Engineering (New York: McGraw Hill, 1997), 246–247.

157. Nihon kōkū gakujutsushi henshū iinkai, Nihon kōkū gakujutsushi, 390.

158. Horikoshi, Eagles of Mitsubishi , 117–118.

159. "Kaigun kōkū gijutsushō kenkyū jikken hōkoku, Kūgihō 029, Kitai no koyūshindōsū keisanhō no kenkyū," 7 January 1942, UTA; "Kaigun kōkū gijutsushō kenkyū jikken hōkoku, Kūgihō 04347, Yokufure gendo sokudo kensanhō no kenkyū sono–3," 4 September 1944, UTA; Kaigun kōkū gijutsushō kenkyū jikken hōkoku, Kūgihō 0546, Yokufure gendo sokudo kensanhō no kenkyū sono–4," 20 February 1945, UTA; and Nihon kōkū gakujutsushi henshū iinkai, Nihon kōkū gakujutsushi, 60.

160. Shioda Toyoji, "Keikinzoku no kenkyū," in Kaigun kōkūgijutsushō zairyōbu shūsen 50–shūnen kinenshi, 102.

161. Ueda Kōzō, "Kaigun jidai no omoide," in Kaigun kōkūgijutsushō zairyōbu shūsen 50-shūnen kinenshi, 117.

第三章 工程师参与研发神风特攻机，1943—1945 年

1. Asahin shinbun, 1 June 1945.

2. Asahi shinbun, 30 June 1945.

3. Nihon kōkū gakujutsushi henshū iinkai, Nihon kōkū gakujutsushi, 292.

4. 该研究机构在 1939 年之前的缘起，在一定程度上反映出日本军方和文

官政府之间的政治博弈。Mizusawa Hikaru, "Rikugun ni okeru kōkūkenkyūjo no setsuritsu kōsō to gijutsuin no kōkū jūtenka," Kagakushi kenkyū 42 (2003): 32–34.

5. Nihon kōkū gakujutsushi henshū iinkai, Nihon kōkū gakujutsushi, 292–293.

6. Bōeichō bōei kenshūjo senshi shiryōshitu, Rikugun kōkū heiki no kaihatsu · seisan · hokyū, 185–186; and Nihon kōkū kyōkai, Nihon kōkūshi, 543.

7. Nihon kōkū gakujutsushi henshū iinkai, Nihon kōkū gakujutsushi, 293–294.

8. Ueda Toshio, interview by author, Tokyo, 29 April 2004.

9. British Intelligence Objectives Sub–committee, Japanese Aerodynamic Research and Research Equipment, Report No. BIOS/JAP/PR/112, 2, BWM.

10. Report on Organization and Equipment of Central Aeronautical Research Institute, Air Technical Intelligence Group Report No. 82, 14 November 1945, 3, MUSAFB.

11. "Chūō kōkū kenkyōjo Kajima Kōichi hoka 42–mei," Kōbunzassan Shōwa 17–nen 17– kan naikaku · kakuchō kōtōkan shōyo 1 (naikaku), NAJ.

12. "Chūō kōkū kenkyūjo shokutaku Miyoshi Kan'ichi hoka 26–mei," Kōbunzassan Shōwa17-nen 17-kan naikaku · kakuchō kōtōkan shōyo 1 (naikaku), NAJ.

13. Chūō kōkū kenkyūjo hōkoku 1, no. 1 (1942), NMRI; and Chūō kōkū kenkyūjo ihō 1 (1943), NMRI.

14. Report on Organization and Equipment of Central Aeronautical Research Institute, Air Technical Intelligence Group Report No. 82, 14 November 1945, 3, MUSAFB.

15. "Shōwa 17–nen 10–gatsu matsujitu genzai shokuin," Chūō kōkū kenkyūjo shisetsu iinkai dai-3kai sōkai kankei shorui, NIDS.

16. "Kōkū kenkyū taisei no seibi ni kansuru ken (kakugi kettei 17.10.22)," Shōwa 19-nen 3-gatsu kōkū kenkyū taisei tsuzuri sōmu buchō, NIDS.

17. Nihon kōkū gakujutsushi henshū iinkai, Nihon kōkū gakujutsushi, 292.

18. Report on Organization and Equipment of Central Aeronautical Research Institute, Air Technical Intelligence Group Report No. 82, 14 November 1945, 3, MUSAFB.

19. Tokyo daigaku 100–nenshi henshū iinkai, Tokyo daigaku 100-nenshi shiryō 3, 476.

20. Ibid., 466–467.

21. Kagaku gijutsu seisakushi kenkyūkai, Nihon no kagaku gijutsu seisakushi, 38.

22. *Tokyo Kogyōdaigaku 90-nen shi*, 567; and Tokyo daigaku 100–nenshi henshū iinkai, *Tokyo daigaku 100-nenshi bukyokushi* 3, 41; and Monbu kagakushō, Gakusei 100–nenshi, accessed 4 October 2011.

23. Kyoto daigaku 70–nen shi henshū iinkai, *Kyoto daigaku 70-nen shi*, 127.

24. Ishiwari Kōtarō, "Omoide," in *Kaigun kōkūgijutsushō zairyōbu shūsen 50-shūnen kinenshi*, 115.

25. Tokyo daigakushi shiryōshitsu hen, *Tokyo daigaku no gakuto dōin, gakuto shutsujin*, 153–154.

26. Tokyo daigaku seisan gijutsu kenkyūjo–hen, *Tokyo daigaku dai-2 kōgakubushi* (Tokyo: Tokyo daigaku seisan gijutsu kenkyūjo, 1968), 72; and Tokyo daigaku 100–nenshi henshū iinkai, *Tokyo daigaku 100-nenshi shiryō 3*, 513.

27. Tokyo daigaku 100–nenshi henshū iinkai, *Tokyo daigaku 100-nenshi shiryō* 3, 511.

28. General Headquarters United States Army Forces, Pacific Scientific and Technical Advisory Section, *Report on Scientific Intelligence Survey in Japan, September and October* 1945, 1 November 1945, 1: 52, NA.

29. Nihon kōkū kyōkai, Nihon kōkūshi: Showa zenki–hen (Tokyo: Nihon kōkū kyōkai, 1975), 541; *Shōwa 16 • 17-nen Kōkūnenkan* (Tokyo: Dainihon hikō kyōkai, 1943), 325.

30. Tokyo daigaku 100–nenshi henshū iinkai, *Tokyo daigaku 100-nenshi bukyokushi 3*, 595–596; Kobashi Yasujirō, Tani Ichirō sensei koki kinen kōenshū, 1977; and Kōkū uchū kōgakuka kōkū uchū kōgaku senkō gakui ronbun, UTA, accessed 29 September 2011, http://133.11 .88.138/FMRes/FMPro.

31. General Headquarters, United States Army Forces, Pacific Scientific and Technical Advisory Section, *Report on Scientific Intelligence Survey in Japan, September and October 1945, November 1945*, 1: 16, NA.

32. Tokyo daigaku seisan gijutsu kenkyūjo hen, *Tokyo daigaku dai-2 kōgakubushi*, 35, 69.

33. Tokyo daigaku 100–nenshi henshū iinkai, *Tokyo daigaku 100-nenshi bukyokushi* 3, 606.

34. Tokyo daigaku seisan gijutsu kenkyūjo hen, *Tokyo daigaku dai-2 kōgakubushi*, 74–75.

35. Ibid., 72.

36. *Osaka daigaku 25-nen shi*, 6 355.

37. Sōmushō, Nagoyashi ni okeru sensai no jyōkyō: Ippan sensai homepage, last accessed 14 November2011, http://www.soumu.go.jp/main_sosiki/daijinkanbou/sensai/ situ ation/state/tokai_06.html.

38. Nagoya daigakushi henshū iinkai, *Nagoya daigaku 50-nenshi, bukyokushi 2* (Nagoya: Nagoya daigaku shuppankai, 1989), 10.

39. 在 10 个院系中，医学系以 4.6% 的比重位居首位。所有的百分比都与研究期间的大一新生人数有关。 Tokyo daigakushi shiryōshitsu hen, 129.

40. Sōmushō, "Tachikawa-shi ni okeru sensai no jōkyō (Tokyo-to)," Ippan sensai homepage, accessed 14 September 2011.

41. *Rikugun kōkū heiki shinsa kenkyū kikan • sokai jyōkyō ichiranhyō*, 15 August 1945, NIDS. 疏散模式的一个例外是多摩研究部，它于 1943 年 6 月从第四师团独立出来。虽然有两个部分从东京的国町市迁移到遥远的城市藤冈（群马县）和上水和（长野县），但另外两个部分留在东京：一个在青梅市，另一个在久我山市。

42. General Headquarters, United States Army Forces, Pacific Scientific and Technical Advisory Section, *Report on Scientific Intelligence Survey in Japan, September and October 1945*, Vol. 2, 1 November 1945, Appendix 1–F-1, NA.

43. Shiryō bōeichō kaijō bakuryōkanbu chōsabu, *Nihon teikoku kaigun no kenkyū narabi ni kaihatsu* (1925–45), 1957, Shōwakan.

44. United States Pacific Fleet and Pacific Ocean Areas, *Air Information Summary: First Supplement to Tokyo Bay Area Air Information Summary*, 30 December 1944, MUSAFB.

45. Hirayama Shin'ichi, "Kakō mokuzai shūsen zengo no koto," in *Kaigun kōkūgijutsushō zairyōbu shūsen 50-shūnen kinenshi*, 111.

46. Ueno Kagehira, "Kūgishō zairyōbu deno 200-nichi to sengo," in *Kaigun kōkūgijutsushō zairyōbu shūsen 50-shūnen kinenshi*, 118.

47. Kawasaki Motoo, "Shidei buin o shinobu," in *Kaigun kōkūgijutsushō zairyōbu shūsen 50-shūnen kinenshi*, 140–141.

48. Ōta Shimizu, "Kaigun kiryū shucchōjo, in *Kaigun kōkūgijutsushō zairyōbu shūsen 50-shūnen kinenshi*, 33–34; and Kikuchi Teizō, "Omoide," in *Kaigun kōkūgijutsushō zairyōbu shūsen 50-shūnen kinenshi*, 143.

49. *Chōsa kiroku kyū kaigun shiryō kōkū kankei sono 1*, 742-2, 742-4, 742-5, NIDS.

50. Nihon kōkū gakujutsushi henshū iinkai, *Nihon kōkū gakujutsushi*, 419–428.

51. *Chōsa kiroku: Kaigun kōkū kankei gijutsu chōsa, kitai kankei sekei shisaku no bu*, 797– 5, NIDS.

52. *Air Technical Intelligence Group No. 27, Aircraft Design and Development*, 1, 1 November 1945, MUSAFB.

53. *Kaigun kōkū gijutsushō kenkyū jikken seiseki hōkoku Kōgyōhō 029 kitai no koyū shindō keisanhō no kenkyū*, 7 January 1942, UTA; *Kaigun kōkū gijutsushō kenkyū jikken seiseki hōkoku Kōgyōhō 04347 Tstubasa fure genkai sokudo kensanhō no kenkyū sono 3*, 4 September 1944, UTA; *Kaigun kōkū gijutsushō kenkyū jikken seiseki hōkoku Kōgyōhō 0546 tsubasa fure genkai sokudo keisanhō kenkyū sono 4*, 20 February 1945, UTA; and *Nihon kōkū gakujutsushi henshū iinkai, Nihon kōkū gakujutsushi*, 60.

54. Shioda Toyoharu, "Keikinzoku no kenkyū," in *Kaigun kōkūgijutsushō zairyōbu shūsen 50-shūnen kinenshi*, 102; and *Chōsa kiroku kyū kaigun shiryō kōkū kankei sono 1*, 742– 7, NIDS

55. *Chōsa kiroku kyū kaigun shiryō kōkū kankei sono 1*, 7, NIDS.

56. Naitō Ichirō, "Hiniku na unmei o tadotta kanbaku suisei," in *Suisei/99-kanbaku*,103.

57. Miki Tadanao, "Kōsoku rikubaku ginga sekkei no tsuioku," in *Ginga/Ichishiki rikkō*, 108.

58. Ibid., 107.

59. Kojima Masao, "Dōryoku • Yuatsu sōbi," in *Ginga/Ichishiki rikkō*, 39.

60. *Chōsa kiroku kyū kaigun shiryō kōkū kankei sono 1 742*, NIDS.

61. Yamana Masao, "Suisei ga dekirumade," Kōkūfan13, no. 15 (1964): 78; and *Chōsa kiroku kyū kaigun shiryō kōkū kankei sono 1 742–1 782*, NIDS.

62. "Kaigun kōkū gijutsushō shōhō, Showa 18–nen 10–gatsu," NIDS.

63. Shioda Toyoji, "Keikinzoku no kenkyū," in *Kaigun kōkūgijutsushō zairyōbu shūsen 50-shūnen kinenshi*, 102.

64. Ueda Kōzo," Kaigun jidai no omoide," in *Kaigun kōkūgijutsushō zairyōbu shūsen 50-shūnen kinenshi*, 117.

65. United States Pacific Fleet and Pacific Ocean Areas, *Quarterly Report on Research Experiments*, 1, Special Translation no. 52 (1945): 10, MUSAFB.

66. Kawasaki Motoo, "3–ka no katsudō," in *Kaigun kōkūgijutsushō zairyōbu shūsen 50-shūnen kinenshi*, 15, 17; and Bōeichō bōei kenshūjo senshi shiryōshitu,

Kaigun kōkū gaishi, 433.

67. Iwaya Eiichi, "Arishi hino waga kaigun kōkūki no zenbō to sono jittai," in *Kōkūgijutsu no zenbō* (Tokyo: Kōyōsha, 1953), 1: 256–257.

68. Peattie, Sunburst, 189.

69. Vincenti, *What Engineers Know and How They Know It*, 9, 12.

70. Michael S. Sherry, *The Rise of American Air Power: The Creation of Armageddon* (New Haven, CT: Yale Univ. Press, 1987). 作者考察了技术、战略和官僚主义的必要性，作为战时狂热支持美国战略轰炸的主要来源。休·古斯特森（Hugh Gusterson）的《核仪式："冷战"末期的武器实验室》(*Nuclear Rites: A Weapons Laboratory at the End of the Cold War*) 是一本关于核武器实验室的民族志研究。古斯特森展示了科学家和工程师如何在内部解决本质上具有自杀性质的核威慑问题。

71. Naitō, Hatsuho, Ōka: kyokugen no tokkōki (Tokyo: Chūōbunko, 1999), iii–iv; Ozaki Toshio, "Ōka 43–otsu gata sekkei no omoide, Kōkūfan 13, no. 14 (1964): 68; Rene J. Francillon, *Japanese Aircraft of the Pacific War* (Annapolis, MD: Naval Institute Press, 1970), Notes to Pages 74–79, 219, 476–477; and "Structural Features of the Oka or Baka Japanese Suicide Glider Bomb," 6, WRAFB.

72. Assistant Chief of Air Staff, Intelligence, *The Japanese Piloted Rocket-Propelled Suicide Aircraft (BAKA)*, 1 May 1945, 1, MUSAFB.

73. Miki Tadanao, Ōka 11-gata (genkei) shisaku keika gaiyō 1: Showa 20-nen 10-gatsu, NIDS.

74. Onda Shigetaka, Tokkō (Tokyo: Kōdansha, 1991), 404–408, 410; Hata Ikuhiko, *Shōwa no nazo o ou* (Tokyo: Bungei shunjū, 1999), 1: 510–515; Naitō Hatsuho, *Thunder Gods: The Kamikaze Pilots Tell Their Story* (New York: Dell Book, 1982), 14–17. 大田正一在罪大恶极的 MXY-7 "樱花"特别攻击机项目中的参与程度有多深，罪责有多大，一直存在争议。一些详细的研究记录了海军的计划。对于该项目要想启动，远非大田的个人主动性起到了重要作用，很多人表示认同。对于"大田孤军作战"这一理论，有人深表怀疑，更是将大田描述为海军领导层的"傀儡"。虽然大田可能只不过是一只替罪羔羊，不过在大家看来他依然是个恶棍，因为缺乏现存的经验证据来反驳这一看法。要想重新审视这一过程，更明智的做法可能是关注高高在上的海军高层和位居底层阶级的大田之间的利益合并。一种说法是，多家民用公司参与了 MXY-7 "樱花"特别攻击机蓝图设计的早期阶段。据称，三菱通过与东京大学进行的一系列合作，为该款飞机的航空发动机的发展出了不少力。

75. Kawasaki Motoo, "Kaigun de mananda kotodomo," in *Kaigun kōkūgijutsushō zairyōbu shūsen 50-shūnen kinenshi*, 138.

76. Miki Tadanao, "Kōsoku densha no kaihatsu," in *Heisei 11-nendo Sangyō gijutsu no rekishi ni kansuru chōsa kenkyū hōkokusho* (Tokyo: Nihon kikai kōgyō rengōkai, 2000), 354.

77. Nazuka Iwao, "Ōka no seizō genba de," in Ningen bakudan to yobarete: *Shōgen ōka tokkō* (Tokyo: Bungei shunjū, 2005), 331.

78. Naitō, Thunder Gods, 30.

79. *Technical Air Intelligence Center Summary #31 BAKA, June 1945*, 1, MUSAFB.

80. *Naitō, Thunder Gods*, 18.

81. *MXY ridatsu shiken* (k1 oyobi k2) *19.10.25 dai-3 fūdō*, MT Papers; and Naitō Hatsuho, *Thunder Gods*, 34.

82. Ōka no shisaku jikken ni *kansuru meirei oyobi keikakusho*, NIDS.

83. Nazuka, "Ōka no seizō genba de," 333.

84. Miki Tadanao, "ōka 11–gata (genkei) shisaku keika gaiyō 1, Shōwa 20–nen 10–gatsu," NIDS.

85. Miki Tadanao, *Jinrai tokubetsu kōgekitai* (Tokyo: Sannō shobō, 1968), 35.

86. Naitō, *Thunder Gods*, 18.

87. Ibid., 24.

88. Nazuka, "Ōka no seizō genba de," 337.

89. Naitō, *Thunder Gods*, 18.

90. Yokosukashi, ed., *Senryōka no Yokosuka: Rengō kokugun no jōriku to sono jidai* (Yokosuka: Yokosukashi, 2005), 97.

91. *Kaigun kōkū gijutsushō denkibu*, 32.

92. *Time*, 30 April 1945, 7 May 1945, 14 May 1945, and 25 June 1945.

93. Itō Hiromitsu, "Haikyo no entotsu," *Suikō* 343 (1982): 24.

94. "Shisei ōka toriatsukai setsuieisho Showa 19–nen 11–gatsu, Kaigun kōkū gijutsushō," NASM.

95. "Kūgishō kimitsu dai 9269–gō," NIDS.

96. Kūgishō kimitsu dai 9509–gō, Showa 19–nen 11–gatsu 3–nichi, Marudai tanza renshūki kansei kenkyūkai oboegaki," NIDS.

97. "Kaigi teki dai–796gō, 20–10–1944 Marudai heiki yō kaizō jikō uchiawasekai shingi jikō tekiyō," MT Papers.

98. Royal Aircraft Establishment, Farnborough, *Foreign Aircraft: "Oka" or "Baka" Japanese Suicide Glider Bomb*, May 1946, 4, WPAFB.

99. "MXY7 kaizō yōkō," MT Papers.

100. "Technical Air Intelligence Center Summary # 31 BAKA, June 1945," 13, MUSAFB.

101. Matsuura Yoshinari, "Tokushu kōgekiki ōka fukugen ni tsuite" (unpublished manuscript, December 2001), Appendix 1.

102. "Ōka 22–gata keikaku yōkō 20–2–28," MT Papers.

103. "Kaigun kōkū gijutsushō hikoukibu sekkeigakari, jyūryō jyūshin keisan 20–1–20," MT Papers.

104. "Daiichi kaigun gijutsushō shisei ōka 22–gata toriatsukai setsumeisho (an) Showa 20–nen 5–gatsu," NIDS.

105. "43–gata jyūryō mitsumori 20–3–22," MT Papers.

106. Aichi kōkūki kabushiki kaisha gijutsubu, "Ōka 43 otsu–gata jyūshin keisansho Showa 20–nen 4–gatsu 5–nichi," MT Papers.

107. "Shisen ōka 43 otsu–gata keisan yōhyū (20.4.26 kettei)," MT Papers.

108. "Showa 20–nen 7–gatsu 23–nichi ōka 43 otsu–gata kōsaku kan'ika ni kansuru uchiawase oboe," MT Papers.

109. *Chōsa kiroku kyū kaigun shiryō kōkū kankei sono* 1 742–1 710, NIDS.

110. Iwaya Eiichi, "Arishi hino waga kaigun kōkūki no zenbō to sono jittai," 258.

111. Nihon kōkū gakujutsushi henshū iinkai, 413–428; and *Chōsa kiroku kyū kaigun shiryō kōkū kankei sono* 1 742–1 716, NIDS.

112. Kaigun jinrai butai senyūkai henshūiinkai, *Kaigun jinrai butai* (Tokyo: Kaigun jinrai butai senyūkai, 1996), 37; Nihon kōkū gakujutsushi henshū iinkai, *Nihon kōkū gakujutsushi*, 416; and Maema, *Fugaku*, 2: 124–126.

113. Kaigun jinrai butai senyūkai henshūiinkai, *Kaigun jinrai butai*, 3, 17–44.

114. Nihon kaigun kōkūshi hensan iinkai, *Kakgun kōkūshi* (Tokyo: Jiji tsūshinsha, 1969), 1: 513. 关于日本空中力量的实际死亡人数和盟军的实际损失，学术界并未达成一致意见。有一份报告显示，战争期间，3913 名日本神风特攻队飞行员在针对盟军执行的"特别攻击"任务过程中死亡。其中 2525 人是海军，他们中的大多数人年龄在 18~20 岁，其中一些人甚至只有 17 岁。剩下的 1388 人是陆军飞行员，他们中的大多数人年龄在 18~24 岁。Naitō Hatsuho, *Thunder Gods*, xxvii.

115. Peter Hill, "Kamikaze, 1943–5," in *Making Sense of Suicide Missions*, ed. Diego Gambetta (Oxford: Oxford Univ. Press, 2005), 8–11.

116. Itō, "Haikyo no entotsu," 23.

117. Yanagida Kunio, *Zerosen moyu* (Tokyo: Bungei shunjū, 1990), 5: 69.

118. Iwaya, "Arishi hino waga kaigun kōkūki no zenbō to sono jittai," 236.

119. Advanced Echelon Far East Air Forces Air Technical Intelligence Group, *Supplement to Report No. 70 High Speed Wind Tunnel Research*, 23 November 1945, 2, MUSAFB.

120. F. W. Williams, "Japan's Aeronautical Research Program and Achievements," in *Technical Intelligence Supplement: A Report Prepared for the AAF Scientific Advisory Group*, May 1946, 151, MUSAFB165–166.

121. Headquarters, Arnold Engineering Development Center Air Research and Development Command, United States, Air Force, *History of the Arnold Engineering Development Center*, 1 January 1952–30 June 1952, 68–69, MUSAFB.

第四章　将战时经验用于战后日本重建，1945—1952 年

1. *Tokyo shinbun*, 15 August 1945.

2. Kimura Hidemasa, *Waga hikōki jinsei* (Tokyo: Nihon tosho center, 1997), 155–157; and Maema Takanori, *YS-11 Kokusan ryokakki o tsukutta otokotachi* (Tokyo: Kōdansha, 1994), 82.

3. Kagaku gijutsu seisakushi kenkyūkai, *Nihon no kagaku gijutsu seisakushi*, 50; and Nakayama Shigeru, "Introduction: Occupation Period 1945–52," in *A Social History of Science and Technology in Contemporary Japan* (Melbourne: Trans Pacific Press, 2001), 1: 23.

4. *Kagaku bunka shinbun*, 7 September 1946.

5. Nakayama Shigeru, "The Scientific Community Post–Defeat," in *A Social History of Science and Technology in Contemporary Japan*, 1: 270.

6. *Kagaku bunka shinbun*, 29 April 1946.

7. Ibid., 17 December 1946.

8. Ibid., 25 June 1947.

9. Ibid., 7 September 1946.

10. Torigata Hirotoshi, "Kaigun to nihon no sangyō," *Gunji gijutsu kara minsei gijutsu eno tenkan: Dainiji sekai taisen kara sengo eno wagakuni no keiken* (Tokyo: Nihon gakujutsu shinkōkai, 1994), 1: 161–178.

11. Yamashita Sachio, "Nihon zōsengyō ni miru gijutsu no keishō : Senzen kara sengo e," in *Kigyō keiei no rekishiteki kenkyū* (Tokyo: Iwanami shoten, 1990), 364–389; Ikeda Tomohira, "Nihon zōsengyō no sengo 10–nen: Yushutsu sangyō eno doutei," in *Kigyō keiei no rekishiteki kenkyū*, 412–432; Maema Takanori, *Senkan Yamato no iseki*, vol. 1 (Tokyo: Kōdansha, 2005); and Kohagura Yasuyoshi, *Kōseki: Zōsen shikan Fukuda Tadashi no tatakai* (Tokyo: Kōjinsha, 1996).

12. Nakagawa Yasuzō, *Kaigun gijutsu kenkyūjo: Electronics ōkoku no senkusha tachi* (Tokyo: Nihon keizai shinbunsha, 1987), 13–14; Akio Morita Library, "2010 Morita Asset Management," accessed 23 September 2010, http://www.akiomorita. net/profile/life.html; Morita Akio and Ibuka Masaru, "Ibuka taidan, Innen ni michibikareruyō ni (2) Guest: Morita Akio," accessed 23 September 2010, http://www. sony–ef.or.jp/library/ibuka/pdf /taidan_no62_2.pdf; and John Nathan, Sony: *The Private Life* (New York: Houghton Mifflin, 1996), 4–5.

13. Suzukawa Hiroshi, "Gunji gijutsu no heiwa sangyō eno kakawari: Seimitsu kikai sangyō ni okeru jirei," in *Gunji gijutsu kara minsei gijutsu eno tenkan: Dainiji sekai taisen kara sengo eno waga kuni no taiken*, 1: 78–93.

14. Kōgaku kōgyōshi henshū kai, ed., *Heiki o chūshin to shita nihon no kōgaku kogyōshi* (Tokyo: Kōgaku kogyōshi henshū kai, 1955), 610–611.

15. Tomita Tetsuo, "Gijutsu no juyō ni oyobosu shijōkōzō oyobi fūdo kankyō ni kansuru jisshōteki bunseki" (PhD diss., Tokyo Institute of Technology, 1999).

16. Nakajima Shigeru, "Hisenryō ka ni okeru seisan hinmoku settei to sonogo no seisan jōkyō (nihon musen no baai)," in *Gunji gijutsu kara minsei gijutsu eno tenkan: Dainiji 222 Notes to Pages 89-94 sekai taisen kara sengo eno waga kuni no taiken*, 1: 94–113; and Tsurugaya Takeo, "SONAR Gunjugijutsu kara heiwa sangyō eno tenkan," in *Gunji gijutsu kara minsei gijutsu eno tenkan: Dainiji sekai taisen kara sengo eno waga kuni no taiken*, 2: 64–76.

17. Matsuyama Kihachirō, "Televison no gunji gijutsu kara minju sangyō eno tenkan," in *Gunji gijutsu kara minsei gijutsu eno tenkan: Dainiji sekai taisen kara sengo eno waga kuni no taiken*, 1: 114–137.

18. *Kagaku bunka shinbun*, 20 December 1948.

19. Shigeru Nakayama, "The Scientific Community Post-Defeat," 1: 267.

20. Doi Takeo, *Hikōki sekkei gojūnen no kaisō* (Tokyo: Kantōsha, 1989), 250–253; and Maema, YS–11 *Kokusan ryokakki o tsukutta otokotachi*, 108.

21. Watanabe Saburō, conversation with author, Tokyo, 16 July 2003.

22. Maema, *Gijutsusha tachino haisen*, 39.

23. Nakagawa Ryōichi, "Watashi no senzen, sengo (hikōki kara jidōsha e) Dual Use Technology," in *Gunji gijutsu kara minsei gijutsu eno tenkan: Dainiji sekai taisen kara sengo eno waga kuni no taiken* (Tokyo: Nihon gakujutsu shinkō kai, 1994), 1: 16.

24. Maema, *Man Machine no Shōwa densetsu*, 1: 569.

25. Itokawa Hideo, Kyōi no jikan katsuyōjutsu: Naze koredake saga tsukunoka? (Tokyo: PHP kenkyūjo, 1985), 162–163. 26. The wartime aircraft industry and engineering formed the basis for the postwar success in the civilian automobile industry. Matthias Koch, *Rüstungskonversion in Japan nach dem Zweiten Weltkrieg: Von der Kriegswirtschaft zu einer Weltwirtschaftsmacht* (Tokyo: Deutsches Institut für Japanstudien, 1998), 152–175; and Yamaoka Shigeki, "Mitsubishi ZC707 Chijō ni orita engine," *Tetsudōshigaku* 11 (December 1992): 7–13.

27. Teruo Ikehara, "Corolla kaihatsu no Hasegawa Tatsuo–shi ni okeru ‘Shusa 10–kajō," Nikkei Business Online, accessed 22 September 2010, http://business.nikkeibp. co.jp/ar ticle/tech/20060825/108606/; and Maema, *Man machine no Shōwa densetsu*, 1: 603–615.

28. Hasegawa Akio, *My Father Tatsuo Hasegawa* (1916–2008), accessed 22 September 2010, http://www.geocities.jp/pinealguy/tatsuo.tatsuo.htm; and Toyota Motors, Corolla no tetsugaku, accessed 22 September 2010, http://toyota.jp/information/ philosophy/corolla /history/index.html.

29. Subaru Museum, "Saishō gen no tuning ni yoru chōsen: Subaru hakubutsukan," accessed 18 February 2011, http://members.subaru.jp/know/museum/ subaru360/; Maemai, *Gijutsusha tachi no haisen*, 250; and Maema, Man machine no Showa densetsu, 2: 91–94.

30. Maema, Gijutsusha tachi no haisen, 210–255; and Maema, *Man machine no Showa densetsu*, 1: 24–70, 751–752.

31. Ryōichi Nakagawa, "Watashi no senzen, sengo (hikōki kara jidōsha e) Dual Use Technology," 1: 9–34 (quotation from p. 32).

32. Fukushima Mutsuo, "Zero Inspired Today's Innovations," *Japan Times*, 14

January 2004.

33. Maema, *YS-11 Kokusan ryokakki o tsukutta otokotachi*, 88.

34. *Meikū kōsakubu no senzen sengoshi: Moriya sōdanyaku, watashi to kōkūki seisan* (Nagoya: Mitsubishi jūkōgyō kabushiki kaisha Nagoya kōkūki seisakujo, 1988), 49–50; *Kōsoku daisha shindō kenkyūkai kiroku, dai ikkai-dairokkai*, RTRI archive; and Japan Automobile Hall of Fame, 2009, "Kūriki no tokusei to kihon jūshi no kōseinō o kaihatsu: Kubo Tomio," accessed 22 September 2010, http://www.jahfa.jp/JAHFA_PR2_2009.pdf.

35. *Kōkūkai kaiin meibo 1973*; and *Kōkūkai kaiin meibo* 1976.

36. Gary Coombs, "Opportunities, Information Networks and the Migration–Distance Relationship," *Social Networks* 1 (1979): 257–276.

37. Louise Young, *Japan's Total Empire: Manchuria and the Cultural Wartime Imperialism* (Berkeley: Univ. of California Press, 1998).

38. Hirota Kōzō , *Mantetsu no shūen to sonogo: Aru chūō shikenjoin no hōkoku* (Tokyo: Sōgensha, 1990).

39. Daqing Yang, "Chūgoku ni todomaru nihon gijutsusha: Seiji to gijutsu no aida," in *1945-nen no rekishi ninshiki: Shūsen o meguru nicchū taiwa no kokoromi*, ed. Kawashima Makoto (Tokyo: Tokyo Univ. Press, 2009), 113–139; Zhongguo zhongri guanxi shixuehui, ed., *Youyizhuchunqiu: Weixin zhongguo zuochu gongxian de ribenren* (Beijing: Xinhua chuban, 2002); and Nishikawa Akiji no omoide henshū iinkai, *Nishikawa Akiji no omoide* (Nagoya, 1964).

40. Robert Kane, *All Transportation*, 14th ed. (Dubuque, IA: Kendall Hunt Publishing, 2003), 82–83; Jean–Denis G. G. Lepage, *Aircraft of the Luftwaffe*, 1935–1945: *An Illustrated Guide* (Jefferson, NC: McFarland, 2009), 23; and Young, *Japan's Total Empire*, 312–313.

41. Saitō Michinori, *Chōhōsen: Rikugun noborito kenkyūjo* (Tokyo: Gakushū kenkyūsha, 2001), 7–29.

42. *Pacific Air Command Occupation Directive Number 3*, 28 June 1946, MUSAFB.

43. John Anderson, Jr., *A History of Aerodynamics and Its Impact on Flying Machines* (Cambridge: Cambridge Univ. Press, 2000), 295–296; and Michael Eckert, "Strategic Internationalism and the Transfer of Technical Knowledge: The United States, Germany, and Aerodynamics after World War I," *Technology and Culture* 46, no.

1 (2005): 104–131.

44. Timothy Hatton and Jeffrey Williamson, *Global Migration and the World Economy: Two Centuries of Policy and Performance* (Cambridge, MA: MIT Press, 2005), 60–67; Coombs, "Opportunities," 259–261; and Davor Jedlicka, "Opportunities, Information Networks and International Migration Streams," *Social Networks*, 1 (1979): 277–284.

45. 这种例外的现成例子包括，例如，生物化学家高峰让吉（1854—1922）。19 世纪 80 年代末，他从日本移民到美国，娶了一位美国太太。在纽约市，他建立了自己的研究实验室，并对肾上腺素进行了研究。与此相关的还有汤浅年子（1909—1980 年）的例子。汤浅年子是日本的女物理学家，1940—1944 年在法国居住，后在东京生活了五年后，于 1949 年 1 月返回法国。"《20 世纪初日本的性别和物理学：汤浅敏子的案例》（*Gender and Physics in Early 20th Century Japan: Yuasa Toshiko's Case*）"，*Historia Scientiarum 14* (2004): 118–135.

46. John Gimbel, *Science, Technology, and Reparation*s: Exploitation and Plunder in Postwar Germany (Stanford, CA: Stanford Univ. Press, 1990); and Roger E. Bilstein, *Orders of Magnitude: A History of the NACA and NASA*, 1915–1990 (Washington, DC: National Aeronautics and Space Administration, 1989).

47. Burghard Ciesla, "Das 'Project Paperclip' —deutsche Naturwissenshaftler und Techniker in den USA (1946 bis 1952), in *Historische DDR-Forschung: Aufsätze und Studien* (Berlin: Academie–Verlag, 1994), 1: 287–301.

48. Bowen C. Dees, *The Allied Occupation and Japan's Economic Miracle: Building the Foundations of Japanese Science and Technology* (Surrey, England: Japan Library, 1997), 49–56.

49. Ibid.

50. 最近对臭名昭著的日本陆军 731 部队的研究揭示出了这一点。军事科学家在人体上进行了可怕的实验，帮助开发生化武器，并在战后把他们的医学专业知识交给了美国当局。作为他们战时研究报告的利益交换，他们在东京军事法庭审判期间免于被占领当局起诉。显然，他们都没有从日本移民到海外。Sheldon Harris, *Factories of Death: Japanese Biological Warfare*, 1932–1945, and *the American Cover-Up* (New York: Routledge, 2002).

51. Saitō, Chōhōsen, 131–152, 186–222.

52. John Dower, W*ar without Mercy: Race and Power in the Pacific War* (New York: Pantheon Books, 1986).

53. Mae M. Ngai, "The Architecture of Race in American Immigration Law: A Reexamination of the Immigration Act of 1924," *Journal of American History* 86, no. 1 (1999): 67–92.

54. Marion Bennett, "The Immigration and Nationality (McCarran–Walter) Act of 1952, as Amended to 1965, *Annals of the American Academy of Political and Social Science 367* (1966): 131; and Helen Eckerson, "Immigration and National Origins," *Annals of the American Academy of Political and Social Science* 367 (1966): 8.

55. Suga Miya, "Beikoku 1952-nen imin kikahō to nihon ni okeru 'imin mondai' kan no henyō," *Tokyo gakugei daigaku kiyō jinbun shakai kagaku-kei II*, 61 (2010): 129–130.

56. Coombs, "Opportunities," 258–259; and Hatton and Williamson, *Global Migration and the World Economy*, 225–229.

57. Shigeru Nakayama, "The Sending of Scientists Overseas," in *A Social History of Science and Technology in Contemporary Japan*, 1: 249.

58. Ibid., 250, 256.

59. Ernest Rubin, "The Demography of Immigration to the United States," *Annals of the American Academy of Political and Social Science* 367 (1966): 20–21; Adam McKeown, Melancholy Order: Asian Migration and the Globalization of Borders (New York: Columbia Univ. Press, 2008), 91, 361; Marion Houstoun, Roger Kramer, and Joan Barrett, "Female Predominance in Immigration to the United States since 1930: A First Look," *International Migration* Review 18, no. 4 (1984): 913–920; and Yasutomi Shigeyoshi, " 'Sensō hanayome' to Nikkei community (III) stereotypes ni motozuku haiseki kara juyō e, *Kaetsu daigaku kenkyū ronshū* 44, no. 2 (2002): 57–64.

60. Nakayama Shigeru, "Sending Scientists Overseas," 1: 249–252.

61. Itō, "Gender and Physics," 118–135.

62. 自 20 世纪初以来，出生顺序理论一直争议不断。先天与后天对比的争论得到了包括阿尔弗雷德·阿德勒（Alfred Adler，1870—1937）在内的多位著名精神病学家的回应。不过，支持者认为出生顺序往往会对一个人的性情产生深远而持久的影响。一个人的个性可能受到多种干预因素的影响，包括父母不断变化的经济环境、性别动态和家庭生活条件。与统计数据一起，这一理论已经成为学术学者研究与出生顺序相关的社会、政治和人口变化的得力工具。例如，从历史上看，长子或长女在社会上往往会比弟弟妹妹更矜持、保守、固执、尽心、趋于保守、专横独断。出生顺序可能会对欧洲的移民模式产生社会影响。在 19 世纪的挪威，往往是长子依法继承父母的全部家产，而那些既无资产也不担负义务的弟弟妹妹似乎更有可能移民到美国。同样，从 1750 年到 1885 年这段时间，在阿尔萨斯的农村，长子总体上更有可能娶妻生子，并且比晚出生的弟弟妹妹在他们居住的村庄里待的时间更长。日本出现的情况可能更为复杂。例如，1823年至 1871 年，在务农的越前农村地区，在移民的各种人和社会特征中，如性别、出生顺序、年龄、婚姻状况和阶级（有地农户对比农户），社会经济阶层是塑造移民及其目的地人口构成的决定性因素。Frank Sulloway, *Born to Rebel*: Birth Order, *Family Dynamics*, and *Creative Lives* (New York: Pantheon Books, 1996); Ran Abramitzky, Leah Boustan, and Katherine Eriksson, "Productivity and Migration: New Insights from the 19th Century," *Stanford News*, 1 May 2010, accessed 7 March 2011, http://news.stanford.edu/news/2010/may/siepr–productivity–migration–050310.html; Kevin McQuillan, "Family Composition, Birth Order and Marriage Patterns: Evidence from Rural Alsace, 1750–1885," in *Annales de démographie historique* 1 (2008): 57–71; and Mark Fruin, "Peasant Migrants in the Economic Development of Nineteenth-Century Japan," *Agricultural History 54*, no. 2 (1980): 261–277.

63. Rubin, "Demography of Immigration," 21.

64. 在 20 世纪，这种生活的转变并不是日本独有的。在非洲、拉丁美洲和欧洲的移民中也可以很好地观察到这一点。James White, "Internal Migration in Prewar Japan, Journal of Japanese Studies 4, no. 1 (1978): 89–91.

65. Saitō, Chōhōsen, 193–208.

第五章 战后日本国铁的前军事工程师，1945—1955 年

1. Fritz Zwicky, "Remarks on the Japanese War Effort," in *Technical Intelligence Supplement: A Report Prepared for the AAF Scientific Advisory Group*, May 1946, 165–166, MUSAFB.

2. *Nihon kokuyū tetsudō tetsudō gijutsu kenkyūjo 50nen-shi kankō iinkai, Nihon kokuyū tetsudō tetsudō gijutsu kenkyūjo 50nen-shi* (Tokyo: Kenyūsha, 1957), 274; *Nihon kokuyū tetsudō, 100-nen shi* (Tokyo: Nihon kokuyū tetsudō tetsudō, 1973), 10: 127; and *Aoki et al., A History of Japanese Railways*, 118.

3. Nihon kokuyū tetsudō tetsudō gijutsu kenkyūjo 50nen-shi kankō iinkai, *Nihon kokuyū tetsudō tetsudō gijutsu kenkyūjo 50nen-shi*, 666.

4. *Tetsudō 80-nen no Ayumi*, 1872–1952 (Tokyo: Nihon kokuyū tetsudō, 1952), 100.

5. Nihon kokuyū tetsudō, *Tetsudō gijutsu hattatsushi dai 6-hen(senpaku), dai 7-hen (kenkyū) dai 8-hen (nenpyō)* (Tokyo: Nihon kokuyū tetsudō, 1958), 362.

6. Noma Sawako, ed., *Shōwa 20-21 nen, Shōwa 20,000 nichi no zenkiroku* (Tokyo: Kōdahsha, 1989), 7:185.

7. Un'yushō, *Kokuyū tetsudōno genjō: Kokuyū tetsudō jissō hōkokusho* (Tokyo, 1947), 27.

8. Nihon kokuyū tetsudō, *100-nen shi, 10:127.*

9. Kubota Hiroshi, *Tetsudō jūdai jiko no rekishi* (Tokyo: Grandpri shuppan, 2000), 54.

10. Nishii Kazuo, ed., *Shōwa-shi zenkiroku* (Tokyo: Mainichi shinbunsha, 1989), 8: 373.

11. Kubota, *Tetsudō jūdai jiko no rekishi*, 83.

12. Uno Hiroshi, ed., *Asahi shinbun ni miru nihon no ayumi: Shōdo ni kizuku minshu shugi* (Tokyo: Asahi shinbunsha, 1973), 2: 40.

13. *Asahi shinbun*, 26 February 1947.

14. Editorial, *Asahi shinbun*, 27 February 1947.

15. *Nihon kokuyū tetsudō, 100-nen shi* 11: 707–8; and Izawa Katsumi, "Kyakusha Kōtaika," *Kōtsū gijutsu* 40 (1949): 15.

16. Uno Hiroshi, ed., *Asahi shinbun ni miru Nihon no ayumi: shōdo ni kizuku minshu shugi* (Tokyo: Asahi shinbunsha, 1973), 3: 85.

17. Noma Sawako, ed., *Shōwa ni man nichi no zenkiroku* (Tokyo: Kōdahsha, 1989), 8: 302–305. 经过一系列引发媒体关注的审判，最高法院于 1963 年对那些因火车出轨而被传讯者免于起诉。

18. Nihon kokuyū tetsudō, *Tetsudō sengo shorishi* (Tokyo: Taishō shuppan, 1981), 799.

19. Un'yushō, *Kokuyū tetsudō no genjō: Kokuyū tetsudō jissō hōkokusho* (1947), 42–45.

20. Ibid., 46–47; and Aoki et al., *A History of Japanese Railways*, 122.

21. *Kokutetsu shokuin meibo (gijutsu gakushi) shōwa 25-nen 8-gatsu 10-ka genzai* (1950).

22. Kanematsu Manabu, *Shūsen zengo no ichi shōgen: Aru tetsudōjin no kaisō* (Tokyo: Kōtsū kyōkai, 1986), 46–47.

23. Aoki et al., *A History of Japanese Railways*, 118.

24. *Kokutetsu shokuin meibo (gijutsu gakushi) shōwa 25-nen 8-gatsu 10-ka genzai* (1950).

25. Un'yushō, *Kokuyū tetsudō no genjō*, 47–48.

26. Nihon kokuyū tetsudō tetsudō gijutsu kenkyūjo 50nen–shi kankō iinkai, *Nihon kokuyū tetsudō tetsudō gijutsu kenkyūjo 50nen-shi*, 1–35.

27. Ibid., 3, 40–43, 51–52, 204–205, 828.

28. *Kokutetsu shokuin meibo (gijutsu gakushi) shōwa 25-nen 8-gatsu 10-ku genzai* (1950).

29. Nihon kokuyū tetsudō tetsudō gijutsu kenkyūjo 50nen–shi kankō iinkai, *Nihon kokuyū tetsudō tetsudō gijutsu kenkyūjo 50nen-shi*, 42; and Nihon kōkū gakujutsushi henshū iinkai–hen, *Nihon kōkū gakujutsushi*, 1910–1945 (Tokyo: Maruzen, 1990), 292.

30. Takabayashi Morihisa, personal communication, 14 December 2002.

31. Nihon kokuyū tetsudō tetsudō gijutsu kenkyūjo 50nen–shi kankō iinkai, *Nihon kokuyū tetsudō tetsudō gijutsu kenkyūjo 50nen-shi*, 84–85.

32. Ibid., 148–150.

33. Ibid., 150–151.

34. Ibid., 164–171.

35. Ikari, *Kaigun gijutsushatachi no taiheiyō sensō*, 262.

36. Nakamura Hiroshi, 与作者电话交谈, 24 March 2004.

37. Tetsudō gijutsu kenkyūjo, *Tetsudō gijutsu kenkyūjo sōritsu 70-shūnen: 10–nen no ayumi* (Tokyo: Tetsudō gijutsu kenkyūjo, 1977), 290–291; Miki Tadanao, "Monorail 45–nen no tsuioku," Monorail 82 (1994): 1; Hayashi Masami, "Watashi no sengo," *Kaigun kōkū gijutsushō denkibu* (Tokyo: Kūgishō denkibu no kai, 1987), 97; and interview with Nakamura Hiroshi, 24 March 2004.

38. Kubo Masaki, "Tetsudō gijutsu kenkyūjo no genzai to shōrai eno michi," *Kōtsū gijutsu* 30 (1949): 10–15.

39. Un'yushō, *Kokuyū tetsudō no fukkō: Tetsudō 75-nen kinen shuppan daiisshū* (1948), 203.

40. Aoki et al., *A History of Japanese Railways*, 121.

41. *Kokutetsu shokuin meibo (gijutsu gakushi) shōwa 25-nen 8-gatsu 10-ka genzai* (1950); and *Shōwa 25-nen 12-gatsu 15-nichi genzai* (honchō) *Nihon kokuyū tetsudō shokuinroku* (1951), 49, TM.

42. Ibid.

43. Uchihashi Katsuto, *Zoku zoku takumi no jidai: Kokutetsu gijutsujin zero hyōshiki kara no nagai tabi* (Tokyo: Sankei shuppan, 1979), 24, 35.

44. Satō Yasushi, *"Dainiji sekai taisen zengo no kokutetsu gijutsu bunka,"* *Kagakushi Kenkyū* 46 (2007): 211.

45. Nihon kokuyū tetsudō tetsudō gijutsu kenkyūjo 50nen–shi kankō iinkai, *Nihon kokuyū tetsudō tetsudō gijutsu kenkyūjo 50nen-shi*, 49, 416.

46. Matsudaira Tadashi, "Kōsoku tetsudō gijutsu no raimei Ⅱ ," *Railway Research Review* 50, no.4 (1993): 30, 32.

47. Un'yushō, *Tetsudō gijutsu kenkyūjo: Shōwa 22-nendo nenpō* (Tokyo, 1947), 6, RTRI archive. 48. *Kōsoku daisha shindō kenkyūkai kiroku dai 1-kai—dai 6-kai*, RTRI archive.

49. Ibid.

50. Matsudaira Tadashi, "Kōsoku tetsudō gijutsu no raimei I," *Railway Research Review* 50, no. 3 (1993): 28.

51. Shima Hideo, *D-51 kara Shinkansen made: Gijutsusha no mita kokutetsu* (Tokyo: Nihon keizai shinbunsha, 1977), 119. 52. Un'yushō Tetsudō gijutsu kenkyūjo, Shōwa 22–nendo nenpō (1947), 37. 53. Matsudaira, "Kōsoku tetsudō gijutsu no raimei I," 29. 54. Matsudaira, "Kōsoku tetsudō gijutsu no raimei II," 32.

55. *Kenkyū happyō kōenkai kōen gaiyō, Shōwa 23-nen 4-gatsu 19-20 nichi, Tetsudō gijutsu kenkyūjo, RTRI archive.*

56. Matsudaira Tadashi, "Kyakusha oyobi densha no koyū shindōsū," Tetsudō gyōmu kenkyū shiryō 6, no. 2 (1949): 3-14.

57. Matsudaira Tadashi, "Sharinjiku no dakōdō," *Tetsudō gyōmu kenkyū shiryō* 9, no. 1 (1952): 16–26; and Nihon kokuyū tetsudō tetsudō gijutsu kenkyūjo 50nen–shi kankō iinkai, *Nihon kokuyū tetsudō tetsudō gijutsu kenkyūjo 50nen-shi*, 43.

58. Matsudaira Tadashi et al., "Nijiku kasha no banetsuri sōchi kaizō ni yoru kōsokuka," *Tetsudō gyōmu kenkyū shiryō* 10, no. 18 (1953): 5–9.

59. Nihon kokuyū tetsudō tetsudō gijutsu kenkyūjo 50nen–shi kankō iinkai, *Nihon kokuyū tetsudō tetsudō gijutsu kenkyūjo 50nen-shi*, 201–206; Hashimoto Kōichi, "Kokutetsu ni okeru kyōryō kyōdo shindō shiken no genjō to shōrai," *Doboku gakkaishi* 33, no. 5–6 (1948): 31–34; and Hashimoto Kōichi and Itō Fumihito, "Rosen dōro Miyagino–bashi no kyōdo sokutei," *Doboku gakkaishi 37*, no. 4 (1952): 13–17.

60. Enomoto Shinsuke, "Kinzoku zairyo no hirō to naibu masatsu ni kansuru

kenkyū," *Chūō kōkū kenkyūjo ihō* 2, no.7 (1943): 177–189; and Enomoto Shinsuke, "Kinzoku zairyo no hirō to naibu masatsu ni kansuru kenkyū," *Chūō kōkū kenkyūjo ihō* 2, no. 10 (1943): 305–324; and Enomoto Shinsuke, letter to author, 5 April 2004.

61. Nihon kokuyū tetsudō tetsudō gijutsu kenkyūjo 50nen–shi kankō iinkai, *Nihon kokuyū tetsudō tetsudō gijutsu kenkyūjo 50nen-shi*, 526.

62. *Kokutetsu shokuin meibo (gijutsu gakushi) shōwa 25-nen 8-gatsu 10-ka genzai* (1950); Tetsudōgijutsu kenkyūjo, *Senpai genshokusha meibo, Shouwa 52-nen 1-gatsu 1-nichi genzai*; and Kaigun kōkū gijutsushō zairyōbu no kai, *Kaigun kōkū gijutsushō zairyōbu shūsen 50-shūnen kinenshi* (Tokyo: Kaigun kōkū gijutsushō zairyōbu no kai, 1996), 4.

63. Ikari Yoshirō, *Kōkū technology no tatakai* (Tokyo: Kōjinsha, 1996), 261.

64. Kaigun kōkū gijutsushō zairyōbu no kai, *Kaigun kōkū gijutsushō zairyōbu shūsen 50-shūnen kinenshi,* 152.

65. Ibid., 134; and Nihon kōkū gakujutsushi hensan iinkai–hen, *Nihon kōkū gakujutsushi*, 145–146.

66. Nihon kōkū gakujutsushi hensan iinkai–hen, *Nihon kōkū gakujutsushi*, 142–145.

67. Nihon kokuyū tetsudō tetsudō gijutsu kenkyūjo 50nen–shi kankō iinkai, *Nihon kokuyū tetsudō tetsudō gijutsu kenkyūjo 50nen-shi*, 536.

68. Nihon kōkū gakujutsushi hensan iinkai–hen, *Nihon kōkū gakujutsushi*, 161.

69. Kaigun kōkū gijutsushō zairyōbu no kai, *Kaigun kōkū gijutsushō zairyōbu shūsen 50-shūnen kinenshi*, 182.

70. Ibid., 37.

71. Nihon kōkū gakujutsushi hensan iinkai–hen, *Nihon kōkū gakujutsushi*, 162.

72. Nihon kokuyū tetsudō tetsudō gijutsu kenkyūjo 50nen–shi kankō iinkai, *Nihon kokuyū tetsudō tetsudō gijutsu kenkyūjo 50nen-shi*, 668.

73. Ibid.

74. Ibid., 669.

75. Ibid., 670. A few railway companies developed a similar method at the time. Tani Seiichirō, "Bōfu makuragi ni tsuite," *Kōtsū gijutsu* 64 (1951): 30–31.

76. Nihon kokuyū tetsudō tetsudō gijutsu kenkyūjo 50nen–shi kankō iinkai, *Nihon kokuyū tetsudō tetsudō gijutsu kenkyūjo 50nen-shi*, 416–420; and *Kokutetsu shokuin meibo (gijutsu gakushi) shōwa 25-nen 8-gatsu 10-ka genzai*.

77. Sagawa Shun'ichi, "Ressha tono tsūshin I," *Japan Railway Engineer's Association* 5, no. 1 (1962): 50.

78. Shinohara Osamu, letter to author, 11 March 2004; *Kokutetsu shokuin meibo(gijutsu gakushi) shōwa 25-nen 8-gatsu 10-ka genzai* (1950); and Tetsudō gijutsu kenkyūjo, *Senpai genshokusha meibo, Shouwa 52-nen 1-gatsu 1-nichi genzai.*

79. Nihon kokuyū tetsudō tetsudō gijutsu kenkyūjo 50nen–shi kankō iinkai, *Nihon kokuyū tetsudō tetsudō gijutsu kenkyūjo 50nen-shi,* 423.

80. Sagawa, "Ressha tono tsūshin I," 51.

81. Nihon kokuyū tetsudō tetsudō gijutsu kenkyūjo 50nen–shi kankō iinkai, *Nihon kokuyū tetsudō tetsudō gijutsu kenkyūjo 50nen-shi,* 422–431; Amamiya Yoshifumi, "Kokutetsu densha yori hassei suru chūtanpa musen zatsuon ni kansuru kenkyū," *Tetsudō gijutsu kenkyū hōkoku* 58, no.9 (1959): 1–10; and Amamiya Yoshifumi and Maki Yoshikata, "Zatsuon denryoku ni chakumoku shita zatsuongen tanchiki," *Tetsudō gijutsu kenkyū hōkoku* 132, no. 23 (1960): 1; *Kaigun kōkū honbu Shōwa 20-nen 3-gatsu denki kankei gijutsushikan meibo,* Shōwakan archive; and Shinohara Osamu, letter to author, 11 March 2004.

82. Maruhama Tetsurō, "Kokutetsu shuyō kansenkei SHF kaisen wo kaerimite," *Kōtsū gijutsu* 176 (1960): 22.

83. Shinohara Yasushi and Hiroyuki Kimoto, "Osaka–Himeji kan S.H.F. no sekkei to shiken kekka," *Kōtsū gijutsu* 99 (1954): 32–35; and *Hattensuru tetsudō gijutsu*: Saikin 10–nen no ayumi (Tokyo: Nihon tetsudō gijutsu kyōkai, 1965), 70.

84. Un'yu gijutsu kenkyūjo, *10-nen shi* (Tokyo: Transportation Technology Research Center, 1960), 275–276.

85. Nakata Kin'ichi, "Tetsudō gijutsu kenkyūjonai ni okeru gas turgine no kenkyū," *Tetsudō gyōmu kenkyū shiryō* 7, no. 17 (1950): 4.

86. Nihon kōkū gakujutsushi hensan iinkai-hen, *Nihon kōkū gakujutsushi,* 152.

87. Nihon kokuyū tetsudō tetsudō gijutsu kenkyūjo 50nen–shi kankō iinkai, *Nihon kokuyū tetsudō tetsudō gijutsu kenkyūjo 50nen–shi,* 375–376.

88. Interview with Ueda Toshio, 29 April 2004.

第六章　战后铁道行业中前军事工程师的抵制活动，1945—1957 年

1. *Asahi shinbun*, 21–28 September 1957.

2. Imamura Yōichi, "Yokosuka, Kure, Sasebo, Maizuru ni okeru kyūgunyōchi no tenyō ni tsuite: 1950–1976 nendo no kyūgunkōshi kokuyū zaisan shori shingikai ni okeru kettei jikō no kōsatsu o tōshite," *Nihon toshi keikaku gakkai toshikeikaku ronbunshū* 43, no. 3 (2008): 194.

3. Ibid., 194–195.

4. Yokosukashi, ed., *Yokosukashishi* (Yokosuka: Yokosukashi, 1988), 1: 566.

5. Yokosukashi, ed., *Senryōka no Yokosuka: Rengō kokugun no jōriku to sono jidai* (Yokosuka 2005), 74; and Yokosukashishi hensan iinkai, *Yokosukashishi* (Yokosuka: Yokosuka shiyakusho, 1957), 1286.

6. Yokosukashi, *Senryōka no Yokosuka*, 52; and Yokosukashishi hensan iinkai, *Yokosukashishi*, 1269.

7. Yokosukashi, *Yokosukashishi*, 1: 579.

8. Ibid., 571.

9. Makita Kōji and Fujita Yōetsu, "Kyū Yokosuka kaigun kōshō kōin kishukusha o tenyō shita shiei jūtaku ni tsuite: Yokosukashi ni okeru sengo shiei jūtaku ni kansuru kenkyū sono 5," accessed 7 September, 2010.

10. Imamura, "Yokosuka, Kure, Sasebo, Maizuru," 194.

11. Yokosukashi, Yokosukashishi, 1: 522; and Yokosukashi, *Senryōka no Yokosuka*, 6.

12. Matsuura Yoshinari, a navy technician and a local historian, interview by author, Yokosuka, Japan, 1 August 2006.

13. Yokosukashishi hensan iinkai, Yokosukashishi (1957), 1254.

14. Yokosukashi, Yokosukashishi (1988), 1: 587–589.

15. Ibid., 534.

16. Ibid., 568.

17. Yokosukashi, Senryōka no Yokosuka, 74.

18. Yokosukashi, *Yokosukashishi*, 1: 633.

19. Miki Tadanao, interview by author, Zushi, 19 June 2003.

20. Yokosukashi, ed., *Yokosukashishi*, 1: 625.

21. Ibid., 630.

22. British Intelligence Objectives Sub-committee, *Japanese Aerodynamic Research and Research Equipment*, 4 November 1945, BWM.

23. *Air Technical Intelligence Report No.* 27, *Aircraft Design and Development*, 1 November 1945, 1, MUSAFB.

24. Miki Tadanao, "ōka 11-gata (genkei) shisaku keika gaiyō (1) shōwa 20-nen 10-gatsu," NIDS.

25. Yokosukashi, Yokosukashishi, 1: 579.

26. Ibid., 580, 582.

27. Ibid., 580, 634.

28. Sangiin kaigiroku, "Sangiin kaigi gijiroku jōhō dai001kai kokkai, zaisei oyobi kinyū iinkai dai 50-gō," accessed 6 September 201, NDL, http://kokkai.ndl.go.jp/SENTAKU/san giin/001/1362/00112071362050c.html.

29. Sōmushō, "Kyū gunkōshi tenkanhō, Shōwa 25-nen 6-gatsu 28-nichi hōritsu dai 220-gō," accessed 18 April 201, http://law.egov.go.jp/htmldata/S25/S25HO220.html.

30. Sangiin kaigiroku, "Shōwa 25-nen 3-gatsu 24-ka Sangiin ōkura iinkai dai 29-gō," NDL, accessed 10 September, 2010.

31. Schūgiin kaigiroku, "Showa 25-nen 4-gatsu 10-ka dai 7-kai kokkai ōkura iinkai dai 48-go," NDL, accessed 10 September 2010, http://kokkai.ndl.go.jp/SENTAKU/syugiin/007 /0284/00704100284048c.html.

32. Shūgiin kaigiroku, "Shōwa 25-nen 4-gatsu 11-nichi dai 7-kai kokkai honkaigi dai 36- gō," accessed 10 September 2010, NDL, http://kokkai.ndl.go.jp/SENTAKU/syugiin/007 /0512/00704110512036c.html.

33. Yokosukashi, Yokosukashishi, 1: 584.

34. Nihon kokuyū tetsudō tetsudō gijutsu kenkyūjo 50nen-shi kankō iinkai, *Nihon kokuyū tetsudō tetsudō gijutsu kenkyūjo 50nen-shi*, 63.

35. *Kokutetsu shokuin meibo (gijutsu gakushi) shōwa 25-nen 8-gatsu 10-ka genzai* (1950); *Tetsudōgijutsu kenkyūjo, Senpai genshokusha meibo, Showa 59-nen 9-gatsu 1-nichi genzai*, JRE; Akatsuka Takeo, letter to author, 10 December 2002; Takabayashi Morihisa, letter to author, 14 December 2002; Nakamura Kazuo, conversation with author, 16 January 2003; and Miki Tadanao, interview by author, Zushi, 6 February 2003.

36. *Kokutetsu shokuin meibo (gijutsu gakushi) shōwa 25-nen 8-gatsu 10-ka genzai* (1950); *Tetsudōgijutsu kenkyūjo, Senpai genshokusha meibo, Shouwa 52-nen 1-gatsu 1-nichi genzai* (1977); and Fukuhara Shun'ichi, *Business tokkyū o hashiraseta otokotachi* (Tokyo: JTB, 2003), 71.

37. Nihon kokuyū tetsudō, *Tetsudō gijutsu hattatsu shi, dai 4-hen* (Sharyō to kikai) *I* (Tokyo: Nihon kokuyū tetsudō, October 1958), 2–6.

38. Ibid., 37.

39. "Itaku shaken itaku kenkyū," in *Tetsudō gijutsu kenkyūjo gaiyō* 1959, 20, RTRI archive.

40. 该部门负责人岛秀雄因作为新干线综合铁道系统的建设者而广为人知。他和他的助手都毕业于东京大学的机械工程系。

41. Nihon kokuyū tetsudō, *Tetsudō gijutsu hattatsu shi, dai 4-hen* (Sharyō to kikai) II (Tokyo: Nihon kokuyū tetsudō, October 1958), 802.

42. Nihon kokuyū tetsudō, *Tetsudō 80-nen no Ayumi, 1872-1952* (Tokyo: Nihon kokuyū tetsudō, 1952), 42.

43. Kawamura Atsuo, *Kyaku kasha no kōzō oyobi riron* (Tokyo: Kōyūsha, 1952), 385.

44. Kubota Hiroshi, *Nihon no tetsudō sharyō shi* (Tokyo: Grandpri shuppan, 2001), 84.

45. Kawamura, *Kyaku kasha no kōzō oyobi riron*, 5.

46. Nihon kokuyū tetsudō, *Tetsudō gijutsu hattatsu shi, dai 4-hen(Sharyō to kikai) I*, 152.

47. Izawa Katsumi, "Kyakusha kōtai ka," *Kōtsū gijutsu*, 40 (1949): 15.

48. Kubota, *Nihon no tetsudō sharyō shi*, 153.

49. Jacob Meunier, *On the Fast Track French Railway Modernization and the Origins of the TGV, 1944-1983* (Westport, CT: Praeger, 2002), 82–83.

50. Takabayashi Morihisa, letter to author, 7 July 2003.

51. Hoshi Akira, Sharyō no keiryōka (Tokyo: Nihontosho kankōkai, 1956); *Kokutetsu shokuin meibo (gijutsu gakushi) shōwa 25-nen 8-gatsu 10-ka genzai* (1950); *Tetsudōgijutsu kenkyūjo, Senpai genshokusha meibo, Shouwa 52-nen 1-gatsu 1-nichi genzai* (1979); and Letter from Hoshi Akira to Miki Tadanao, 3 February 1954, MT Papers.

52. Nakamura Kazuo, "Hizumi gauge tanjō 50–nen," *Kyowa gihō* 370 (1988):

1–11.

53. Yokobori, "Kyaku densha no gijutsu teki mondai ten," 438–439; and Tetsudō gijutsu kenkyūjo, *Tōkaidō shinkansen ni kansuru kenkyū: sōron* (Tokyo: Japan National Railways, 1960), 42.

54. Kubota, *Nihon no tetsudō sharyō shi*, 201; Hayashi Shōzō, "Keiryō 3–tōsha naha 10–keishiki," *Kōtsū gijutsu* 108 (1955): 260–263; and Unoki Jūzō, "Zoku keiryō kyakusha sonogo," *Kōtsū gijutsu 136* (1957): 306–310.

55. Kubota, *Nihon no tetsudō sharyō shi*, 141.

56. Miki Tadanao, "Kōzō kyōdo kara mi ta densha no dōkō," *Denkisha no kagaku* 10, no. 4 (April 1957): 7.

57. Nihon kokuyū tetsudō tetsudō gijutsu kenkyūjo 50nen–shi kankō iinkai, *Nihon kokuyū tetsudō tetsudō gijutsu kenkyūjo 50nen-shi*, 475–489, 518–520.

58. "Showa 29–nendo kenkyū seika gaiyō (July 1955)," RTRI archive; Miki Tadanao and others, "ōgata trailer bus shaken hōkoku," *Tetsudō gyōmu kenkyū shiryō* 6, no. 1(1949):5–12; Miki Tadanao et al., "Shōnan denshayō tsūfūki shaken," *Tetsudō gyōmu kenkyū shiryō* 7, no. 15 (1950): 4–10; Miki Tadanao et al., "Jiko kara mita kyakusha • densha no kōzō sekkei shiryō," *Tetsudō gyōmu kenkyū shiryō* 7, no. 4 (1950): 4–10; and Nihon kokuyū tetsudō tetsudō gijutsu kenkyūjo 50nen–shi kankō iinkai, *Nihon kokuyū tetsudō tetsudō gijutsu kenkyūjo 50nen-shi*, 475–489, 518–520.

59. *Tetsudō gijutsu kenkyūjo kotei shisan ichiranhyō Showa 46-nen 3-gatsu 31-nichi genzai*, 96, RTRI archive.

60. Miki, "Kōzō kyōdo kara mi ta densha no dōkō," 7.

61. Ibid., 9–10.

62. *Un'yu tsūshinshō tetsudō gijutsu kenkyūjo gaiyō Showa 18-nen 12-gatsu*, 4, RTRI archive.

63. Sumida Shunsuke, *Sekai no kōsoku tetsudō to speed up* (Tokyo: Nihon tetsudō tosho, 1994), 55.

64. "Rail Plane keikaku setsumeisho," MT Papers; and "Shōwa 25.1.31 Rail Plane 1/30 mokei kumitate," MT Papers.

65. *Mainichi shinbun*, 19 February 1950; and *Nihon keizai shinbun*, 19 February 1950.

66. "Kūchū densha shatai oyobi kensui hashiri sōchi shiyōsho, Shōwa 26–nen 2–gatsu 8–nichi, Tetsudō gijutsu kenkyūjo kyakkasha kenkyūshitsu," MT Papers; "Rail

Plane Memo," MT Papers; and Miki Tadanao, "Monorail 45-nen no tsuioku," *Monorail* 82 (1994): 1–5.

67. Letter from Yamamoto Risaburō to Ōtsuka Seishi, 11 July 1953, MT Papers; "Mukōgaokayūen yakyūjō fukinzu," MT Papers; "Keikaku setsumeisho, Shōwa 28–nen 9-gatsu," MT Papers; "Mukōgaokayūenchiyō TM-shiki teishōshiki tan'itsu kijōshiki dendōsha mitsumori shiyōsho, Shōwa 29–nen 3gatsu 17–nichi, Kabushiki geisha Hitachi seisakujo," MT Papers; and letter from Hitachi Department of Rail Car Enterprise to Miki Tadanao, 2 April 1956, MT Papers.

68. "Kōrakuen Roller-Coaster Sekkei Keikakusho, Showa 30–nen 2–gatsu 20–nichi" and "Kōrakuen Coaster ippan shatai kōzōzu," 17 February 1955, MT Papers.

69. Miki Tadanao, interview by author, Zushi, 1 August 2003.

70. *Yokuyūkai meibo, Showa 44-nen* (1969), UTA.

71. Miki Tadanao, "Chō tokkyū ressha (Tokyo–Osaka 4–jikan han) no ichi kōsō," *Kōtsū gijutsu 89* (1954): 2–6.

72. "SE-sha (kyōki sekai kiroku) 20–shūnen kinen zadankai," *Denkisha no kagaku* 31, no. 1 (July 1978): 22; and *Asahi shinbun*, 17 October 1953.

73. "Tokyo–Osaka 4–jikan 45–fun Tōkaidōsen dangan ressha kakū shijōki," *Popular Science* 2, no. 1 (January 1954): 69–74.

74. "Odakyū SE-sha kōsoku shiken kara 20–nen," *Denkisha no kagaku* 30, no. 11 (October 1977): 16.

75. Yamamoto Risaburō, "Kōsoku kansetsu densha SE ni tsuite," *Sharyō gijutsu* 40 (1958): 312; and Ubukata Yoshio and Morokawa Hisashi, *Odakyū Romance Car monogatari* (Osaka: Hoikusha, 1994), 72, 140.

76. Thomas R. Havens, *Architects of Affluence: The Tsutsumi Family and the Seibu-Saison Enterprise in Twentieth-Century Japan* (Cambridge, MA: Harvard Univ. Press, 1994), 21; "Hakone Yumoto onsen, Hakone onsen no rekishi," accessed 28 October 2011, http:// www.hakone-yado.jp/hakone-rekishi.html; and Hakone onsen ryokan kyōdō kumiai, "Hakone onsei kōshiki gaido: Hakopita," accessed 28 October 2011, http://www.hakoneryokan .or.jp/002_rekishi.html.

77. Odakyū dentetsu, "Kaisha gaiyō," accessed 24 November 2011, http://www. odakyu .jp/company/about/outline; Odakyū dentetsu, "Odakyū 80–nenshi," accessed 20 November 2011, http://www.odakyu.jp/company/history80/01.html; and Ubukata Yoshio, *Odakyū monogatari* (Kawasaki: Tamagawa shinbunsha, 2000), 40.

78. Hakone onsen ryokan kyōdō kumiai, Hakone onsenshi (Hakone: Hakone onsen ryokan kyōdō kumiai, 1986), 234–237; and Eighth Army Special Services Section, Leave Hotels in Japan, 1 January 1945, MUSAFB.

79. Tōkyū sharyō seizō kabushiki kaisha, Tōkyū sharyō 30–nen no ayumi (Yokohama: Tōkyū sharyō seizō kabushiki kaisha, 1978), 14.

80. Ubukata, Odakyū monogatari , 39.

81. Odakyū dentetsu, "Odakyū 80–nenshi," accessed 20 November 2011, http:// www .odakyu.jp/company/history80/01.html.

82. Hakone onsen ryokan kyōdō kumiai, "Hakone onsei kōshiki gaido: Hakopita."

83. "5–ryō kotei hensei chōtokkyūsha (SE sha) shiyō taiyo (an) Shōwa 30–nen 1–gatsu 25–nichi, Tetsudō gijutsu kenkyūjo shidō, Odakyū dentetsu kabushiki kaisha," RTRI archive.

84. "Keiryō tokkyū denshaan 29–10–22 tetsudō giken kyakkasha kenkyūshitu," RTRI archive; and "Kyokusen ni yoru seigen sokudo," RTRI archive.

85. "Dai 2–kai SE–sha sōgō kaigi gijiroku, 4–2–1955," MT Papers; "Dai 3–kai SE–sha sōgō kaigi gijiroku, 5–21–1955," MT Papers; "Dai 7–kai SE–sha sōgō kaigi gijiroku, 4–14–1955," MT Papers; "Dai 8–kai SE–sha sōgō kaigi gijiroku, 4–22–1955," MT Papers; "Dai 9–kai SE–sha sōgō kaigi gijiroku, 5–6–1955," MT Papers; "Dai 12–kai SE–sha sōgō kaigi gijiroku, 5–30–1955," MT Papers; "Dai 16–kai SE–sha sōgō kaigi gijiroku, 6–20–1955," MT Papers; "Dai 18–kai SE–sha sōgō kaigi gijiroku, 7–4–1955," MT Papers; "Dai 20–kai SE–sha sōgō kaigi gijiroku, 7–29–1955," MT Papers; and "Dai 25–kai SE–sha sōgō kaigi gijiroku, 9–22–1955," MT Papers.

86. "Odakyū SE–sha kōsoku shiken kara 20–nen," 22.

87. Ibid., 15; and Ubukata, Odakyū monogatari, 40–41.

88. Yamamoto, "Kōsoku kansetsu densha SE ni tsuite," 312.

89. Odakyū dentetsu kabushiki kaisha, Super Express 3000 (1957), 8–10.

90. "Shōwa 30–7–12 Nihon sharyō seizō kabushiki kaisha Tokyo shiten SE–sha M–jyūryō gaisan," MT Papers.

91. 用这种方法固定的话，车辆高速运行期间灵活性很小。由此产生的振动实际上比每辆车有两部分的普通铰接更容易频繁发生，也更为复杂难解决。Matsui Nobuo, "SE–sha ni yoru kōsoku shaken," Tetsudōgijutsu kenkyūjo Shōwa 32-nendo kenkyū seika gaiyō shisetsukyoku kankei (March 1958): 72–73, RTRI archive.

92. Yamamoto, "Kōsoku kansetsu densha SE ni tsuite," 312.

93. Miki Tadanao and Takabayashi Morihisa, "Keiryō recycling-seat shisaku hōkoku, dai 1-pō," *Shōwa 30-nen kamihanki kenkyū seika gaiyō, kōsakukyoku kankei, Shōwa 31-nen 2-gatsu, Tetsudō gijutsu kenkyūjo*, RTRI archive.

94. Ubukata, *Odakyū monogatari*, 53; and Takabayashi Morihisa, letter to author, 4 August 2003.

95. Miki, "Kōzō kyōdo kara mi ta densha no dōkō," 7.

96. Ibid., 9-10. 97. Yamamoto, "Kōsoku kansetsu densha SE ni tsuite," 316.

98. Miki Tadanao, "Odakyū 3000-kei SE-sha sekkei no tuioku," *Tetsudō Fan 32*, no. 375 (1992): 94; Miki et al., "Kōsoku sharyō no kūki rikigakuteki kenkyū," *Nihon kikai gakkaishi* 61, no. 478 (November 1958): 34-43; Miki, "Kōsoku tetsudō sharyō no kūki rikigakuteki shomondai, Part 1," *Kikai no kenkyū* 12, no. 7 (1960): 17-24; Miki, "Kōsoku tetsudō sharyō no kūki rikigakuteki shomondai, Part 2," Kikai no kenkyū 12, no. 8 (1960): 13-18; and Miki, "Kōsoku tetsudō sharyō no kūki rikigakuteki shomondai, Part 3," *Kikai no kenkyū* 12, no. 9 (1960): 25-30.

99. Yamamoto, "Kōsoku kansetsu densha SE ni tsuite," 316.

100. "SE-sha (kyōki sekai kiroku) 20-shūnen kinen zadankai," *Denkisha no kagaku* 31, no. 1 (July 1978): 25.

101. Miki Tadanao, conversation with author, 22 December 2002.

102. Nihon kokuyū tetsudō tetsudō gijutsu kenkyjo, "SE-sha ni yoru kōsokudo shiken hōkoku," *Tetsudō gijutsu kenkyūjo sokuhō* No. 58-17 (January 1958): 13, RTRI archive.

103. Miki Tadanao and Takabayashi Morihisa, "Keiryō recycling-seat shisaku hōkoku, dai 1-pō," 16-17, RTRI archive; and Miki Tadanao, conversation with author, 22 December 2002.

104. Ubukata and Morokawa, *Odakyū Romance Car monogatari*, 75.

105. Odakyū dentetsu kabushiki kaisha, Super Express 3000, 52.

106. Ubukata, Odakyū monogatari, 45.

107. "SE-sha (kyōki sekai kiroku) 20-shūnen kinen zadankai," Denkisha no kagaku 31, no. 1 (July 1978): 29.

108. "Shōwa 30.3.16 Nihon sharyō seizō kabushiki kaisha Tokyo shiten SE-sha gisō jūryō oyobi kōhi no hikaku," MT Papers.

109. Kōtsūshinbun henshūkyoku, Atarashii tetsudō no tankyū: *Tetsudō gijutsu kenkyū no kadai* (Tokyo: Kōtsū kyōryokukai, 1959), 114.

110. Ibid., 78; and Kanō Yasuo, interview by author, Tokyo, 22 March 2004.

111. Kōtsūshinbun henshūkyoku, ed., *Atarashii tetsudō no tankyū*, 82–83.

112. Ibid., 121.

113. Kanō Yasuo, interview by author, Tokyo, 22 March 2004.

114. Nomura Yoshio and Kajikawa Atsuhiko, "Soren kokutetsu ni okeru saikin no brake ni kansuru kenkyū (3)," *Tetsudō gijutsu kenkyūjo sokuhō* (April 1960), RTRI archive.

115. *Kodama-gō kōsokudo shiken kiroku, shōwa 34-nen 9-gatsu 10-ka, Nihon kokuyū tetsudō gishichōshitu* (1959), 87–89, RTRI archive.

116. Miyasaka Masanao, "Rinji sharyō sekkei jimusho," *Kokuyū tetsudū 94* (1957): 20.

117. Ibid.

118. Nihon kokuyū tetsudō, *Business tokkyū densha* (1958), 6–7; and Odakyū dentetsu kabushiki kaisha, *Super Express 3000*, 7.

119. Nihon kokuyū tetsudō, *Business tokkyū densha* (1958), 3.

120. Fukuhara, *Business tokkyū o hashiraseta otokotachi*, 66–68.

121. Ibid., 75.

第七章 前军事工程师与新干线的发展，1957—1964 年

1. *Mainichi shinbun*, Evening Edition, 1 October 1964; and *Asahi shinbun*, Evening Edition, 1 October 1964; and *Saga shinbun*, 2 October 1964.

2. Shinohara Takeshi, *Omoide no ki* (Tokyo: Kenyūsha, 1994), 48; and Harada Yutaka, *Omoide* (Tokyo: Harada Yutaka, 1991), 39.

3. Takei Akemichi "Hongoku tetsudō ressha sokudo no hattatsu," *Kikai gakkaishi* 41, no. 251 (1938): 113–119.

4. Nishitani Tetsu, "Tōkaid ō -sen ressha sokudo no hensen," *Kōtsū gijutsu* 126 (1956): 17–18.

5. Maema Takanori, Dangan ressha: *Maboroshi no Tokyo-hatsu Beijing-yuki chōtokkyū* (Tokyo: Jitsugy ō -no-nihonsha, 1994).

6. Nihon kokuyū tetsudō, *Kokutetsu rekishi jiten* (Tokyo: Nihon kokuyū tetsudō, 1973), 71.

7. *Shinkansen 10-nen shi* (Tokyo: Nihon kokuyū tetsudō shinkansen sōkyoku,

1975), 4.

8. "Shinkansen kakū densha senro kenkyū hōkoku," *Tetsudō gyōmu kenkyū shiryō* 2, no. 11 (1943): 2–3; and Nihon kokuyū tetsudō, *Tetsudō gijutsu hattatsushi*, 1: 151.

9. Nihon kokuyū tetsudō, *Tetsudō gijutsu hattatsushi*, 1: 154.

10. Ibid., 134.

11. Fujishima Shigeru, "Shinkansen jisoku 200–kiro no missitsu," in *Bungei shunjū ni miru Shōwa-shi* (Tokyo: Bungei shunjū, 1988), 568.

12. "Ryūsenkei sharyō mokei no fūdō shiken seiseki ni tsuite," *Gyōmu kenkyū shiryō* 25, no. 2 (1937): 1–34.

13. Mainichi shinbunsha, ed., *Speed 100-nen* (Tokyo: Mainichi shinbusha, 1969), 86–87.

14. Nihon kokuyū tetsudō, *Tetsudō gijutsu hattatsushi, dai-1hen, sōsetsu*, 72–75; and Shima Hideo, D–51 Kara shinkansen made: Gijutsusha no mita kokutetsu (Tokyo: Nihon keizai shinbunsha, 1977), 41. 15. Shima Yasujirō, "Tetsudō kikan no sunpō to sharyō no kidō ni taisuru atsuryoku no kankei," *Kikai gakkaishi* 28, no. 95 (1925): 129–136.

16. Nihon kokuyū tetsudō, *Tetsudō gijutsu hattatsushi, Tetsudō gijutsu hattatsushi, dai1hen, sōsetsu*, 86.

17. Shima Hideo ikōshū henshū iinkai-hen, *Shima Hideo ikōshū*: 20–seiki tetsudōshi no shōgen (Tokyo: Nihon tetsudō gijutsu kyōkai, 2000), 114.

18. *Shinkansen 10-nen shi*, 5.

19. Ariga Sōkichi, Sogō Shinji (Tokyo: Sogō Shinji–denki kankōkai, 1988), 499–501.

20. Shima Hideo, *D-51 kara Shinkansen made*,113.

21. Nihon kokuyū tetsudō, *Kokutetsu rekishi jiten*, 71.

22. *Asahi shinbun*, 14 February 1956.

23. Shima Hideo ikōshū henshū iinkai-hen, *Shima Hideo ikōshū*, 148.

24. Tetsudō gijutsu kenkyūjo, *Tetsudō gijutsu kenkyūjo sōritsu 70-shūnen*, 281, 84.

25. Nakamura Hiroshi, interview by author, 29 April 2004; Nakamura Kazuo, interview by author, 7 November 2002. Personal experiences with the director are inherently subjective, ranging from pleasant to unpleasant. But anonymous informants who had opposed to him in various ways supported my characterization.

26. Tetsudō gijutsu kenkyūjo, *10-nen no ayumi: Sōritsu 60-shūnen* (Tokyo: Tetsudō

gijutsu kenkyūjo, 1967), 212.

27. Ibid., 212; Shinohara Takeshi, *3-gatsukai News*, 20 January 1985, 1, MT Papers; Shinohara Takeshi and Takaguchi Hideshige, *Shinkansen hatsuansha no hitorigoto*: *Moto Nihon tetsudō kensetsu kōdan sōsai Shinohara Takeshi no network-gata Shinkansen no kōsō* (Tokyo: Pan research shuppan, 1992), quotes from 82–83; and Shinohara Takeshi, *Omoide no ki*, 33–34.

28. Shinohara Takeshi, *Omoide no ki*, 36–38.

29. Hoshino Yōichi, "Kidō no kōzō," *Kōtsū gijutsu* 135 (1957), 9–11; Matsudaira Tadashi, "Anzen to norigokochi," *Kōtsū gijutsu 135* (1957), 5–8; Miki Tadanao, "Sharyō kōzō," *Kōtsū gijutsu* 135 (1957), 2–5; Shinohara and Takaguchi, *Shinkansen hatsuansha no hitorigoto*, 85; and Mainichi Shinbunsha, ed., *Speed no 100-nen*, 40.

30. Shinohara and Takaguchi, *Shinkansen hatsuansha no hitorigoto*, 88, 94; Shinohara, *Omoide no ki*, 37; and Tetsudō gijutsu kenkyūjo, *10-nen no ayumi*, 219.

31. Asahi shinbun, 4 May 1957.

32. Aoki Kaizō, Kokutetsu (Tokyo: Shinchōsha, 1964), 284.

33. Shinohara and Takaguchi, Shinkansen hatsuansha no hitorigoto, 96.

34. Uchihashi Katsuto, Zoku, *zoku takumi no jidai* (Tokyo: Sankei shuppan, 1979), 46.

35. Ibid., 44–45; and Miki Tadanao, interview by author, 1 August 2003; Kōtsū shinbun henshūkyoku, *Atarashii tetsudō no tankyū*: *Tetsudō gijutsu kenkyū no kadai* (Tokyo: Kōtsū kyōryokukai, 1959), 1; and Miki, "Kōsoku tetsudō sharyō no kūki rikigakuteki shomondai, 1," 17–18.

36. Aoki, Kokutetsu, 312–313.

37. Shin'ichi Tanaka, "Shinkansen sharyō: sono kaihatsu no zengo," *Denkisha gakkai kenkyūkai shiryō* (2002): 20; and Matsudaira Tadashi, *3-gatsukai News*, 20 January 1985, 3, MT papers.

38. Tetsudō tetsudō gijutsu kenkyūjo, *10-nen no ayumi: Sōritsu 60-shūnen*, 213.

39. Kōtsū shinbun henshūkyoku, *Atarashii tetsudō no tankyū*, 3; and *Tetsudō gijutsu kenkyjo gaiyō 1959*, 6, 8–9, RTRI archive.

40. Kōtsū shinbun henshūkyoku, *Atarashii tetsudō no tankyū, i*.

41. *Sharyō shikendai*: Shōwa 34-nen 10 gatsu Tetsudō gijutsu kenkyūjo, RTRI archive.

42. *Tetsudō gijutsu kenkyūjo kotei shisan ichiranhyō, Shōwa 46-nen 3-gatsu*

31-nichi genzai, RTRI archive.

43. Shinohara and Takaguchi, *Shinkansen hatsuansha no hitorigoto*, 4, 98.

44. Hōmu daijin kanbō shihō hōsei chōsabu shihō hōsei-ka, *Saikō saibansho hanreishū*, vol. 12 (Tokyo: n.p., 1958), 123–39.

45. Aoki, Kokutetsu, 292.

46. Kokudo kōtsūshō, Kokutetsu kaikaku ni tsuite, accessed 7 November 2011, http:// www.mlit.go.jp/tetudo/kaikaku/01.htm.

47. *Japanese National Railways, General Statement Supporting the Loan from International Bank for Reconstruction and Development*, December 1959, 36, RTRI archive; and Nihon kokuyū tetsudō, *Kokutetsu arakaruto* (Tokyo: Nihon kokuyū tetsudo, 1965), 30.

48. Nihon kokuyū tetsudō, *Kokutetsu arakaruto*, 33; and Kubota, "Sengo nihon tetsudōshi no ronten," *Tetsudō shigaku* 6 (1988): 43.

49. Japanese National Railways, *General Statement Supporting the Loan from International Bank for Reconstruction and Development*, 33, RTRI archive; and Kubota, "Sengo nihon tetsudōshi no ronten," 43.

50. Kubota, "Sengo nihon tetsudōshi no ronten," 44.

51. Sangiin kessan iinkai, "Dai 41-kai kokkai heikaigo kaigiryoku 10-gō," 4 December 1962, NDL.

52. *Nihon kokuyū tetsudō kansen chōsakai secchi ni tsuite, Shōwa 32-nen 8-gatsu 30-nichi kakugi kettei*, NDL.

53. Kansen chōsakai, *Nihon kokuyū tetsudō kansen chōsakai, Dai 1-bunkakai giji gaiyō*, RTRI arvhive.

54. *Shinkansen 10-nenshi*, 6; and Japanese National Railways, *General Statement Supporting the Loan from International Bank for Reconstruction and Development*, 41, RTRI archive.

55. *Nihon kokuyū tetsudō kansen chōsakai secchi ni tsuite, Shōwa 32-nen 8-gatsu 30-nichi kakugi kettei*, NDL.

56. Japanese National Railways, *General Statement Supporting the Loan from International Bank for Reconstruction and Development*, 41, RTRI archive.

57. Nihon kokuyū tetsudō, *Kokutesu rekishi jiten*, 70.

58. Shinkansen 10-nenshi, 8; and Mainichi shinbunsha, ed., *Speed no 100-nen*, 49.

59. Ariga, Sogō Shinji, 580–81, Nihon kokuyū tetsudō Shinkansen sōkyoku,

Shinkansen: Sono 20-nen no kiseki (Tokyo: Nihon kokuyū tetsudō Shinkansen sōkyoku, 1984), 43.

60. Shima Hideo ikōshū henshū iinkai-hen, *Shima Hideo ikōshū*, 146.

61. Tetsudō tetsudō gijutsu kenkyūjo, *10-nen no ayumi: Sōritsu 60-shūnen*, 217; and Ariga, *Sogō Shinji*, 602.

62. Tsumura Takumi, *3-gatsukai News*, 20 January 1985, 4, MT Papers; Yamanouchi Shūichirō, *Shinkansen ga nakattara* (Tokyo: Asahi bunko, 2004), 159–160; and Japanese National Railways, *Data on Engineering Submitted to International Bank for Reconstruction and Development*, 30 May 1960, RTRI archive.

63. Satō Yoshihiko, "Sekai ginkō ni yoru Tōkaidō Shinkansen Project no hyōka," *Tetsudō shigaku* 19 (2001): 70.

64. Nihon kokuyū tetsudō tetsudō gijutsu kenkyūjo, *Tokaido Shinkansen ni kansuru kenkyū*, (Tokyo: Nihon kokuyū tetsudō tetsudō gijutsu kenkyūjo, 1964), 4: 1.

65. Nihon kokuyū tetsudō tetsudō gijutsu kenkyūjo, *Tokaido Shinkansen ni kansuru kenkyū* (Tokyo: Nihon kokuyū tetsudō tetsudō gijutsu kenkyūjo, 1962), 3: 9–69; *Kokutetsu shokuin meibo (gijutsu gakushi) shōwa 25-nen 8-gatsu 10-ka genzai* (1950); Kumezawa Yukiko, letter to author, 22 March 2004; Kanō Yasuo, interview by author, Tokyo, 22 March 2004; Shinohara Osamu, letter to author, 11 March 2004; Matsubara Keiji, *Shūsenji teikoku rikugun zen gen'eki shōkō shokumu meikai* (Tokyo: Senshi kankō iinkai, 1985); Kaigunshō, *Gen'eki kaigun shikan meibo* vol. 3 (Tokyo: Kaigunshō, 1944); and Denkikei dōsōkai, Sepiairo no 3-gōkan: *Rekishi archive*, accessed 26 October 2011. 一些工程师从一家研究机构去到另一家研究机构，因此，他们的战时工作单位并不总是固定的。例如，筱原曾一度在海军技术研究所工作。粜泽郁郎曾在军队中短期服役过。平川智行从星野洋一那里继承了实验室，后者是一位轨道结构专家，也是1957年日本铁道技术研究所公共论坛的四位发言嘉宾之一。星野于1931年进入日本科学研究所，并一直担任实验室负责人，直到1959年退休。

66. Miki Tadanao, "Kōsoku ressha no kūki rikigakuteki shomondai," *Kōtsū gijutsu* 113 (1950): 30.

67. "Kōsoku sharyō mokei no fūdō shiken," *Tetsudō gijutsu kenkyūjo itaku kenkyū hōkoku*, Showa 36-nendo (1961), 10, RTRI archive.

68. Tanaka Shin'ichi, interview by author, 28 November 2002.

69. Japanese National Railways, *Data on Engineering: Submitted to International Bank for Reconstruction and Development* (May 1960), 3, RTRI archive.

70. Japanese National Railways, *Technical Aspects on the Tokaido Line*, 82, RTRI archive.

71. Sawano Shūichi, "Shinkansen no sharyō," *JREA* 2, no. 1 (1959): 14.

72. Ishizawa Nobuhiko, "Sekkei to shūzen (1) Pantograph," *Tetsudō kōjō* 9, no. 1 (1958): 16–17.

73. Kumezawa Ikurō, "Kasen to shūden," *Denki gakkai zasshi* 84, no. 10 (1964): 35.

74. Arimoto Hiroshi and Kunieda Masaharu, "Pantograph fūdōnai shiken," *Tetsudō gijutsu kenkyū shiryō 125* (1960): 1–3, RTRI archive; and Kumezawa Ikurō, "Shinakansen no shūden ni tsuite," *Kōtsū gijutsu* 159 (1963): 11.

75. Japanese National Railways, *Data on Engineering: Submitted to International Bank for Reconstruction and Development*, 41, RTRI archive.

76. Yasuda Akio and others, "Shinkansen no kensetsu kijun," *JREA* 2, no. 1 (1959): 8.

77. Kakumoto Ryōhei, *Shinkansen kaihatsu monogatari* (Tokyo: Chuō kōronsha, 2001), 36–37; and Shima Hideo, "Shinkansen no kōsō," 149.

78. Nakayama Yasuki, "Tunnel nai ni okeru ressha no kūki teikō," *Tetsudō gijutsu kenkyū shiryō* 16, no. 6 (1959): 38, RTRI archive.

79. Satō Yutaka, "Kidō ni kuwawaru suichoku shōgeki atsuryoku," *Tetsudō gijutsu kenkyū shiryō* 16 (1958): 1–3, RTRI archive; Satō Yutaka, "Kurikaeshi kajū ni yoru dōshō chinka no jikken," *Tetsudō gijutsu kenkyū shiryō* 65 (1959): 1–13, RTRI archive; Satō Yutaka, "Rail no kyokubu ōryoku," *Tetsudō gijutsu kenkyū shiryō* 27 (1958): 1–3, RTRI archive; Satō Yutaka, "Yokoatsu ni taisuru kidō kyōdo no kenkyū," *Tetsudō gijutsu kenkyū shiryō* 110 (1960): 1–7, RTRI archive; and Satō Yutaka and Toyoda Masayoshi, "Kakushu dōryokusha no kyokusen yokoatsu no rail yokomage ni yoru sokutei kekka," *Tetsudō gijutsu kenkyū shiryō* 57 (1959): 1–3, RTRI archive.

80. Ikari Yoshirō, *Chō kōsoku ni idomu: Shinkansen kaihatsu ni kaketa otokotachi* (Tokyo: Bungei shunjū, 1993), 244–45.

81. Ikari, *Kaigun Gijutsushatachi no taiheiyō senso*, 256–58.

82. Tetsudō tetsudō gijutsu kenkyūjo, *10-Nen No Ayumi: Sōritsu 60-shūnen*, 64.

83. "Ki makuragi," in *Kōsoku tetsudō no kenkyū: Shu to shite Tōkaidō Shinkansen ni tsuite* (Tokyo: Kenyūsha, 1967), 134; and Nihon kokuyū tetsudō tetsudōdan gijutsu kenkyūjo, *Tokaido Shinkansen ni kansuru kenkyū* (Tokyo: Nihon kokuyū tetsudō tetsudō gijutsu kenkyūjo, 1964), 5: 175–207.

84. Enomoto Shinsuke, letter to author, 5 April 2004; and Nakamura Hiroshi, interview by author, 29 April 2004. 出于同样的原因，火车的车轴也经过了热处理。

85. Japanese National Railways, *Technical Aspects on the Tokaido Line* (1963), 76, RTRI archive.

86. Nihon kokuyū tetsudō Shinkansen sōkyoku, *Shashin to illusto de miru Shinkansen: sono 20-nen no kiseki* (Tokyo: Shinkansen sōkyoku, 1984), 46.

87. Ibid.

88. Sawano Shūichi, "Shinkansen no sharyō," *JREA* 2, no. 1 (1959): 15.

89. "Kōsoku resshayō fūatsu brake no kenkyū," in *Tetsudō gijutsu kenkyūjo itaku kenkyū hōkoku: Showa 35-nendo* (Tokyo: n.p., 1960); Kōtsū shinbun henshūkyoku, *Atarashii tetsudō no tankyū*, 61; and Miki Tadanao, "Kōsoku tetsudō sharyō no kūki rikigakuteki shomondai, 3," *Kikai no kenkyū* 12 (1960): 26–27.

90. Sogō Shinji, "Shingijutsu to speed up," *JREA* 2, no. 1 (1959) 1.

91. "Sangiin yosan iinkai kaigiroku dai 5–gō," 18 November 1959, NDL.

92. "Shūgiin un'yu iinkai kaigiroku dai 32–gō," 26 May 1961, NDL.

93. Shima Hideo, "Shinkansen no kōsō," in *Sekai no tetsudō* (Tokyo: Asahi shinbunsha, 1964), 145.

94. Tanaka Shin'ichi, "Sharyō," *Tetsudō gijutsu* 42, no. 1 (1985): 19.

95. *Shinkansen-yō shisaku ryokyaku densha* (Tokyo: Nihon kokuyū tetsudō, 1962), 4, RTRI archive.

96. Tanaka Shin'ichi, interview by author, 28 November 2002.

97. Kōtsū shinbun henshūkyoku, *Atarashii tetsudō no tankyū*, 64; and Matsudaira, "Kōsoku tetsudō gijutsu no raimei 2," 31.

98. Matsudaira Tadashi, "Tōkaidō Shinkansen ni kansuru kenkyū kaihatsu no kaiko: Shu to shite sharyō no shindō mondai ni kanren shite," *Nihon kikai gakkaishi* 75, no. 646 (1972): 105.

99. "Kōryū kiden," in *Kōsoku tetsudō no kenkyū: Shu to shite Tōkaidō Shinkansen ni tsuite* (Tokyo: Ken'yūsha, 1967), 463; and Hayashi Masami, "Sekai ni hokoru kōsoku tetsudōyō daideiryoku kyōkyū hōshiki: AT kiden hōshiki," Hatsumei 76, no. 8 (1979): 52.

100. *Shinkansen-yō shisaku ryokyaku densha*, 1, RTRI archive.

101. Hayashi Masami, "Kūgishō no omoide to sengo no watashi," in *Kaigun kōkū gijutsushō denkibu*, 100.

102. Mark Aldrich, "Combating the Collision Horror: The Interstate Commerce Commission and Automatic Train Control, 1900–1939," Technology and Culture 34, no. 1 (1993): 49–77; and Hobara Mitsuo, "Ressha shūchū seigyo," Denki gakkai zasshi 84, no. 10 (1964): 51.

103. Ministry of Land, Infrastructure, Transport and Tourism, Shinkansen Japanese High-speed Rail, accessed 25 October 2011, http://www.mlit.go.jp/en/tetudo/tetudo_fr2 _000000.html.

104. Kawanabe Hajime, "Atarashii shanai shingō," JREA 2, no. 4 (1959): 2.

105. Amamiya Yoshifumi and Kurita Nobuo, "Tetsudōyō hyoumenha radar no kōsō to kiso jikken," Tetsudō gijutsu kenkyūjo sokuhō 62 (1963): 1, RTRI archive.

106. Ibid.; and Miki Tadanao, "Ressha no speed–up o habamu mono," Shindenki 12, no. 1 (1958): 24.

107. Kawanabe Hajime, "Jidō ressha seigyo," Denki gakkai zasshi 84, no. 10 (1964): 43.

108. Japanese National Railways, Technical Aspects on the Tokaido Line, 84, RTRI archive.

109. Yomiuri shinbun, 27 February 2004.

110. Ministry of Land, Infrastructure, Transport and Tourism, Shinkansen Japanese High-Speed Rail, accessed 25 October 2011, http://www.mlit.go.jp/en/tetudo/tetudo_fr2_ 000000.html.

111. Amamiya Yoshifumi and Kurita Nobuo, "Tetsudōyō hyōmenha radar no kōsō to kiso jikken," 1, 23–24, RTRI archive.

112. Nihon kokuyū tetsudō tetsudō gijutsu kenkyūjo, Tōkaidō Shinkansen ni kansuru kenkyū (Tokyo: Nihon kokuyū tetsudō tetsudō gijutsu kenkyūjo, 1962), 3: 492–506.

113. Ikari, Chō kōsoku ni idomu, 268.

114. Shima Takashi and Tani Masao, "Shinkansen sharyō no haishō sōchi," JREA 7, no. 4 (1964): 45.

115. Shinkansen-yō shisaku ryokyaku densha, 7; and Shima Hideo, D-51 Kara Shinkansen Made,111.

116. Nihon kokuyū tetsud ō –hen, Nihon kokuyū tetsudō 100–nenshi (Tokyo: Nihon kokuyū tetsudō, 1973), 14: 611.

117. Fujishima, "Shinkansen jisoku 200–kiro no missitsu," 570–571.

118. Tani Masao, "Shinkansen sharyō no kimitsu," *JREA* 7, no. 7 (1964): 5; "Japon: Un An d'exploitation de la nouvelle ligne du Tokaïdo," *La Vie du rail*, 26 December 1965, 11; and quote from "Le Japon inaugure son 'chimen de fer de demain' !: Naissance d'un super train...," *La Vie du rail,* 7 March 1965, 12.

119. Fujishima, "Shinkansen jisoku 200–kiro no missitsu," 568–569.

120. Miki, "Kōsoku tetsudō sharyō no kūki rikigakuteki shomondai 3," 30.

121. Nihon kokuyū tetsud ō –hen, Nihon kokuyū tetsudō 100–nenshi, 547.

122. Japanese National Railways, *Technical Aspects on the Tokaido Line*, 79, RTRI archive.

123. Hoshino Yōichi, "Shin kōzō kidō," *JREA* 1, no. 7 (1958): 10.

124. Ikari, *Chō kōsoku ni idomu*, 242–43.

125. Shima Hideo, "Shinkansen no kōsō," 149.

126. Sumida, *Sekai no kōsoku tetsudō to speed up*, 71.

127. Shima Hideo ikōshū henshū iinkai–hen, *Shima Hideo ikōshū*, 163.

128. Hara Tomoshige, "Ressha ga kōsoku de suidō ni totsunyū suru baai no ryūtai rikigakuteki shomondai," *Tetsudō gijutsu kenkyū hōkoku* 153 (1960): 1–3.

129. Ariga, Sogō Shinji, 546.

130. Sumida, *Sekai no kōsoku tetsudō to speed up*, 73; and Shima Hideo, D–51 *kara Shinkansen made*, 135.

131. Hoshikawa Takeshi, ed., *Shinkansen zenshi* (Tokyo: Gakken kenkyūsha, 2003), 168.

132. Aoki Eiichi and others, *A History of Japanese Railways*, 144.

133. Nihon Olympic Iinkai, "Tokyo Olympic 1964," accessed 8 November 2011, http:// www.joc.or.jp/past_games/tokyo1964.

134. Nihon Olympic Iinkai, "Tokyo Olympic 1964," accessed 8 November 2011, http:// www.joc.or.jp/past_games/tokyo1964/story/vol01_01.html.

135. "Japon: Un An d'exploitation de la nouvelle ligne du Tokaïdo," *La Vie du rail*, 26 December 1965, 8.

136. *Ferro Carriles: Catátalogo De Sellas Temáticos* (Barcelona: DOMFIL, 2001).

137. Sumida, *Sekai no kōsoku tetsudō to speed up*, 147.

138. Tetsudō gijutsu kenkyūjo, *Tetsudō gijutsu kenkyūjo sōritsu 70-shūnen: 10-nen no ayumi*, 4.

139. Yamanouchi Shūichirō, Shinkansen ga nakattara (Tokyo: Asahi bunko, 2004),

145.

140. "Le Japon inaugure son 'chimen de fer de demain' !: Naissance d'un super train...," *La Vie du rail*, 7 March 1965, 12.

141. "Quelques particularités techniques de la nouvelle ligne Japonaise du Tokaïdo," *La Vie du rail*, 7 March 1965, 29.

142. Jacob Meunier, *On the Fast Track* (Westport, CT: Praeger, 2002), 4, 76.

143. Ibid., 76, 89; Yamanouchi, *Shinkansen ga nakattara*, 248; and Sumida, *Sekai no kōsoku tetsudō to speed up*, 148.

144. Yamanouchi, *Shinkansen ga nakattara*, 248.

145. Meunier, *On the Fast Track*, 5, 91.

146. Stefan Zeilinger, *Wettfahrt auf der Schiene: Die Entwicklung von Hochgeschwindigkeitszügen im europäischen Vergleich* (Franfurt: Campus Verlag, 2003), 105.

147. *Railway Gazette International* 124 (5 July 1968); and Mainichi shinbunsha, *Speed 100-nen*, 164–165.

148. Sumida, Sekai no kōsoku tetsudō to speed up, 59–60, 199.

结论　战争与战败的遗产

1. John W. Dower, "Useful War," in *Japan in War & Peace: Selected Essay* (New York: New Press, 1991), 9–32.

2. Chalmers Johnson, *MITI and the Japanese Miracle: The Growth of Industrial Policy, 1925-1975* (Stanford, CA: Stanford Univ. Press, 1982), 309; Mizuno Hiromi, *Science for the Empire: Scientific Nationalism in Modern Japan* (Stanford, CA: Stanford Univ. Press, 2008), 184; Daqing Yang, *Technology of Empire: Telecommunications and Japanese Expansion in Asia*, 1883–1945 (Cambridge, MA: Harvard Univ. Press, 2010), 388–390; and Dower, "Useful War," 10–11.

3. Koizumi Kenkichirō, "In Search of Wakon: The Cultural Dynamics of the Rise of Manufacturing Technology in Postwar Japan," *Technology and Culture* 43 (2002): 29–49; and Morris Low, Science and the Building of a New Japan (New York: Palgrave, 2005).

4. Aoki Eiichi et al., *A History of Japanese Railways*, 198.

5. Sumida, *Sekai no kōsoku tetsudō to speed up*, 58–59.

6. Tetsudō gijutsu kenkyūjo, *Senpai genshokusha meibo, Shouwa 52-nen 1-gatsu 1-nichi genzai*; *Kokutetsu shokuin meibo (gijutsu gakushi) shōwa 25-nen 8-gatsu 10-ka genzai* (1950); and Zasshi maru henshūbu, ed. *Suisei/99-kanbaku*, 23.

7. Tetsudō gijutsu kenkyūjo, *10-nen no ayumi: Sōritsu 60-shūnen*, 175.

8. Kyōtani Yoshihiro, interview by Furuse Yukihiro, "Tsunawatari no Shinkansen," *Furuse Yukihiro no off side* 2001, no. 19, accessed 17 August 2001, http://www.honya.co.jp/con tents/offside/index.cgi?20010817.

9. Tetsudō gijutsu kenkyūjo, *10-nen no ayumi: Sōritsu 60-shūnen*, 58.

10. Tanaka Hisashi, "Sōritsuki no fujōshiki tetsudō 1: Fujōshiki tetsudō no reimeiki," *RRR 58*, no. 1 (2001): 26–27; and Aoki Eiichi et al., *A History of Japanese Railways*, 198.

11. "Shūgiin un'yu iinkai 9-gō," 6 June 1978, NDL.

12. Kokudo kōtsushō, "Kokutetsu kaikaku ni tsuite," accessed 7 November 2011, http:// www.milt.go.jp/tetudo/kaikaku/01.htm.

13. Fujii Shigeki, "Kokutetsu chōki sekimu no shorimondan to sono keizaiteki fukui ni kansuru ichikōsatsu," *Kaikei kensa kenkyū* 17, accessed 7 November 2011, http://jbaudit. go.jp/effort/study/mag/17–5.html; Aoki Eiichi et al., *A History of Japanese Railways*, 182; and Kakumoto Ryōhei, *Shinkansen kaihatsu monogatari* (Tokyo: Chūō bunko, 2001), 200.

14. Kakumoto, *Shinkansen kaihatsu monogatari*, 200.

15. Kyōtani Yoshihiro, Oku Takeshi, and Sanuki Toshio, *Chō kōsoku Shinkansen* (Tokyo: Chūō kōronsha, 1971) (quoted from pages 173, 179).

16. Sasagawa Yōhei, "Linear Shinkansen to Kyōtani Yoshihiro," *Nihon zaidan kaichō Sasagawa Yōhei blog* (blog), 27 February 2009, http://blog.canpan.info/sasakawa/archive /1807; and Louis Frédéric, *Japan: Encyclopedia* (Cambridge, MA: Harvard Univ. Press, 2002), 398, 825.

17. "Inauguration TGV + discours Mitterrand," accessed 16 November 2011, http:// www.ina.fr/economie-et-societe/vie-sociale/video/CAB8100656501/inauguration-tgv-dis cours-mitterrand.fr.html.

18. Yamanouchi, *Shinkansen ga nakattara*, 255.

19. "Sangiin tochi mondai ni kansuru tokubetsu iinkai, Kaigiroku dai 2-gō (111th kokkai)," 7 December 1987, NDL.

20. "Dai 1-rui dai 15-gō Shūgiin yosan iinkai gijiroku dai 4-gō," 3 February 1988, NDL.

21. "Dai 112–kai kokkai shūgiin un'yu iinkai giroku 2–gō," 2 March 1988, NDL.

22. 这种现象并非战后日本独有。正如水野弘美和杨大庆的出色研究充分表明的那样，日本的技术官僚利用民族主义话语促进了日本在第二次世界大战时的科学技术水平。